Scientific Governance on Innovation Ecosystem

创新生态与科学治理

——爱科创2019文集

陈 强 邵鲁宁 主编

同济大学出版社
TONGJI UNIVERSITY PRESS

图书在版编目(CIP)数据

创新生态与科学治理：爱科创 2019 文集 / 陈强，邵鲁宁主编. —上海：同济大学出版社，2020.4
ISBN 978-7-5608-9225-2

Ⅰ.①创… Ⅱ.①陈… ②邵… Ⅲ.①生态环境—环境治理—中国—文集 Ⅳ.①X321.2-53

中国版本图书馆 CIP 数据核字(2020)第 059742 号

创新生态与科学治理——爱科创 2019 文集
陈　强　邵鲁宁　**主编**
责任编辑　翁　晗　**助理编辑**　裴晓霖　**责任校对**　徐逢乔　**封面设计**　陈杰妮

出版发行　同济大学出版社　www.tongjipress.com.cn
(地址：上海市四平路 1239 号　邮编：200092　电话：021-65985622)
经　销　全国各地新华书店
排　版　南京文脉图文设计制作有限公司
印　刷　江苏凤凰数码印务有限公司
开　本　710 mm×960 mm　1/16
印　张　22.25
字　数　445 000
版　次　2020 年 4 月第 1 版　2020 年 4 月第 1 次印刷
书　号　ISBN 978-7-5608-9225-2

定　价　98.00 元

序

近年来，创新生态成为一个“热词”，不仅时时见诸报端，在政府文件中也经常被提及，学者们对此更是津津乐道，并孜孜不倦地开展研究。一些国内外学术期刊还开辟了相应的研究专栏。

创新生态研究之所以成为热点，主要还是与该领域所蕴含的理论探索和实践参考价值有关。“橘生淮南则为橘，橘生淮北则为枳”“一方水土养一方人”，这些富有哲理的俗话，说明了一个朴素的道理：结果与条件之间具有高度相关性，甚至明确的因果关系。这里所说的条件指的就是生态。如果指向创新活动，那就是创新生态。

放眼世界，可以发现千姿百态的创新生态系统。硅谷已成为全球创新高地，十多所知名大学、嗅觉灵敏的风投和金融资本、领先的科研设施、多元的文化汇集、开放包容的社会氛围，当然也包括宜人的自然环境，共同构成硅谷独特的创新创业生态，引无数年轻人竞折腰，寻找新技术与市场需求对接的各种机会，成就自己的人生梦想，实现自己的人生目标。德国人以严谨著称，思维缜密，行动之前习惯于考虑周全，其创新生态也充分体现了这一特点，国家层面的战略布局和宏观调控，联邦政府与州政府的分工合作，四大科学研究会各司其职、各尽其责，高效的创新服务体系，“双元制”职业教育体系，构筑了创新生态的“底层系统”。依托这一独特的“底层系统”，繁衍出无数中小企业，成就了世界最多的“隐形冠军”。有“创新国度”美誉的以色列，国土狭小，2/3 面积为沙漠覆盖，人口不到 900 万，资源极其匮乏，地缘政治环境也比较恶劣，却成功跻身科技强国行列，纳斯达克上市企业数量超过整个欧洲，GDP 的科技贡献率超过 90%，通过政产学研用的紧密互动，促成了“小而精”“小而强”“小而特”的创新生态。

深圳也是创新生态的典型样本。从四十多年前的“一穷二白”，到 2018 年 GDP 超过香港，2019 年成为“中国特色社会主义先行示范区”，深圳的创新生态逐步形成并不断升级，从价值链低端的“三来一补”，逐步具备大规模低成本制造优势，到政府主动作为，创新引领，产业格局递进优化，形成“六个 90%”（即 90%以上的创新型企业是本土企业、90%以上的研发机构设立在企业、90%以上的研发人员集中在企业、90%以上的研发资金来源于企业、90%以上的职务发明专利出自企业、90%以上的重大科技项目发明专利来源于龙头企业）的良好局面，创新成为社会风尚，企业家精神得以弘扬，技术人员的潜力被充分激发。

创新生态是自然形成的，有其形成和演化的一般规律，但也存在人工干预的可能性和必要性，关键在于干预的方式选择和时机把握。就好比自然界的一片天然林，处在特定的经纬度，有其独特的地形地貌和土壤特征，在太阳、风、水等外界因素的作用下，自由地野蛮生长，在大自然的选择中，会形成一定的自然生态特征。但是，如果这块林地交给一位园丁打理，可能呈现出另外一番繁盛景象。当然，也可能出现干预过度，导致颠覆式改变的可能，譬如毁林造田。因此，创新生态是客观存在的，有其演化的客观规律，进行生态治理必须尊重这些规律。

一般情况下，创新生态治理涉及多类主体，包括不同类型的企业、地方政府、高校、科研机构、中介组织、风投和金融资本、社会服务体系，以及公民社会。这些主体在治理中分别扮演不同角色，在不同阶段，各自发挥不可替代的作用。对创新生态实施科学治理，具有很高的“技术含量”，一要注意介入的时机，二要把握干预的力度，三要拿捏干预的时机，四要选择切入的方式，五要保持主体的联动。这些问题都有待深入开展研究。

开展创新生态治理研究，助力上海创新发展是上海市产业创新生态系统研究中心的重要使命。为了扩大中心研究成果的社会影响，2019 年 1 月 20 号，中心的微信公众号爱科创（Eco System）开始运行，在上海市科委和同济大学的支持和关心下，在郑惠强教授、尤建新教授的指导下，中心不断加强队伍建设，已形成由陈强、周文泳、蔡三发、任声策、常旭华、卢超、许涛、邵鲁宁、马军杰、薛奕曦、赵程程、钟之阳、刘笑、曾彩霞、尤筱玥等三十多位教授、副教授、助理教授和研究生组成的研究团队。2019 年发文 100 篇，其中原创 78 篇，粉丝超过 1 500 名，阅读量突破 10 万次，“爱科创”已形成初步的影响力。本书分为若干板块，集中呈现“爱科创”一年间形成的成果，供各位同仁参阅。

其实，“爱科创”已从中心研究成果的发布平台，逐步发展成为上海科技创新领域研究交流互动的社会空间之一。2019 年，依托“爱科创”平台，中心先后围绕“高成长科创企业发展与生态培育”“长三角数字经济创新发展”“增强上海创新策源能力"等主题,邀请各方专家举办研讨会,并首次发布了高成长科创企业发展指数和高成长科创企业培育生态指数,引起一定的社会反响。本书只是一个起点,未来的研究之路或许并不好走,但我们愿意齐心协力,砥砺前行。

陈　强　邵鲁宁

2020 年 2 月 29 日

目　录

·上海科创中心建设·

·高校与科技成果转化·

·国际标杆·

·新经济、新产业、新模式、新技术与创新治理·

创新生态理论与框架

创新生态是城市活力的“基础设施”*

| 尤建新

“如何在新形势下更好地提升城市能级，提振城市活力，造福于城市百姓?”是近年来的热门话题。在互联网、大数据和人工智能的新业态下，如何认识这一问题呢？下面分享三个方面的思考。

首先，提升城市能级、提振城市活力必须创新发展，为此，首先必须健全城市的创新生态，这是创新发展不可或缺的“基础设施”建设。一般而言，“基础设施”往往被联想为城市的市政工程，也就是所谓的“硬件设施”。但是，今天讲的创新生态这一“基础设施”不仅包括“硬件设施”，更注重“软件设施”。我们必须认识到，创新生态的改善是一个持续的过程。一方面是因为科学发现、技术进步给众多产业业态和百姓生活方式带来了巨大变化，比如互联网、大数据、人工智能等等构建出许许多多新业态以及消费方式；另一方面是这些发展变化对原有的城市治理和运营方式带来的挑战，比如新技术带来的知识产权保护、隐私保护、质量保障、数据准入、节能减排、循环经济等新问题、新矛盾，不仅改变了政府与非政府组织的关注热点，也深刻影响了企业和百姓的生存生态。健全城市的创新生态不仅有助于提升城市能级、提振城市活力，更是国家创新战略的需求。

其次，创新生态建设必须服务于企业创新发展，并助力城市经济社会健康水平的提升。创新发展服务于经济社会的发展需求，核心是企业，其创新活力不仅是市场竞争状态的重要反映，也是经济社会健康发展的“体检”指标。比如无论是美国的硅谷、128 公路，还是中国的深圳、上海，企业创新活力都反映出城市创新生态的水平。特别要注意的是，创新生态服务于企业，不仅要满足企业销售过程的公平性竞争要求，还应该包括企业在资源获得过程中对市场竞争生态的信任，如资本市场、人才市场、知识市场等给予的创新与发展空间应该是公平公正、

---

* 本文根据作者 2019 年 6 月 5 日在“2019 年沪台研讨会”上的发言整理。

作者简介：尤建新，上海市产业创新生态系统研究中心总顾问，同济大学经济与管理学院教授。

积极健康的。

最后，创新生态建设必须以人为本，服务于人的发展需求，其中，人力资源的流动性是城市活力的重要体现。人是一切创新活动的核心，也是创新活动的服务目标。所以，创新生态的一个重要测评指标是城市百姓的感受，这才是真正意义上的“提升城市能级，提振城市活力，造福于城市百姓”。百姓是否满意？人才的流动性是最显性的指标之一。这方面的状态可以通过城市人才资源“负债表”来进行测量和分析，并评判其背后的关键“基础设施”即城市创新生态的水平。我们应该经常自问：为什么有些城市吸引不了人才？为什么有些城市能够吸引人才，但留不住人才？城市活力涉及众多要素，比如人的成长环境、城市的多元化文明，以及“吃穿住行娱科教文卫体”的丰富多彩，尤其是“文卫体”往往在创新发展中容易被忽视，但这些都是提升城市能级、提振城市活力的关键要素，是城市的软实力。有一句话说得好：没有文化的创新，将缺失创新的灵魂。如果要比较两座城市的创新活力，最简单可行的办法就是比较一下这两座城市的人才资源流动性。如果讲的范围再大一些，评价和推动长三角的创新发展，美国东海岸波士华城市群和西海岸旧金山湾区城市群的创新生态建设都是值得我们认真学习和借鉴的。

点燃改革引擎　激发创新活力

| 陈　强　孙福全

改革开放以来，我国不同阶段的科技体制改革，都在一定程度上释放了科技创新活力。进入21世纪后，科学技术呈加速发展趋势，迭代周期越来越短，科技创新模式和科研组织形式也悄然发生变化，科技体制不断面临新情况和新问题。例如，重大科技决策及相关政策设计如何适应科技发展的快节奏，科技评价制度如何满足科技与经济结合的现实需求，如何提高科技成果转化系统的整体效率等。党的十八大以来，以习近平同志为核心的党中央把科技创新摆在党和国家发展全局的核心位置，对实施创新驱动发展战略、深化科技体制改革做出顶层设计和系统部署。党的十九大报告强调，"深化科技体制改革，建立以企业为主体、市场为导向、产学研深度融合的技术创新体系"，我们要坚持以深化改革激发创新活力，打通科技和经济社会发展通道，不断释放创新潜能，加速聚集创新要素，提升创新体系效能。

一、健全科技决策"大脑"

这些年来，我国很重视发挥科技决策咨询的作用。但总体而言，科技决策领域的社会参与度还不够高。《国家中长期科学和技术发展规划纲要(2006—2020年)》提出，在科技计划项目实施中加强与公众沟通交流。习近平总书记强调，"要加快建立科技咨询支撑行政决策的科技决策机制"。

进一步健全科技决策的"大脑"，需要重视发挥国家科技领导小组在研究国家科技发展战略规划、促进创新开放合作、推动落实赋予科研机构和人员更大自主权政策等方面的重要作用；发挥国家科技咨询委员会为重大科技决策提供咨询建议的作用。同时，还要注重发挥智库和专业研究机构的作用，完善科技决策

作者简介：陈强，上海市产业创新生态系统研究中心执行主任，同济大学经济与管理学院教授；孙福全，中国科学技术发展战略研究院副院长、研究员。

机制，提高科学决策能力。

二、用好科技评价“指挥棒”

科技评价是创新主体行为的“指挥棒”，科技决策制定和资源配置也与其相关。我国的科技评价工作一直比较受重视。早在 2003 年，有关部门就发布了《关于改进科学技术评价工作的决定》，随后印发《科学技术评价办法》，以规范科学技术评价行为，引导科学技术健康发展。2016 年，习近平总书记在全国科技创新大会、两院院士大会、中国科协第九次全国代表大会上的讲话中强调，“要改革科技评价制度，建立以科技创新质量、贡献、绩效为导向的分类评价体系，正确评价科技创新成果的科学价值、技术价值、经济价值、社会价值、文化价值”。2016 年 12 月，《科技评估工作规定（试行）》颁布，适用范围包括国家科技规划和科技政策、中央财政资金支持的科技计划（专项、基金等）及项目、科研机构、项目管理专业机构等的评估。2017 年 10 月，《中央级科研事业单位绩效评价暂行办法》印发，结合科研事业单位职责定位，将中央级科研事业单位分为基础前沿研究、公益性研究、应用技术研发三类进行评价。2018 年，《关于深化项目评审、人才评价、机构评估改革的意见》发布实施，以构建科学、规范、高效、诚信的科技评价体系。可见，我国已形成较为系统的科技评价制度。

但在现实中，科技评价制度实施的效果与预期还有一定差距，尚需加快建立以质量、绩效和贡献为导向的科技评价体系，强化科技评价制度实施机制，引入专业机构和社会力量，准确衡量科技创新的价值。

三、打造科技创新资源集聚的“强磁场”

习近平总书记强调，“要完善符合科技创新规律的资源配置方式，解决简单套用行政预算和财务管理方法管理科技资源等问题，优化基础研究、战略高技术研究、社会公益类研究的支持方式，力求科技创新活动效率最大化”。为优化科技创新资源配置方式，把科技创新资源配置到最恰当、效率最高的领域，应结合科技创新发展新趋势，把打造科技创新资源集聚的“强磁场”作为深化科技体制改革的重要着力点。

随着移动互联网、云计算、大数据以及人工智能等技术的发展，科技创新资源的集聚和开发利用呈现出社会化、平台化、网络化等新趋势。顺应这些趋势，需要密切关注科技创新资源获取、分享和利用形式的变化，以及未来科技创新模式的演变趋势，尝试在更大范围内整合全社会的科技创新资源，进行资源互联互通的顶层设计，打破创新资源在组织、领域、区域间流动的各种阻隔，构建开放包容的创新生态系统；大力支持科技服务和科技金融发展，发现并培育新型研发组织，尤其是有利于整合创新资源和能力的平台型研发组织；着力构建社会创新支撑服务体系，营造有利于创新的社会氛围；等等。

四、打通科技成果转化的"任督二脉"

党中央、国务院高度重视科技成果转化工作，出台了一系列鼓励科技成果转化的政策措施，有力地促进了科技成果向现实生产力转化。但在科技和经济社会发展关联方面，"两张皮"现象仍在一定程度上存在。要解决这一问题，不能"头痛医头，脚痛医脚"，必须对科技成果转移转化的原创系统、转化系统、管理系统和服务系统进行系统诊断，不仅要着力化解科技成果供给侧和需求侧存在的各种症结，还要将系统之间和系统内部的障碍和阻隔渐次排除。要深入推进国家科技成果转移转化示范区建设，充分发挥国家科技成果转化引导基金作用。要强化企业在科技成果转化中的主体地位，深化科技与金融融合，最大限度调动科技成果各转化主体的积极性，使得科技成果转化应用更顺畅。

“非对称”：产业创新生态系统路径

| 任声策

“非对称”赶超战略思想是习近平总书记提出的新时代我国科技创新发展的重要指导思想，习近平总书记在公开讲话中多次强调了这一思想。2013 年 8 月 21 日，习近平总书记在听取科技部汇报时的讲话中首次提出“非对称”赶超战略思想，指出：“我们科技总体上与发达国家比有差距，要采取‘非对称’赶超战略，发挥自己的优势，特别是到 2050 年都不可能赶上的核心技术领域，要研究‘非对称’性赶超措施。”2014 年 9 月 29 日，在中央全面深化改革领导小组第五次会议上习近平总书记进一步强调，我国在科技布局上既要注重全面布局，也要讲究重点突破、非对称发展，坚持有所为有所不为的方针。目前，“非对称”赶超战略思想已落实到中共中央国务院 2016 年印发的《国家创新驱动发展战略纲要》中，《纲要》的战略任务指出，“紧紧围绕经济竞争力提升的核心关键、社会发展的紧迫需求、国家安全的重大挑战，采取差异化策略和非对称路径，强化重点领域和关键环节的任务部署”。但是，非对称赶超战略的具体实现路径有待讨论。

综合习近平总书记的重要论述，以及王春法、刘立、李万、罗晖、魏江等专家学者对非对称赶超战略的内涵、背景、意义、实施条件所进行的讨论，可以认为“非对称”技术赶超战略是根据国内外科技创新形势，在技术方向布局和选择、创新资源和能力配置、创新组织和实施等方面进行非对称设计，以实现技术赶超的战略安排。因此，“非对称”赶超战略不仅仅是指技术的非对称，更重要的是系统的非对称，基于此可提出“非对称”赶超战略的“非对称”产业创新生态系统观，认为：贯彻落实“非对称”赶超战略，可以以塑造“非对称”产业创新生态系统为路径，确立抓手。根据尤建新教授等人提出的产业创新生态系统三元结构概念模型，产业创新生态系统包含了产业特征、市场要素和非市场要素三类要素及演化

作者简介：任声策，上海市产业创新生态系统研究中心研究员，同济大学上海国际知识产权学院教授。

特征。“非对称”赶超战略的“非对称”产业创新生态系统观的核心观点是：通过产业创新生态系统要素及其组合塑造“非对称”产业创新生态系统，是实现“非对称”赶超战略的最主要方式之一。

“非对称”赶超战略的“非对称”产业创新生态系统观认为，“非对称”产业创新生态系统能够更充分地发挥优势资源和能力的作用，能够产生更加强大和持久的赶超力量。大量的案例告诉我们，通过塑造创新生态系统，能够产生更加强大和持久的竞争力。已有研究表明，企业或国家竞争优势的可能来源有技术优势、市场优势、制造优势、资源优势或制度优势等，但这些资源或能力所带来的优势，在影响力和可持续性上均不及它们组合而成的创新生态系统所形成的优势。正因如此，产业创新生态系统竞争优势更难形成，一旦形成以后也更难打破。

“非对称”赶超战略的“非对称”产业创新生态系统观认为，“非对称”产业创新生态系统的塑造可以通过产业创新系统的要素非对称而实现。产业创新生态系统首先是由各类要素构成，因此，非对称产业创新生态系统的塑造首先可以通过要素的非对称实现。例如，通过技术要素的不同形成技术非对称，通过制度要素的不同形成制度非对称，通过资源要素的不同形成资源非对称，通过能力要素的不同形成能力非对称，通过市场要素的不同形成市场非对称，等等。这种单个要素的非对称选择，即通常意义的非对称，其赶超力量有限，但是如果在已有生态系统借助单要素非对称赶超，也可以形成更好的竞争力。

“非对称”赶超战略的“非对称”产业创新生态系统观认为，“非对称”产业创新生态系统的塑造还可以通过产业创新生态系统要素组合的非对称而实现。众所周知，生态系统的优势更多体现在组合力量、协同优势之上，但是，关键技术进步依然是这些组合得以形成并发挥力量的基础。所以，非对称产业创新生态系统的塑造更重要的是可以通过要素组合非对称实现，从而形成更强的赶超力量，而且这种生态系统为关键技术要素由点到面的进步提供了空间。鉴于产业创新生态系统内的丰富要素类型，可以形成大量的要素组合，从而构造多样的非对称产业创新生态系统。从这个角度而言，我国的制度优势使得借助创新生态系统的力量形成杠杆性的非对称赶超成为可能。

“非对称”赶超战略的“非对称”产业创新生态系统观认为，“非对称”产业创新生态系统的塑造还可以通过产业创新生态系统要素或者组合的时空非对称安排实现。根据生态系统的动态演化特征，非对称产业创新生态系统的塑造可以借助时空非对称安排实现。产业创新生态系统内多个要素的时空特征存在很强的可控性，例如技术商业化区域、时间选择，产业促进政策的时间、空间安排等。这种时空非对称如果能够有效结合要素组合的非对称，则可以形成更有竞争力的非对称产业创新生态系统。鉴于新一轮科技革命中技术生命周期缩短、技术更替加速，这种时空非对称安排将更有意义。

总之，“非对称”产业创新生态系统塑造是实现“非对称”技术赶超战略的重要路径。与单纯的技术、资源、市场、制度等非对称安排显著不同，非对称产业创新生态系统能够产生更加强大、持久的赶超力量，能够为技术赶超创造更好的时空格局和有利条件。通过塑造“非对称”产业创新生态系统，可以更好地贯彻落实习近平总书记的“非对称”赶超战略思想。在具体实施中，则需要结合具体技术和产业领域解剖、对比分析产业创新生态系统要素及其时空特征、国内外形势，进行“非对称”赶超战略的顶层设计。

打造高质量发展的科技创新生态

| 周文泳

改革开放四十多年以来，我国科研事业取得持续快速发展。2018 年 5 月，习近平总书记在两院院士大会上的重要讲话中指出，“在党中央坚强领导下，在全国科技界和社会各界共同努力下，我国科技事业密集发力、加速跨越，实现了历史性、整体性、格局性重大变化，重大创新成果竞相涌现，一些前沿方向开始进入并行、领跑阶段，科技实力正处于从量的积累向质的飞跃、点的突破向系统能力提升的重要时期”。在我国科技创新领域质变的关键时期，打造高质量发展的科技创新生态已经迫在眉睫。

首先，要维护科技创新主体的多样性。我国科技进步和社会经济建设，需要基础研究、应用基础研究、技术创新、产品创新、市场创新等领域的科技创新成果。维持科技创新主体的多样性，有利于提升科技创新生态的稳定性和抗外部环境干扰能力。因此，在深化科技创新体制改革过程中，既要重视培育和扶持事关国计民生和国家安全关键领域的科技创新主体，也要激发其他领域科技创新主体的动力和活力。2018 年 7 月以来，“三评意见”、“国发 25 号文”、五部委清“四唯”、教育部清“五唯”等国家层面科技评价领域的改革政策与举措相继出台，有利于维持创新主体的多样性，激发不同专长的一线科技人才的创造活力，更好地满足国计民生对科技创新成果的多方面需要。

其次，要提升科技创新网络的运行效能。科技创新网络是指因创新成果供需关系而形成的创新主体之间的网络结构，科技创新网络的效率水平与流量状态是衡量创新生态运行效能的重要依据。要增强创新网络的效能，需要“供方驱动”与“需求拉动”两条路径分头并进。一方面，当创新成果供方在基础研究领域取得重大突破时，可以沿着“基础研究—应用基础研究—技术创新—产品创新—

作者简介：周文泳，上海市产业创新生态系统研究中心副主任、同济大学经济与管理学院教授、同济大学科研管理研究室副主任。

市场创新—产业升级”路径，提升创新网络的运行效能，即供方驱动。另一方面，当特定产业面临调整升级状态时，可以沿着“产业升级—市场创新—产品创新—技术创新—应用基础研究—基础研究”路径，提升创新网络效能，即需方拉动。

最后，要增强科技创新生态环境的治理能力。科技创新生态环境治理是环境调节者借助科技创新政策工具，建立由不同科技创新主体共同参与的沟通机制，调节科技创新环境变量，协调和优化科技创新主体之间关系，提升科技创新生态网络运行效能的过程。按治理对象区分，创新生态治理可以分为参与外部环境调节和内部环境治理两个层次。良好的科技创新生态环境治理的结果特征为：国际科技创新话语权参与度高、不同科技创新主体和谐共生、科技创新网络运行顺畅、科技创新人员能动性强。

营造创新栖息地，构建创新空间品牌

| 马军杰

一、创新生态系统的城市模式

当前在全球范围内，以知识生产、扩散和传播为目标的创新空间，作为基于知识的城市发展战略，实现了知识密集型网络的空间集聚，并构成了城市与区域经济发展的重要引擎与全球知识经济增长的纽带。同时，在知识经济中，生产力主要与受过教育和有才华的劳动力产生的创新理念有关，这些创新理念被视为刺激经济增长的关键资产。因此，全球城市之间正在相互竞争，以培育、吸引和保留专业人才与人力资产的投资。然而，在新时期全球化对地方角色重新定义的过程中，企业与人口偏好、文化规范和经济需求的转变，正在重塑经济、城市物理空间和社会网络建设之间的关系。

首先，与以往内向型和纯粹以经济效率为导向的"工业区"和"科技园"模式时代不同的是，当前知识工作者的行为表现出了高度的自由性，他们很容易转移到更好的机会所在地。同时，在决定工作地点时，也会更加考虑位置特征和生活方式的选择，这些选择满足了他们复杂的需求和创造性的身份。相应地，无法满足其复杂生活方式和工作环境期望的区域往往无法留住高度流动的劳动力。

其次，随着网络与信息技术以及新经济时代的崛起，知识社会对创新产业栖息地的需求被重新定义。物理紧凑、交通便利和技术连接的网络特征，住房、办公和零售混合的土地利用方式，前沿大型企业与初创企业、企业孵化器和加速器并存的生态环境，使创新空间开始从封闭和孤立的内向型模式向具有合作和开放特征的"生活—工作—学习—娱乐型"的城市模式转变。

因此，随着发达国家科技创新为导向的新经济与新产业不断成长，出于对良好的生活环境、便利的交通、完善的配套服务设施和高质量的公共空间的追求，

作者简介：马军杰，上海市产业创新生态系统研究中心研究员，同济大学法学院讲师。

科技创新要素以及创新创业企业开始在许多大都市内城中集聚。典型案例如巴塞罗那22@创新区、伦敦硅环、剑桥肯戴尔广场、波士顿海港广场和纽约硅巷等。

创新生态系统的城市模式为全球许多传统城市和大都市区，尤其是“锈带”区域的复兴提供了机遇。由于知识传输的距离衰减效应和边际成本的存在，高密度、高价值的城市创新空间更有利于促进知识的无缝传递以及提升思想碰撞的效率，有利于进一步提升创新栖息地城市基础设施的使用效率，发掘和充分利用公共交通和城市核心人口的潜力，增加城市和大都市地区的就业能力，促进高竞争力公司的快速成长以及支持性专业与商业服务部门的扩张，帮助其所栖息城市和大都市区在全球竞争力的价值链中向上移动，并在改善街区基础设施、增加低收入区域税收、优化城市公共空间质量、提升能源效率与城市可持续发展水平当中发挥积极作用。

二、创新栖息地与创新空间品牌建设

快速的全球化已产生了越来越多的空间同质化，通信和技术扩散模式的进步导致了栖息地城市之间的竞争加剧。事实上，任何创新空间及其生态系统的发展都是存在“路径依赖”的。尽管许多新兴的城市创新空间都倾向于遵循全球成功故事的路径，但由于每一个案例和每一组冲突都是独一无二的，创新生态系统与周围区域的空间整合对启发创造力和创造独特身份具有决定性作用。由于知识与创新空间是为培养创造力、创新和知识价值而设计的环境，与那些为基于商品的服务开发的环境有很大不同，因而在通过物理和社会、经济网络将本地创新生态系统整合至全球知识生产、流动与创新组织过程当中，城市创新生态系统栖息地的设计、规划和开发，更需要从真实的地方特征、经验和视角出发，营造能够吸引和维持知识工作者的具有独特品质的社会和物理环境，构建创新空间品牌发展战略，提升城市创新的适宜性。

随着中国创新驱动发展战略的实施，创新也成为许多城市发展的主线，尤其是北京、上海等特大城市更为明显。然而迄今为止，中国在国际上仍然缺少具有明确品牌效应且能代表中国特色的城市创新空间，同时也缺乏对于创新适宜性和创新生态系统栖息地营造的足够关注。这在某种程度上是由于中国长期以速度效率为核心价值观的城市发展战略存在对代表城市特征的复杂性、密度、行为偏好和文化多样性的天然摒弃。而在理论界，始终存在关于科技活动和知识生产无位置性和无地方性的有偏判断。同时，传统的理论分析手段也难以对知识溢出的外部性及其与城市环境的复杂性、密度、人们的行为偏好和文化多样性之间的相互作用机制进行有效的测度、考察与模型解释。尽管当前许多学者、规划者和政策制定者已逐渐认识到创新活动空间行为规律探索与栖息地营造的重要性，但是对这一方面的理论研究仍然缺乏足够的探索。

因此，中国当前应当结合国际知识与创新空间发展理念，基于大数据与人工智能技术探索城市复杂性与创新行为之间的关系，并通过对城市物理与社会网络、空间资源的有效配置，提升城市创新栖息地资本体系与生活质量的卓越性，促进创新企业、创新资源与地方性的社会、经济和城市物理网络的嵌入与空间整合，优化城市创新适宜度，塑造具有中国特色与地方身份的创新空间品牌，点燃创新和知识生产过程，提升知识扩散和溢出的活跃度，实现全球科技创新中心建设并推动中国城市整体创新能力的提升。

国土空间规划视角下的创新栖息地营造

| 马军杰

国土空间规划是国家空间发展的指南和可持续发展的空间蓝图，是国家治理体系和治理能力现代化的重要组成部分，也是谋划空间发展和空间治理的战略性、基础性、制度性工具。2019 年 5 月，《中共中央国务院关于建立国土空间规划体系并监督实施的若干意见》正式发布，强调要实现“多规合一”，强化国土空间规划对各专项规划的指导约束作用；并指出这是党中央、国务院做出的重大部署，也是保障国家战略有效实施、促进国家治理体系和治理能力现代化、实现“两个一百年”奋斗目标和中华民族伟大复兴中国梦的必然要求。

国土空间规划，其核心是生态文明建设背景下的国家治理方略和公共政策，在空间发展进入了“生态文明的新时代”之后，强调空间治理的时代便开启了。创新生态系统成为实现城市空间健康发展的重要驱动之一，城市开发适宜性也更注重“空间运营适宜性”，同时取决于空间使用的创新模式。作为未来提升城市空间质量的重要途径与城市更新策略，以知识生产、扩散和传播为目标的创新活动与创新资源空间集聚模式，创新生态栖息地营造的研究与推动恰逢其会。而从空间规划的视角，探讨创新生态栖息地营造中的要素体系，从创新空间的绩效及其空间组织的结构形态，到产学研居等要素在物理空间、社会空间、文化空间的融合，其不仅与空间组织相关，更与产业结构、创新机制与创新文化精神等相关联。

创新生态栖息地，从字面意义上来讲，即为各创新生态要素融合落地的聚集场所。目前，在城市创新生态栖息地营造的研究中，“雨林模型”是最常用以解释创新生态系统运行机制和比较不同创新生态系统间的差异的模型，美国“硅谷”被视为“雨林模型”中创新生态栖息地的完美典范。2018 年 1 月，上海市政府发布了《上海市城市总体规划(2017—2035)》，其中首次出现关于城市科技创新用

作者简介：马军杰，上海市产业创新生态系统研究中心研究员，同济大学法学院讲师。

地的布局规划图(上海市域科技创新布局规划图),并提出要营造创新环境,促进创新功能与城市功能互动发展,形成 TBC(Technology + Business + Culture)产业社区。这进一步反映了国家对于城市创新空间适宜性与创新空间栖息地营造的日益重视(图 1)。

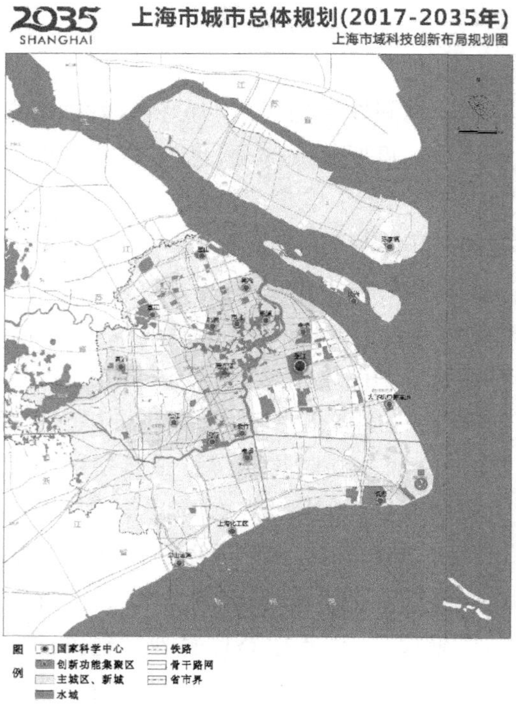

图 1　上海市域科技创新布局规划

根据我国关于国土空间规划的目标,国土空间规划视角下的创新生态栖息地营造,涉及创新资源与创新活动各类要素的时间与空间布局动态组合,是基于全球创新链与资本运作的感知、构想和生活三元一统的空间再生产模式,并应以满足以人为本、全面协调、可持续发展的生态文明建设为根本要求。

首先,在通常情况下,局部的优化并不能产生整体效果,整体最优可能是局部次优的结果的总和,更重要的是局部与局部之间的协调发展。创新生态栖息地的营造应当遵循整体性原则,各个创新要素的简单拼凑并不一定能产生真正的创新动力,特别是一些城市创新群落的规划方案仅仅只是完成了行政区划之间的“拼凑组合”，表面上看起来是一个完整的地理单元，但其内在关联却难以长久维系，在特定的创新环境、特定的城市或地区、特定的要素进行整体性组合的同时，也以次优原则作为发展逻辑，不能过分强调各要素的局部重要性，要以整体性效果为首要原则，针对具体问题进行要素排序和政策选择。

其次，国土空间资源要素的配置组合，要以战略性构建生命共同体为目标，跳出单一规划逻辑，既要基于国土空间结构的资源环境禀赋评价，又要涉及自然系统为主体的全球变化和以人类活动为主体的全球化及全球产业链上的纵向分工。创新生态栖息地的营造，正是嵌套于整个国土空间规划体系中的重要内容之一。城市创新生态圈、生态栖息地及其创新战略生态系统的设计，包括发展重点、战略阶段、制度支持体系等，是整个创新生命共同体的重要组成，要按照创新序列易位、要素组合模式、创新构型变换等方式，建设优势互补、协调发展的城市创新生态栖息地，完成其空间系统设计和资源有序组合。

最后，国土空间规划研究对象格局与过程的发生、时空分布、相互耦合等特性存在尺度依存，在当前国土空间规划体系中，基本按照国家级、省级和市县级的模式建立空间尺度序列。而新时代的大数据管理系统，已将单纯的空间规划转向时空间规划。创新生态栖息地的营造，正好符合时空间尺度下的研究脉络，当前理论界所认为的创新活动和知识生产无位置性和无地方性的有偏判断，在时空间尺度下却正好能促进创新多维要素的耦合。故而，在创新栖息地营造中，这些有形的物质空间和无形的社会文化空间、数据虚拟空间的组合，其实质正是形成的某种时空的有序格局，也恰好成为创新生态栖息地良性运转的重要基础。

创新策源能力：华为、乌镇及其解构

| 任声策

华为，5G技术的全球领导者，居然引起一个国家的焦虑不安！我们自豪之余要问，华为的创新能力从哪里来？华为创始人任正非在接受采访的时候多次强调人才的价值，招揽天下人才并发挥天下人才之长造就了华为的创新能力，这说明人才是创新策源能力的源泉。

乌镇，一个传统小镇，因为世界互联网大会在此开启大幕，并成为世界互联网大会的永久会址，没有任何互联网基础的它正在成为互联网特色小镇的领头羊，是什么造就了乌镇的互联网产业创新能力？世界互联网大会是乌镇创新策源能力的源泉，类似地，云栖大会之于云栖小镇，联合国世界地理信息大会之于德清地信小镇，世界人工智能大会、浦江创新论坛之于上海，它们谁能成为创新策源能力的重要源泉？

创新策源能力，正成为上海在建设全球科创中心中重点追寻的目标。2019年是习近平总书记指示上海“加快向具有全球影响力的科技创新中心进军”五周年。2018年11月，习近平总书记在上海考察时指出：上海要“在增强创新策源能力上下功夫”。2019年上海发布《关于进一步深化科技体制机制改革　增强科技创新中心策源能力的意见》，提出要增强创新策源能力，“使上海努力成为全球学术新思想、科学新发现、技术新发明、产业新方向重要策源地”。

要增强创新策源能力，首先须明确：何为创新策源能力？创新策源能力的源头在哪里？华为和乌镇的例子给我们揭开了创新策源能力的面纱一角。

一、何谓创新策源能力？

首先，鉴于创新的关键在于提出创新问题和解决创新问题，因而创新策源能

作者简介：任声策，上海市产业创新生态系统研究中心研究员，同济大学上海国际知识产权学院教授。

力可以简化为两个方面的策源能力:提出创新问题(或提出创新机会)的策源能力和解决创新问题的策源能力。通常人们过于关注创新策源能力的解决问题方面,因其直接与创新成果和创新产出相关,但是往往忽略了创新策源能力的提出问题方面。由于提出问题是解决问题的前提,因而创新策源能力必须重视提出创新问题的策源能力。

其次,从创新链的角度看,创新可以分为原始创新、应用创新、商业化和创新扩散等关键环节。这四个环节对创新要素的要求存在巨大差异,因此,在理解创新策源能力时,有必要从创新链的这四个环节加以进一步考察。

综合上述两点,创新策源能力实际上可理解为提出创新问题和解决创新问题的能力,并可分解为在原始创新、应用创新、商业化和创新扩散这四个环节提出创新问题和解决创新问题的能力。探寻创新策源能力的源头,事实上需要寻求提出、解决更多创新问题的能力来自哪里。

二、创新策源能力的源头在哪里?

根据上述对创新策源能力的分解,探寻创新策源能力的源头,事实上就是探寻提出创新问题和解决创新问题的策源能力源头。

首先,创新问题从哪里来?众所周知,创新问题有两个主要来源,一是现实需求(企业需求或国家需求、政策引导等),二是人们的创新性思考。因此要形成提出创新问题的策源能力,一方面需要能够汇聚大量现实需求中的创新问题,另一方面需要能够汇聚直接来自创新性人才提出的前沿研究问题。

其次,解决创新问题的源头在哪里?一要产生解决创新问题的科学方案,二要高效实施所提出的解决方案。前者需要能够汇聚知识和创新人才,后者则需要能够汇聚人才和资金、知识和基础条件(如实验设施、科学设备等)等。

根据理论和实践观察,创新的直接源头要素主要包括:需求、人才、信息、资金、政策与制度、基础条件等。根据上文,创新策源能力可以分为:原始创新的提出问题策源能力和解决创新问题策源能力、应用创新的提出问题策源能力和解决创新问题策源能力、创新商业化的提出问题策源能力和解决创新问题策源能力、创新扩散的提出问题策源能力和解决创新问题策源能力。综合起来,可以形成表1所示的矩阵,以便于进一步分析创新策源的主要源头要素。

如表1所示,原始创新策源能力的提出问题策源能力(Q),直接主要来自人才、信息、政策和制度等要素,需求、基础条件也起到一定作用;原始创新策源能力的解决问题策源能力(S),直接主要来自人才、信息、资金、政策和制度以及基础条件等要素。这里的人才、信息、资金、政策和制度、基础条件和需求是跟基础研究有关的,例如专职研究人员、学术信息、基础研究政策、科研评价和管理制度、大科学装置类实验设施等。以此类推,其他环境的创新策源能力来源要素也在表 1 列出。

表 1　各创新环节的创新策源能力主要来源

创新策源环节 / 策源要素源	原始创新策源		应用创新策源		创新商业化策源		创新扩散策源	
	Q	S	Q	S	Q	S	Q	S
需求			√		√		√	
人才	√	★	√	★	√	★	√	★
信息	√	★	√	★	√	★	√	★
资金		★		★		★		★
政策与制度	√	★	√	★	√	★	√	★
基础条件	√	★	√	★	√	★	√	★

注:1. √、★表示该要素是对应策源能力的主要来源。
2. Q 代表 Question,即提出创新问题的策源能力;S 代表 Solution,即解决创新问题的策源能力。
3. 各创新策源要素在原始创新、应用创新、商业化和产业化阶段具体表现不同。

需要注意的有四个方面。第一,表 1 中的各要素在对应不同创新策源能力时,具体所指会有差异。例如,人才作为原始创新策源能力的源头要素,主要指基础研究人才;但是人才作为创新商业化策源能力的要素,则更多是指创业人才。第二,创新策源能力是分层次的,一种是通用层次(即适用多种专业领域,例如提出原创问题并开展研究的文化和制度基础)创新策源能力;另一种是专业层次(即适用具体专业领域)创新策源能力,因此,创新策源能力的源头要素有的对通用层次创新策源能力产生贡献,有的则主要对专业层次创新策源能力产生贡献。第三,创新策源能力的源头要素的形成、集聚则受到文化、社会环境等基础因素的影响。第四,创新策源的各个环节有一定的联系,例如某个城市原始创新策源能力强,应用创新策源能力、创新商业化策源能力也可能较强,但此并非必然,因此也需要重视能力建设工作。

理清创新策源能力的源头要素有重要意义,譬如可以设计创新策源行动,也可以评估行动的创新策源效果。例如,世界互联网大会、人工智能大会的创新策源效果在应用创新或创新商业化、创新扩散的提出问题、解决问题策源能力上实现的效果，再如科创板的创新策源效果则体现在创新商业化、创新扩散的解决问题能力中。总之，提升上述各类创新策源能力来源要素的充足度和活跃度是提升创新策源能力的关键。

论“唯 SCI”现象的缘起缘落

| 周文泳　姚俊兰

改革开放 40 余年以来，我国科学界经历了从 SCI 论文指标引入到“唯 SCI”现象的缘起、蔓延、反思与缘落的演变历程。在此期间，我国基础科学领域尽管完成了量的累积，却也出现了深层次的基础科学生态问题，如科学家群体多样性受损、基础原创成果有效供给不足、学术奖项荣誉失真、科学精神受损、科研资源错配、学术氛围恶化、科研人员激励失效等。我国科学界的“唯 SCI”现象由来已久，因科研评价中误用 SCI 指标而生，也将随着 SCI 指标回归原始属性和功能而自然消亡。

一、“SCI”论文指标的引入

20 世纪 80 年代，为了打破基层科研单位普遍存在的“吃大锅饭”的低效状态，促进我国基础科学走向世界，促进国际合作和交流，学术界开始关注和鼓励科研人员到 SCI 收录的杂志发表学术论文。

中国大陆 SCI 论文量在 1978、1988 和 1997 年出现较大幅度的增长，中国大陆分别为 207、6 677、17 389 篇，占全球 SCI 论文总量的 0.04%、0.95%、1.84%；美国同期 SCI 论文量（全球占比）分别为 200 944 篇（37.16%）、252 101 篇（35.86%）、306 041 篇（32.42%）。

1978—1997 年期间，尽管中国大陆 SCI 论文量的增长率较高，但是，考虑我国当时的基本国情和科研人员规模，应该可以看成是一种合理的自然增长过程，顺应了我国基础科学走向世界和加强国际合作交流的现实发展。

二、“唯 SCI”现象的缘起

1998 年 10 月 23 日，我国某部门举行新闻发布会公布了由某研究所完成的

作者简介：周文泳，上海市产业创新生态系统研究中心副主任、同济大学经济与管理学院教授、同济大学科研管理研究室副主任；姚俊兰，同济大学经济与管理学院博士研究生。

《1997年中国科技论文统计结果》，发布了中国大陆地区国际论文（包含SCI/EI/ISTP检索）和国内论文（包括1 214种主要国内期刊论文）的数量和被引情况的排名榜，公布对象为地区（省市）和学科的前6位，高校、研究机构和作者的前20位。

此后，部分地方政府、高校和研究机构出现了片面关注SCI指标的倾向，“唯SCI”现象开始进入萌芽阶段。首先，论文排名榜的发布，给地方政府、高校和研究机构产生很大压力，部分高校和研究机构为了提高知名度，陆续开始制定相关政策，将SCI等检索的国际论文和国内主要期刊论文的相关指标与奖励、工资、职称挂钩。其次，部分基层单位所制定考核科研人员（含学生）的各类论文指标中，SCI论文指标备受推崇。与此同时，学术界开始出现了“重量轻质”的学风问题。

随着论文排名榜的发布，1998—2004年期间，中国大陆呈现出SCI论文量快速增长的态势。1998、2004年中国大陆地区SCI论文量分别为19 873篇、56 670篇，分别占全球SCI论文总量的2.09%、4.84%；美国同期SCI论文量（全球占比）分别为305 714篇（32.13%）、379 409篇（32.41%）。

三、“唯SCI”现象的蔓延

2004年，中国大陆第一轮学科评估中纳入了SCI/EI收录的论文数及人均论文数，第二轮学科评估纳入了SCI/SSCI/AHCI/EI等收录的论文数及人均论文数，SCI指标逐步成为不同级别的科学基金项目、自然科学奖和人才项目等科研评价的重要指标，并与基层单位绝大部分学科的科研人员职称评审、绩效评价、工资奖金发放、任期考核、新人招聘和学位授予等方面挂钩。

2004—2012年期间，SCI论文数量进一步快速增长。2004、2012年，中国大陆地区SCI论文量分别为56 670篇、189 267篇，分别占全球SCI论文总量的4.84%、11.24%；美国同期SCI论文量（全球占比）分别为379 409篇（32.41%）、475 744篇（28.52%）。2004—2012年期间，中国大陆和美国SCI论文量年均增长率分别16.27%和2.87%。

随着“唯SCI”现象在基层单位的蔓延，中国大陆学术界科学界急功近利、学术浮夸的学风问题日趋凸显，导致了国家科技经费资源错配问题日趋突出，引发了科技奖项、学术荣誉、人才帽子、职称评聘和人才引进等评审过程的失真现象，出现了因大量国内优秀稿件外流而导致的国内期刊发展困扰，衍生出了从SCI

论文的辅导、润色、修改到代写、发表等环节的灰色产业链，破坏了我国学术生态。

四、“唯 SCI”现象的反思

针对“唯 SCI”现象引发的学术生态问题，2002 年起国家相关部委和有识之士都在探索治理之道。如 2002 年国家科技部、教育部联合发文（国科发政字〔2002〕202 号）规定不再公布国内外期刊论文指标的排名，中国科学院邹承鲁（已故）和王志珍（2004）、潘际銮（2005）、陆大道（2018）等院士发文指出了“唯 SCI”现象的诸多负面效应。

与此同时，2012 年（第三轮）和 2016 年（第四轮）学科评估体系中部分学科淡化 SCI 论文指标，如在第三轮学科评估中纳入了 ESI 高被引论文指标，在第四轮学科评估中纳入了扩展版 ESI 高被引论文指标。

然而，由于存在学科评估政策的滞后效应和“唯 SCI”现象发展的惯性，这种蔓延趋势依然没有得到根本性遏制。2013、2018 年，中国大陆地区 SCI 论文量分别为226 801、410 489 篇，分别占全球 SCI 论文总量的 12.73％、19.79％；美国同期 SCI 论文量（全球占比）分别为 494 309 篇（27.74％）、553 025 篇（26.52％）。2013—2018 年期间，中国大陆和美国 SCI 论文量年均增长分别为 12.60％、2.27％。

五、“唯 SCI”现象的缘落

2018 年以来，党中央和国务院及相关部委密集推出了科技领域放管服的系列政策文件，如：国发〔2018〕25 号文、“三评意见”、“弘扬科学家精神”等、清“四唯/五唯”专项行动，为我国治理“唯 SCI”现象提供了政策保障，也为我国科学界指明了治理“唯 SCI”现象的明确方向、实现路径和方案框架。

世界上任何现象都会有一个发生、发展和消亡的过程，“唯 SCI”现象也不会例外。尽管彻底消除“唯 SCI”现象引发的负面效应需要一个过程，但是，有理由相信：当国家相关部委、科学共同体、评估机构、基层单位和科研人员对“唯 SCI”现象认识形成共识的时候，SCI 指标会回归到其原始状态，“唯 SCI”现象会烟消云散，由此引发的负面效应也会得到彻底根除；当“唯 SCI”现象缘落之后，我国科学界会逐步进入“道者同于道、道亦乐得之”的理想状态。

参考文献

[1] 邹承鲁,王志珍.质量比数量更重要——科学研究成果质与量的辩证关系[N].光明日报(院士论坛),2004-7-09.

[2] 潘际銮.以 SCI 论成败:学术界一个严重误导[N].中国教育报,2005-03-25(3).

[3] 陆大道.只有自主创新才能成就国际一流[N].中国科学报,2018-05-21(001).

高质量科普启迪真善美

| 周文泳

当今社会，科学技术加速发展，新生事物层出不穷，科普需求与日俱增，对科普质量的要求也越来越高。所谓科普质量，是指科普结果、科普过程与科普系统的一组固有特性满足科普对象（接受科普的人或组织）及相关方要求的程度，主要体现为科普对象对所传播的特定科技知识的自行验证和接受的程度。真善美是人类社会的普世价值，也是科技创新活动的根本诉求；启迪真善美，是传播科技知识的核心使命，也是高质量科普的本质要求。

一、高质量科普要启迪“真”

科学知识是人类社会科学研究成果的传承、更新和积累的知识财富，是反映客观事物本质特性及其发展规律的知识体系，具有客观性、真理性、相对性等特征。从认识论的角度看，“真”是指个体（或组织）的认识要符合客观事物本身的本质属性及其发展规律。可见，高质量科普需要启迪科普对象的“真”。

1. 引导科普对象认知“真”

通过高质量科普活动，引导科普对象去自行验证和接受被传播的科学知识，补充和完善科普对象长期积累的知识体系，提升科普对象对客观事物的认知水平。

2. 激发科普对象探索“真”

无论从深度还是广度看，任何领域的科学知识的真理性都具有相对性，这对高质量科普提出了更高的要求：激发科普对象探索人类未知领域和完善已知领域真理的意识。

作者简介：周文泳，上海市产业创新生态系统研究中心副主任、同济大学经济与管理学院教授、同济大学科研管理研究室副主任。

二、高质量科普要启迪"善"

技术是解决问题的方法及方法原理，是指人们利用现有事物形成新事物，或是改变现有事物功能、性能的方法。科学知识本身不存在功利性，而技术却是一把双刃剑：既能为人类生存与发展带来效益，也会给公共利益带来危害。"善"，属于道德层面，是指个体（或组织）行为符合公共利益的要求。可见，高质量科普需要启迪科普对象的"善"。

1. 引导科普对象行"善"

在技术领域科普过程中，需要引导科普对象合理利用技术，并使其符合公共利益的要求。可见，高质量科普，需要引导科普对象去行"善"。

2. 防范科普对象行"恶"

在技术领域科普过程中，需要建立滥用技术危害公共利益的预防机制，守住技术知识普及中潜在的道德底线。可见，高质量科普，需要防范科普对象行"恶"。

三、高质量科普要启迪"美"

美好事物能引发人们的愉悦感，是天地万物和谐共生的本质属性在不同层次上的具体体现，如自然美、社会美、精神美。无论是探索新规律，发明新技术，还是创造新事物，都是源自对美好事物的向往。可见，高质量科普需要启迪科普对象的"美"。

1. 引导科普对象欣赏"美"

只有懂得欣赏"美"，人们才会珍惜、维护身边的美好事物。高质量科普，不仅需要向科普对象传递科技创新知识的"美"，更需要引导科普对象去欣赏"美"。

2. 鼓励科普对象发现"美"

只有当科普对象发现了科技创新知识的美，才能激发科普对象去验证和接受科普知识。可见，高质量科普，不仅需要创造优秀的科普作品，需要采用恰当的传播方式，更需要鼓励科普对象去自觉发现"美"。

3. 激励科普对象创造"美"

美好事物可以分为天然与人造两类。现代社会，人类的美好生活，不仅得益于大自然的馈赠，也得益于人类创造的美好事物。合理利用自然资源，创造美好事物，造福人类社会，是科技创新活动的动力源泉之一。可见，高质量科普，不仅需要引导科普对象合理利用自然资源，更需要激励科普对象自己去创造美好事物。

瞄准关键技术突破，完善创新生态系统

| 徐　涛　邵鲁宁

改革开放40余年来，我国科技事业发展日新月异、成绩斐然，但不少领域与国际一流水平差距依然明显，关键技术领域短板依然突出。结合当前的国际环境，我们需要坚定信念，瞄准实现关键技术领域突破的目标，立足于激活和更好协调各方面的创新力量和创新要素，构建和完善新形势下的、面向可持续发展的创新生态系统，促进目标导向的创新资源优化组织。

一、构建协同创新的开放系统——创新发展的日本经验

2016年1月，日本政府发布《第五期科学技术基本计划》(以下简称《第五期计划》)，首次提出"社会5.0"概念。该计划明确提出将日本打造为世界最适宜创新的国家，由日本引领后工业乃至后信息社会。

2017年，日本政府推出《科学技术创新综合战略》，强调了科技创新对推动社会5.0(Supper Smart Society，超智慧社会)的作用，将实现社会5.0作为日本科技创新的主要目标和任务，围绕实现社会5.0制定了多项举措，通过健全机制、完善政策，形成由政府资本、民间资本共同进行研发投资的投入体系，以及由研究人员兴趣驱动、政府战略驱动、产业需求驱动组构成的"三位一体"创新模式。

社会5.0是超越工业4.0及信息社会(社会4.0)的一种新的社会发展阶段，是基于信息通信技术创新，融合网络世界和现实世界，实现以人为中心的高度人性化的超智慧社会(图1)。如果说工业4.0是点的突破(IT运用实现制造业尖端化)，社会5.0则是基于面的系统改善(重构工业与社会的关系)，强调构建协同创新的开放系统，强调用户与厂商间的纵向联系，强调构建不断学习的社会体系。

作者简介：徐涛，同济大学经济与管理学院博士研究生；邵鲁宁，上海市产业创新生态系统研究中心副主任、同济大学经济与管理学院创新与战略系教师。

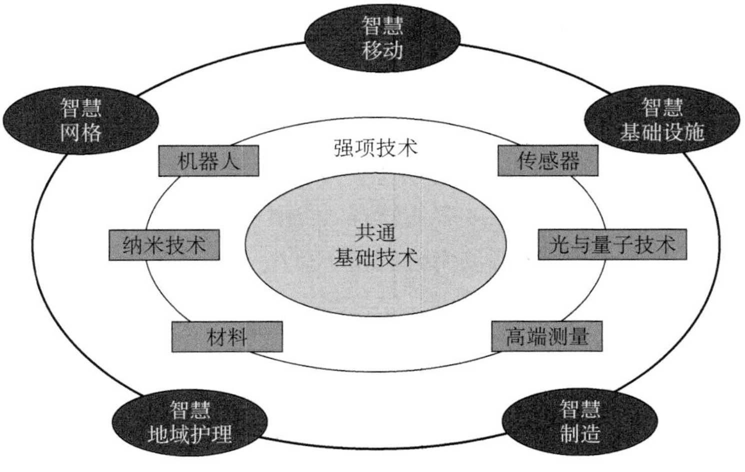

图1 社会5.0

日本政府长期重视研发投入,强调基础研究的重要性,推动官产学结合的基础研究体系。通过制定政策、创造环境、配置资源、引导"官产学"有效合作。如设立"综合科学技术会议"协调日本各省厅具体推进官产学合作;政府出资为大学组织内的产学合作机构选聘协调员,为企业和大学间构建起沟通、协调的桥梁,形成研究人员兴趣驱动型、政府战略驱动型、产业需求驱动型的"三位一体"的研究体系,对提高核心技术创新能力起到重要的促进作用。通过设立"科技创新官民投资扩大推进费",在内阁设置"推进费目标领域探讨委员会",通过筛选、评价各部委提交的政策提案,将具有目标领域针对性的政策提案作为推进费的实施对象,引导各部委的政策侧重。通过该举措,以政府研发投资为杠杆撬动民间研发投资,扩大科技创新领域官民共同投资,发挥协同效应。为了扩大民间研发投资,还采取了一系列的改革措施,如针对大学与国立研究开发法人进行改革,强化开放式创新;探讨建立易于捐赠的制度体系;多元化的创业投资主体,实现技术源头与市场需求间的有效匹配等。

二、突破"卡脖子"关键技术领域,完善创新生态系统是关键

美国竞争力委员会在《创新美国——挑战与变革》报告中将创新生态系统定义为由社会经济制度、基本课题研究、金融机构、高等院校、科学技术、人才资源

等构成的有机统一体，其核心目标是建立技术创新领导型国家。我们综合各方面已有研究和观点，可以将创新生态系统理解为一个具备完善合作创新支持体系的群落，其内部各个创新主体通过发挥各自的异质性，与其他主体进行协同创新，实现价值创造，并形成了相互依赖和共生演进的网络关系。

面对未来更加严峻的国际竞争，对国内创新人才的培育和能力提升、各类创新主体对创新资源的投入产出效率的管理、创新网络间的协同合作促进、创新文化和激励等不同层次创新生态的完善提出了更高要求。

1. 创新人才的培育和能力提升，需要边做边学、边学边用

核心技术突破，关键是要有核心人才，需要在人才引入、人才激励和人才发展平台等方面建立体系化长效机制。目前，我国在人才引进和人才激励方面已经推出一系列支持政策，面对核心技术，由于复杂程度高、探索周期长等特点，需要不断提升创新人才能力，在科技创新过程中边做边学、边学边用，在实践中培养一支创新领军人才队伍。

2. 激活各类创新主体投入创新的动力和活力，提升创新资源的产出效率

核心技术研发投入和风险巨大，因此，在关键领域的技术突破不能仅仅依赖于单一主体，既需要由政府主导，加强基础领域的协同创新，集中高校、科研院所的科研力量攻关重大课题，也要发挥企业的市场主体地位，从市场化的运作方向鼓励民营企业加强技术研发投入，激活各类创新主体创新能力。根据《中国民营企业社会责任报告(2019)》，民营企业已成为中国自主创新重要主体，2018 年国家科技进步奖获奖单位中，民营企业数量超过了国有企业，65%的专利、80%以上的新产品开发都由个体、民营企业完成。此外，在加大投入的基础上，还需要不断提高科技资源投入产出效率，使科技与经济深度融合，实现创新驱动发展。

3. 促进创新网络间的协同合作，形成多主体的协同创新平台

面对芯片、操作系统等“卡脖子”技术领域，由于其生产工艺复杂、技术迭代速度快、专利垄断等多方面问题，对个人与组织学习能力、创新主体、市场环境等均提出更高要求，尽管高铁式的“举国创新”模式经验可以借鉴，却难以全面复制。面对高技术领域的关键技术瓶颈，需要构建从基础研究到技术和产品研发的各类创新平台，形成科技政策、金融机构(创投机构)、科技企业、高校和科研院所多方参与的创新生态系统。日本在发展芯片业务时，也是由日本通产省集中组织日立、三菱等 5 大公司，以及日本电气技术实验室、日本工业技术研究院电子和计算机综合研究所，通过持续投入对技术进行突破。

4. 遵从技术和市场规律,构建包容、开放的创新文化

高技术领域的创新活动具有周期长、高风险的特点,在起步阶段往往会面临失败。对关键技术的突破要遵从技术和市场规律,摒弃急于求成、全面赶超的狂热思维,需要有较高的失败容忍度,为企业、研究机构提供更多的试错空间。“新型举国体制”在有效的科研创新组织、协调、动员机制等方面可以发挥重要作用,但是并不能完全避免失败,需要保护科技人员创新精神,降低决策失误纠偏、纠错的成本。

区域协同与长三角一体化发展

共谱长三角科技创新协奏曲

| 陈　强

长三角一体化发展上升为国家战略，意味着长三角地区正肩负起代表国家参与全球竞争的历史使命。当前，全球竞争格局正发生全方位、深层次、快速度的变化，国家发展面临诸多新的压力和挑战。在科技创新方面，长三角被寄予厚望，一是要在提升原创性成果的数量和质量方面不断形成新突破，二是要在科技进步与经济社会发展融合发展方面走出一条新路。长三角区域经济活跃度高、基础设施成熟、科创资源富集、营商环境良好，要将这些优势转化为推动产业发展的现实动力，必须在科技创新方面实现有效协同。

首先是目标协同问题。上海要建设"具有全球影响力的科技创新中心"，浙江要建设"'互联网＋'世界科技创新高地"，江苏要建设"具有全球影响力的产业科技创新中心"，安徽要建设"有重要影响力的综合性国家科学中心和产业创新中心"，三省一市都制定了科技创新的宏伟蓝图，目标既具共性，也各有侧重，相互之间存在相关性，三省一市的相关部门应坐下来，讨论并厘清各自目标之间的逻辑关联，进行顶层战略设计，并在重大科研基础设施布局规划、重大科技计划及行动部署、重要科技创新政策设计和制度安排等方面，充分达成共识，并采取一致行动。

其次是行动协同问题。随着信息基础设施的不断成熟，以及移动互联网、云计算、大数据、区块链、人工智能等技术的持续突破，科技创新模式呈现出网络化、扁平化、社会化等演化趋势。在全国范围内，长三角区域科教实力较强，并与产业发展之间保持紧密互动。三省一市在基础研究、应用研究、技术原型开发、共性技术研发、产业化等环节各有特色，并在战略性新兴产业和未来产业的不同领域形成独特优势。如何通过跨区域、跨产业、跨部门的联动，实施优势互补，并激发社会创新活力？如何瞄准世界科学技术前沿和国家重大战略需求，三省一

作者简介：陈强，上海市产业创新生态系统研究中心执行主任，同济大学经济与管理学院教授。

市联起手来，实施群体式、策略化的颠覆式创新，在更多领域实现突破？应该成为下一步长三角科创协同的努力方向。

最后是资源共享问题。改革开放以来，长三角地区积累了较为雄厚的科技人力资源，构建了一批大型科研基础设施和公共研发平台，同时，依托中央支持和地方财政实力，启动并实施了一批重大科技项目。长三角在科技创新资源共享方面取得初步成效，但是仍然有很大的提升空间，一是相关信息资源的开发和发布；二是共享运行机制的构建；三是共同发起大科学计划。三省一市在这些方面应进一步加强合作。

习近平总书记指出，“国际上，先进技术、关键技术越来越难以获得，单边主义、贸易保护主义上升，逼着我们走自力更生的道路，这不是坏事，中国最终还是要靠自己。”因此，共谱长三角科技创新协奏曲的意义，不只是推动区域科技创新竞争力的提升，还在于构建更加开放的区域创新生态体系，在全球科技创新竞争格局中占据更加有利的位置。

长三角推进一体化的关键是“生态融合”

| 尤建新

自从长三角区域一体化发展正式上升为国家战略，对长三角一体化发展的讨论不断升温，出现了一个接一个的热点。其中，最为喜闻乐见的报道就是：长三角一体化发展进入全面提速的新阶段。但是，热衷于呼喊“提速”口号之前应该冷静思考的问题是：实现一体化的关键是什么？

影响长三角一体化发展进程的关键是长三角区域发展的“生态融合”，这是实现“全面提速”的“基础设施”。为此，必须对以下三个方面有更加深入的思考，才能助推长三角区域发展的生态融合，进而实现“全面提速”。

首先要明晰的是，长三角一体化发展是国家战略。换句话说，就是国家顶层设计下的一个布局。如果缺乏对国家战略的整体认知，就会纠结于长三角与珠三角等区域发展的角力，甚至长三角内部也会出现众多发展中的不协调难题，陷入胶着中的长三角就很难“全面提速”。所以，认清长三角一体化在国家战略中的角色，才能跳出“长三角”看“长三角”的“生态融合”，这是目前亟须研究的首要课题。

其次，长三角一体化的目标是什么？在国家战略的框架之下，长三角区域一体化也是自身发展的需要，这一点决不能忘却。否则，就会产生“被一体化”的思想，就会出现不协调的声音，并成为长三角推进一体化的障碍。自我检讨长三角区域一体化带来的新发展机遇，以及长三角区域一体化发展对“生态融合”的客观要求，实现长三角区域一体化的健康、可持续发展，多维度构建长三角一体化发展的动态规划和目标，需要脚踏实地地开展相关课题的研究。

最后是资源配置的一体化。这是“生态融合”的核心，也是长三角区域一体化“基础设施”建设的关键。这一问题的解决有两个亟须突破的难点：一是重构长三角区域行政治理体系，这也是关键的“基础设施”建设项目，而且更加需要树

作者简介：尤建新，上海市产业创新生态系统研究中心总顾问，同济大学经济与管理学院教授。

立大局意识和进一步的解放思想。重构治理体系难度极大，需要创新和担当，但这是必需的突破，因为治理体系的水平决定了长三角区域一体化发展水平的“天花板”。二是法律法规、政策制度等方面的突破和健全，这是为“一体化”服务的“基础设施”中的“生命线工程”。如果这方面未能达成“生态融合”，那么，长三角区域一体化进程就会缺乏“生命线工程”保障，很难达成长三角区域资源配置的一体化，更不用说促进“一体化”框架下的资源优化配置。

对标长三角一体化国家战略，科技创新领域还缺什么？

卢　超

2018年11月5日，习近平总书记在首届中国国际进口博览会的主旨演讲中宣布，支持长江三角洲区域一体化发展并上升为国家战略。日前，国家发展和改革委员会正在紧锣密鼓地就《长江三角洲区域一体化发展规划纲要》征求各方意见，力求从国家层面系统谋划、统一部署、大力推进长三角更高质量一体化发展。其中，作为区域协调发展战略重要支撑的科技创新领域，沪苏浙皖"三省一市"近年来在构建协同创新机制、盘活区域创新资源、共建共享科研平台等方面进行了诸多富有成效的有益探索，并开始着力推进区域创新共同体建设。然而，对照长三角一体化发展国家战略的更高要求，长三角科技创新依然存在站位不高、机制不全、能级不强、流动不畅的问题，具体表现为"四缺"。

一、协同创新站位有待提高，缺乏顶层设计规划

2008年以来，国家层面先后出台了《国务院关于进一步推进长江三角洲地区改革开放和经济社会发展的指导意见》《长江三角洲地区区域规划》《长江三角洲城市群发展规划》，对长三角的定位、规划进行指导，但并未上升到国家战略。多年来，三省一市各单位、各部门主要是分头推进、单点支持长三角一体化工作，信息分散、资源分散，尚未形成协同性强、显示度高、影响力大的科技特色品牌和原始创新成果。三省一市应该基于多年"自下而上"奠定的前期合作基础，加强"自上而下"的顶层规划和宏观统筹，优化配置长三角优质资源，科学分工，协同合作，提高创新效率。

作者简介：卢超，上海市产业创新生态系统研究中心研究员，上海大学管理学院副教授，上海高水平地方高校创新团队"创新创业与战略管理"骨干成员。

二、市场社会协同不够完善，缺乏民间协调机制

尽管三省一市主要领导座谈会、长三角地区合作与发展联席会议、专题合作组的“三级运作”机制日臻成熟，2018 年新成立的长三角区域合作办公室进一步采取共同抽调人员、集中合署办公的形式，在研究发展议题、加强需求对接、协调重大项目等方面发挥了积极作用，但跨省市产学研合作的“民间”横向协调机制较为缺乏。三省一市的高等院校、研究机构之间的科研联动、合作成果依然较少，且主要以项目为牵引和载体。受制于经费资助力度和资助方式，高校院所等创新主体参与推动长三角科技创新合作的积极性不高，科技中介等社会机构的参与度较低。

三、平台服务能级有待提升，缺乏顶尖共享平台

近年来，“长三角科技资源共享服务平台”汇聚的科技资源规模和服务能力得到了大幅提升，“长三角区域大型科学仪器协作共用网”在大型科学仪器设备跨省市共享方面取得了显著的成效，但长三角区域内依然缺乏全球顶尖的创新平台。上海张江、安徽合肥国家综合性科学中心的前沿引领能力和联合创新能力尚待提升；张江实验室尚未获批国家实验室，集中度、显示度、大科学设施群作为“基石”的服务能力仍需加强。此外，由于缺乏长三角科技资源创新地图、综合性的科学数据中心以及与之相配套的服务标准与利益分配机制，平台的服务能力和运营效率仍有较大提升空间。

四、创新要素流动不够通畅，缺乏有效制度突破

三省一市地理空间紧密相连，产业结构基本相似，民俗文化基本相通，但人才资源互认共享工作推进缓慢，由于担心人才流失而人为设置壁垒的现象屡见不鲜。尽管长三角通过打造 G60 科创走廊、探索科技创新券通用通兑等方式在沪嘉杭沿线地区、沪苏锡宿等先行地区取得了一定的进展，但受制于行政空间、政府间转移支付、信息互联、征信平台等方面的约束，长三角区域内依然存在人才、知识、技术、资本、信息等创新要素的地方垄断和封锁，创新要素的跨区域流动存在障碍。建议通过打通统计分类目录、科学遴选评价指标、开展整体绩效考核等方式实现突破。

以江南文化涵养优质营商环境

| 陈　强

“让营商环境成为上海金字招牌”，世界银行《全球营商环境报告 2020》见证上海的努力与成绩：我国营商环境全球排名第 31 位，较之前提升 15 位。作为世界银行测评的两个中国样本城市之一，上海权重占比为 55%。

世界银行主要关注各国开办企业、办理施工许可、获得电力、纳税、跨境贸易、执行合同、办理破产等方面采取的措施。因此，基础设施条件、市场经济观念、依法行政水平、政府服务效率、制度供给质量等因素是决定营商环境优劣的重要维度和关键变量。这些因素中，有的可以通过突击，在较短时间内取得改进效果；有的则需要长远谋划，久久为功。文化具有“润物细无声”的力量。江南文化有进取、开放、包容、灵秀、精致、敦厚等特征，在涵养优质营商环境方面可以发挥独特作用。

江南文化是进取的。“日出江花红胜火，春来江水绿如蓝”。敢为人先、与时俱进是江南文化的精神内核，有助于不断突破体制机制的“痛点”和“堵点”，系统推进全面创新改革试验，在工作思路和方法方面推陈出新，打开优化营商环境的新局面。

江南文化是开放的。在某种意义上，营商环境是超越行政边界的区域生态，对于上海而言，优化营商环境也需要实现“两个面向”：一是面向长三角，加快推进长三角一体化背景下的区域联动和协同治理；二是面向世界，对标国际一流，通过高水平开放，“采他山之石以攻玉”。

江南文化是包容的。包容意味着多样性，江南地区一直有“深处种菱浅种稻，不深不浅种荷花”之说，强调的是因地制宜，一切从实际出发。世界银行的营商环境报告有其特定的关注角度，呼应了市场主体某些方面的诉求。上海营商环境的改善既要关注世行报告，分析差距，探索改进空间，也要跳出世行报告，借

作者简介：陈强，上海市产业创新生态系统研究中心执行主任，同济大学经济与管理学院教授。

助新技术手段，构建相应的感知和反应机制，关切并时刻体察不同类型市场主体的满意度、获得感和安全感。

江南文化是灵秀的。“春江水暖鸭先知”，市场主体是敏锐的，它们能够察觉营商环境的细微变化并迅速做出反应，但厌恶人为造成的不确定性。政府部门的行政服务既需要“店小二”般的眼观六路、耳听八方、手脚麻利，也需要如“阿庆嫂”般的审时度势、运筹帷幄。

江南文化是精致的。山水间、园林中、饮食里、器物上，都可以体味到无处不在的精妙和细致。优化营商环境是一项复杂的系统工程，从目标规划到标准制定，从要素配置到布局优化，从流程再造到机制设计，恰恰需要这种孜孜以求、止于至善的工匠精神。

江南文化是敦厚的。一直以来，江南一带既是“车如流水马如龙”的商贾重地，也是“结屋三间藏万卷，挥毫一字直千金。四海有知音”的人文渊薮，素有尊文重教的传统，规则意识和契约精神在此扎下了深厚的社会根基，这些都利于培育良好的营商环境。

“若到江南赶上春，千万和春住”。随着上海营商环境持续改善，“投资上海”正成为越来越多海内外市场主体的共同愿望。截至 2019 年 7 月底，上海累计吸引跨国公司地区总部 696 家、研发中心 450 家。当前，面对百年未有之大变局，上海营商环境建设正进入新阶段，亟待更新观念，丰富手段。不妨借江南文化之神笔，描绘营商环境新蓝图。

长三角数字人才驱动数字经济研究思考*

| 杨耀武

创新人才驱动创新经济，数字技术创新及数字经济崛起正成为新的时代性大趋势，大数据、云计算、5G、互联网+、智能+正带来我国经济社会发展的深刻的数字化转型变革，也重塑着我国区域经济协调发展的空间形态、动力模式和竞合格局。长三角区域近几十年来一直是我国经济最具有活力、开放程度最高、创新能力最强的区域之一，2018 年长三角更高质量一体化发展上升为国家战略，数字经济应成为新的发展阶段长三角区域创新发展的新引擎，中心城市与城市群将成为承载区域创新发展的主要空间形式。当前，从国家顶层设计到长三角跨区域协同再到各省市专题行动，大力推进长三角区域数字经济协同发展已成共识。对此，我们认为，人才链、创新链、产业链相辅相成，区域人才枢纽攸关区域协同创新，创新人才驱动区域一体化与数字化转型至关重要。为此，清华大学经济管理学院互联网发展与治理研究中心、上海科学技术政策研究所、职场社交平台 LinkedIn(领英)中国，基于领英中国长三角三省一市人才大数据，2018 年 10 月首次联合研究发布了《人才驱动下的区域一体化与数字化转型——长三角地区数字经济与人才发展研究报告》，2019 年 9 月又再次联合研究发布了《长三角数字人才与制造业数字化转型研究报告》等。

一、长三角地区数字经济的发展态势

我国正处于数字经济的高速发展期，根据相关机构测算，2016 年我国数字经济总体规模达到 22.6 万亿人民币，占全国 GDP 的 30.3%，相比 2015 年提高了 2.8 个百分点，总体规模跃居全球第二，增长速度也位居世界前列。其中长三角地区的江苏省、浙江省、上海市均处于第一梯队，数字经济规模在一万亿元以

---

* 本文根据作者在同济大学上海市产业创新生态系统研究中心主办的“长三角数字经济创新发展”研讨会上主题发言整理而成。

作者简介：杨耀武，上海科学技术政策研究所所长、研究员。

上，长三角地区无论在数字经济规模还是在增长速度上都大大领先于全国水平，是全国数字经济发展的“风向标”。长三角经济发展的一个显著特点是ICT基础型数字经济和ICT融合型数字经济二者并重，除安徽外，长三角地区江苏省、浙江省、上海市基础型数字经济和融合型数字经济的发展规模均进入全国前十，且居于前列。

1. 上海

近几年来，上海基础型数字经济保持稳定发展，融合型数字经济规模增速明显，已经进入全国领头行列。在融合型数字经济中，上海市最具代表性的行业是制造业。自改革开放以来，上海市大力发展制造业，着力将其打造成城市示范性优势产业，且在“两化”融合方面取得较好的成果。2016年上海市进一步提出了“振兴计划”，大力推动制造业转型升级，突出高端制造业的发展。2017年上海市提出工业互联网计划，预备三年时间初步形成以制造业为基础的工业互联网发展生态体系，发挥工业互联网的基础性作用，形成工业互联网新格局，努力成为国家级工业互联网创新示范城市。

2. 浙江

浙江省数字经济呈现良好的发展势头，2016年总规模接近2万亿元，占GDP比重超过30%，且增长速度高于全国平均水平。基础型数字经济和融合型数字经济均位居前列，呈现“双高”特征。浙江省的数字经济发展主要体现在基础数字经济的稳健发展和融合型数字经济的突飞猛进两个方面。以杭州为代表的ICT基础行业在全国都居于领先地位，在各个传统强势行业打下坚实的基础；而互联网金融的异军突起，电子商务快速发展，以互联网为载体、线上线下互动的新兴消费蓬勃发展，消费品行业加快融合创新，催生出众包研发、柔性生产、智能制造等新型生产模式，形成百家争鸣的气象。

3. 江苏

江苏省数字经济稳步增长，2016年数字经济总体规模达到2.39万亿元，占GDP比重超过30%。尤其是基础型数字经济体量居于全国第二，略低于广东省，但增长幅度超过广东。除了代表性的基础性数字经济之外，江苏省在融合型数字经济方面也加速发力，其中智能制造的优势最为明显。背靠江苏省庞大的ICT基础型数字经济产业，凭借南京的技术输出和创新能力，以苏州、常州为代表的苏南城市集群集中发力智能制造，重点探索智能制造个性化定制新模式，积极申请国家大数据产业集群试点，带动新型工业化发展。

4. 安徽

安徽省作为数字经济的后发省份，也将大力发展数字经济作为未来发展重心，以“高起点、高标准、高水平”的理念谋划推动数字江淮的发展，着力促进数字产业化、产业数字化。但面临数字应用水平不高、数据资源开发利用率低、技术创新基础薄弱、治理水平亟待提升等阻力。

二、人才是数字经济发展的重要驱动力

基础型数字经济的发展主要依靠创新驱动，融合型数字经济产业的发展既要依靠创新驱动，也要依靠产业优势和生产要素的充分投入，在创新和要素的投入中，人才都是最重要的驱动力。2017 年，全国各大城市陆续推出人才政策，一二线城市之间正在进行激烈的人才争夺，许多城市在推动数字经济发展中面临来自人才短缺的挑战，特别是高水平人才和拥有数字技能的人才。未来随着数字经济的快速发展和行业数字化转型程度的不断加深，数字经济核心城市对高水平人才的需求将快速增加。需要特别注意的是，除了对人才需求数量的增加，对人才能力、技能的需求也会发生巨大变化，特别是对于那些正在快速推进数字化转型的传统行业来说，一些传统的工作岗位很快会被机器取代，一些新兴领域的工作岗位则被创造出来，这些岗位无疑对人才的数字技能提出更高的要求。整体来看，各行业对具备跨行业知识和数字技能的高水平人才需求将不断提高。长三角地区作为数字经济发展的引领地区，应该重视人才战略的整体规划和布局，通过制定有效的政策措施进一步加强区域高水平人才的培养，促进人才的高效集聚和流动。

三、长三角地区人才流动情况

1. 国际及港澳台流动情况

在数字人才层面，长三角地区国际及港澳台人才是净流入的状态。在城市层面，人才净流入的城市包括上海、杭州、苏州和常州。江苏国际及港澳台数字人才净流入比重最高的城市为常州和苏州，人才流入/流出比分别达到 1.30 和 1.20，浙江净流入比重最高的城市是杭州，安徽合肥处于人才净流出的状态，数字人才流入/流出比只有 0.85。与高水平人才相比，长三角地区数字人才的净流出幅度大大降低，在大部分人才流出城市中流入/流出比接近于 1，这也表明数字人才在长三角地区的保留率比较高(图 1)。

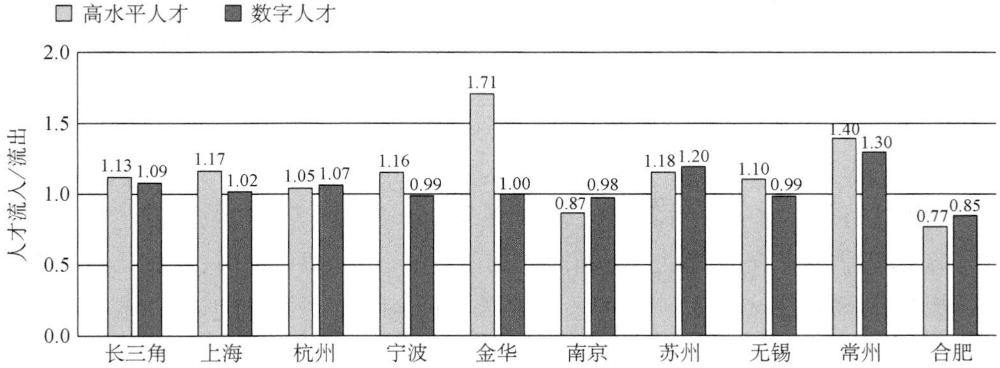

图 1　长三角各市高水平人才和数字人才国际及港澳台流动情况

2. 中国大陆流动情况

长三角地区高水平人才的国内流入来源前五大城市包括北京、深圳、广州、武汉和成都，其中北京和深圳所占比重分别为 23.08%和 7.93%，前五累计占比为 46.57%。高水平人才的国内流出目的地前五大城市包括北京、深圳、广州、成都和武汉，北京和深圳的占比分别为 18.38%和 10.93%，前五累计占比为 42.34%。总体来说，高水平人才流入来源地和流出目的地比较平衡。数字人才的国内流动情况与高水平人才非常相似，但流入流出地更加集中一些，其前五来源地累计占比为 54.85%，前五流出累计占比 61.41%，均高于高水平人才(图 2)。

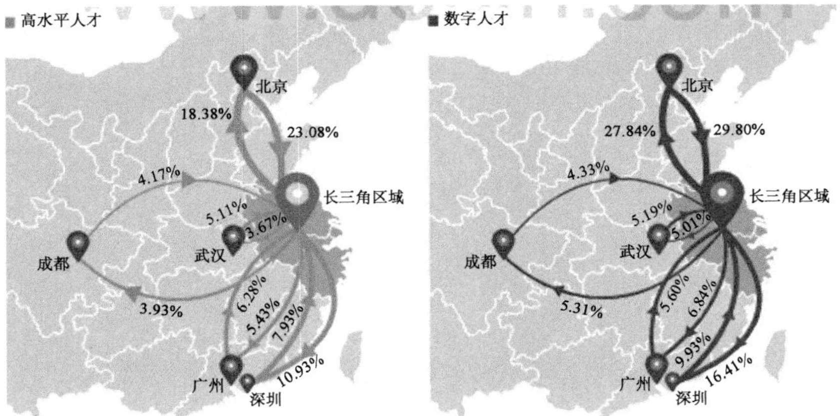

图 2　高水平人才和数字人才流入流出情况

数字经济已成为国家 GDP 的重要组成部分，加快发展数字产业是 21 世纪提高国家竞争力的主题任务。长三角地区具备良好的数字经济发展环境。首先，在国家和三省一市的战略布局规划中，都以大力推进长三角地区数字经济发展为目标。其次，长三角地区传统行业发展程度较高，为经济数字化提供了宽阔的施展平台和空间。最后，以上海、杭州为代表的各大城市储备了相当丰富的技术和人才，ICT 基础产业发展程度较高，为传统产业的数字化转型建立了坚实的基础。而且，长三角各省市具有不同的发展特色，通过协调发展、能够让各城市扬长避短，更加充分发挥自身作用，实现区域一体化发展目标。长三角数字经济领跑者路线图，要“抓战略，抓改革，抓重点，抓政策，抓服务”。

科技金融与长三角数字经济生态*

陈志成

一、长三角数字经济创新现状

据中国科学院《互联网周刊》、中国社会科学院信息化研究中心、eNet 研究院联合发布的《2019 数字经济创新企业 100 强》数据显示：数字经济创新排名前 10 位的企业中，广东有三家，北京、山东各两家，浙江、江苏、上海各一家（表 1）；排名前 100 位的企业中，上海总上榜企业数为 7 家，远远落后于北京、深圳、浙江等省市。从创新企业总数看，上海数字经济创新远远落后于北京、深圳等省市，侧面反映出目前上海数字经济生态形势不容乐观，而长三角地区的浙江、江苏两地略好于上海。

表 1　2019 数字经济创新 10 强企业

企业名称	创立年份	总部所在地	所属省市
华为 HUAWEI	1987 年	深圳市	广东省
紫光 Unis	1999 年	北京市	北京
海尔 Haier	1984 年	青岛市	山东省
海康威视 HIKVISION	2001 年	杭州市	浙江省
美的 Midea	1968 年	佛山市	广东省
格力 GREE	1991 年	珠海市	广东省
苏宁易购 SUNING	2009 年	南京市	江苏省

* 本文根据作者在同济大学上海市产业创新生态系统研究中心主办的“长三角数字经济创新发展”研讨会上主题发言整理而成。

作者简介：陈志成，上海立信会计金融学院副教授。

（续表）

企业名称	创立年份	总部所在地	所属省市
中国电信	2000 年	北京市	北京
浪潮 inspur	1968 年	济南市	山东省
珍岛信息技术	2009 年	上海市	上海

二、科技金融与数字经济生态

数字经济生态分析可以从政策环境、企业运营成本、人才、资本等多维视角出发。从资本的视角看，金融是否有效支持数字经济创新是衡量数字经济生态是否健康的重要指标。一方面，数字经济企业多数为民营企业、中小微企业，一直以来面临融资难、融资贵的难题；另一方面，数字经济企业缺乏土地、房屋、设备等可抵押固定资产，融资难、融资贵问题更为突出。

为进一步考察长三角区域科技金融是否有效支持数字经济生态，可以从政府和市场两个方面切入。政府方面，可借助政府科技创新券发放情况考察政府对中小微企业的支持力度，同时，根据科技创新券的通用通兑考察长三角区域之间的科技资源流通情况。市场方面，除了科技信贷、科技保险，可以考察科创板企业上市与风险投资的联动情况。此外，还可以从政府与市场合作角度，即借助政府力量促进商业银行推进知识产权质押融资业务进行分析。

三、长三角科技创新券通用通兑情况

科技创新券以政府购买服务的方式，支持中小微企业开展创新活动，具有市场化、灵活性和普惠性等特点，是推动科技服务的供需双方对接的有效途径，有利于营造良好的区域科技创新环境。科技创新券通用通兑有助于提高长三角大型科学仪器设备等资源利用效率、扩大长三角科技资源共享服务、促进跨区域合作，是长三角营造良好创新生态的有利抓手。

从创新券发放对象要求看（表 2）：长三角三省一市在科技创新券发放对象上区域差异显著，区域阻隔严重。发放对象主要集中在本市注册的独立法人、科技中小微企业及人才计划、入驻孵化器、大学科技园或众创空间等优先扶持主体。此外，长三角各地科技创新券政策的差异性，影响了科技企业跨区使用科技资源的积极性。

表 2 长三角科技创新券发放对象的差异性分析

要素 \ 省市	上海	浙江	江苏	安徽
	上海	杭州	南京	合肥
本市注册独立法人	√	√	√	√
科技中小微企业	√		√	√
优先扶持:人才计划、入驻孵化器、大学科技园或众创空间	√	√	√	
有实际办公场地				√
具有自主知识产权				√
至少有 3 名员工持续缴纳社保半年以上				√
申请创新券的企业与合作载体单位应无任何关联关系		√		

从创新券实行效果看(表 3):通过对比分析长三角三省一市科技创新券绩效可知,上海在创新载体数量上具有优势,但是在兑现企业数和兑现金额上与杭州和南京却有显著差距,上海科技创新券的带动功能未显现,兑现企业与兑现金额有待进一步提升。

表 3 长三角三省一市科技创新券绩效对比分析

要素 \ 省市	上海	浙江	江苏	安徽
	上海	杭州	南京	合肥
创新载体数(截至 2019.08)	11 851	10 108	7 749	928
兑现企业数	2 181 家(2015—2017 年)	11 093 家(2015—2017 年)	1 526 家(2015—2017 年)	1 771 家(2015—2017 年)
兑现金额	6 976 万元(2015—2017 年)(研发技术类+技术转移中介类)	2.6 亿元(2015—2017 年)	1.9 亿元(2015—2017 年)	1 690 亿元(2016—2018 年)

从科技资源共享成效看(表 4):通过统计长三角科技创新券促进科技资源共享的成绩可知,在推动长三角科技创新跨区域合作方面,创新券主要集中在地理位置上更加邻近的上海与苏州地区,其他区域的合作则相对薄弱,区域创新合作发展不均衡,区域差异显著。科技资源共享与科技协同创新的空间还非常大,

科技创新券对科技资源高效利用的带动效应未足够显现。

表 4　长三角科技资源共享区域成效

区域	次数	金额(万元)
沪苏	13 963	1 655
沪昆	2 805	465
沪通	2 647	567
沪嘉	2 061	425

四、长三角知识产权质押融资情况

从相关政策看(表 5):长三角三省一市均针对知识产权质押融资出台了相应的政策措施,为知识产权质押融资的规范运行提供了政策保障。然而,三省一市中只有上海有质押对应的技术评估规范,其他省份均没有相应的政策规范,需进一步加强政策供给。

表 5　长三角知识产权质押融资的相关政策

上海	浙江	江苏	安徽
上海市知识产权质押评估技术规范(试行)	浙江省专利权质押贷款管理办法	江苏省知识产权质押贷款服务规范	安徽省知识产权局关于进一步加强专利权质押贷款工作的指导意见
上海市知识产权质押评估实施办法(试行)	浙江省商标专用权质押贷款管理办法	江苏省注册商标专用权质押贷款管理暂行办法	安徽省合肥高新区出台支持科技创新 10 条政策,专门对知识产权质押融资进行鼓励
	2019 年知识产权强省建设工作要点	2019 年全省知识产权金融工作要点	合芜蚌自主创新综合试验区专利权质押贷款试点工作实施办法(试行)
	2019 年浙江省知识产权生态优化行动实施方案		

从支持对象看(表 6):长三角三省一市知识产权质押融资政策支持对象各有侧重。其中,上海相关政策的支持对象包括扶持企业、支持融资机构和支持担保机构;安徽省的政策支持对象则侧重扶持企业与支持担保机构;江苏和浙江的

政策支持对象则主要集中于支持融资机构。

表 6 长三角知识产权质押融资的政策支持对象对比

对象 \ 省市	上海	江苏	浙江	安徽
扶持企业	✓			✓
支持融资机构	✓	✓	✓	
支持担保机构	✓			✓

从融资成绩看(表 7):长三角三省一市均对知识产权质押融资有较大需要,各省市设定的融资目标很高,但是整体上每年的质押融资额度却很低。以上海为例,上海 2018 年知识产权质押融资 82 笔,实际融资额仅 7.1 亿元,远低于安徽、南京、深圳和北京。究其原因,一方面是由于银行认为知识产权质押融资目前风险较高,技术评估难度大、周期长、标准不统一等都增加了质押融资的风险程度;另一方面是由于评估机构之间信息不共享导致知识产权价值评估缺乏参照和对比。因此,为了提升知识产权质押融资效率,从银行方面,需要扩大知识产权质押范畴,除专利外,还应将商标、品牌等都纳入质押范畴;从政府方面,需要构建知识产权质押评估数据库,通过信息共享为价值评估提供可靠的参照系。

表 7 长三角部分省市知识产权质押融资取得的主要成绩

省市	融资笔数	融资额(亿元)
上海(2018 年)	82	7.1
安徽(2018 年)	830	64.9
南京(2019 年 1—6 月)	246	7.4
浙江(2019 年)		100(目标)

五、长三角风险投资与科创板联动情况

相对于传统的银行贷款,风险投资是更加适合数字经济的金融形式,也是科技创新金融支持中的主力军。风险投资行业在促进科技成果转化、发展创新型企业、培育新兴产业等方面发挥了重要作用,逐步形成了具有中国特色的发展模式。

从创投机构数量与规模看(表 8、表 9):长三角创投机构数量非常多,达到了

1 152家，占据了全国的半壁江山，具有较大的数量优势，但另一方面，长三角管理资本总额相比机构数量却不高，资本规模相比京津冀地区仍比较小。

表 8　全国主要区域创业投资机构数量及资本管理规模情况

地区	创投机构数	全国占比	管理资本总额（亿元）	全国占比	机构管理资本规模均值（亿元）
长三角区域	1 152	53%	3 467.31	39.1%	3.00
珠三角区域	139	6.4%	1 215.44	13.7%	8.71
京津冀区域	303	13.9%	2 015.96	22.7%	6.72

表 9　全国主要省（直辖市）创业投资机构数量及资本管理规模情况

省（直辖市）	创投机构数	全国占比	管理资本总额（亿元）	机构管理资本规模均值（亿元）
江苏	531	24.4%	1 714.51	3.23
浙江	423	19.5%	825.6	1.95
上海	105	4.8%	365.02	3.48
安徽	93	4.3%	562	6.04
北京	192	8.4%	1 794.7	9.35
广东	139	6.1%	1 215.44	8.74

从创投融合度看（表 10）：通过对上海 12 家科创板受理申报企业背后的创投机构分析可知，上海本市风投机构有 19 家，长三角区域有 2 家，外地北京和深圳有 20 家，上海本地风投机构对本地科创板企业投资不足、活跃度不高、贡献率较低，这与广东和北京的情况恰恰相反。到底是“近水楼台”还是“距离产生美”？其深层次原因有待进一步深入研究。

表 10　长三角三省一市及代表城市创业风险投资的融合度分析

地区	各地科创板受理申报企业数	申报企业背后本省（市）风险投资机构数	申报企业背后本区域其他省市投资机构数	申报企业背后外区域投资投资机构数
上海	12	19	2	20
江苏	13	10	7	11
浙江	7	9	2	6

(续表)

地区	各地科创板受理申报企业数	申报企业背后本省(市)风险投资机构数	申报企业背后本区域其他省市投资机构数	申报企业背后外区域投资投资机构数
北京	20	28	3	29
广东	11	24	2	16
河北	1	1	0	3
国内其他	14	3	0	25

长三角科技创新策源地的“合肥力量”

| 刘　笑

近年来，合肥在建设综合性国家科学中心过程中，积极探索、勇于创新，创造了中国乃至世界多项“第一”，成为了中国三大国家综合科学中心城市之一，其中的成功经验值得借鉴。新一轮科技革命背景下，科学研究范式已经发生转变，综合性国家科学中心的建设应当顺应区域资源禀赋规律、科学规律和人才规律，才能充分发挥创新的叠加效应。

一、尊重区域规律，依托特色资源进行创新布局

地缘优势，适合潜心科研。合肥虽地处我国中部地区，地理位置不及北上广深优越，但地缘优势独特，身处长三角，与上海、北京、南京的高铁距离均在合适范围，合肥高铁到上海两个小时，到北京四个小时，到南京不到一个小时。这样“刚刚好”的距离为合肥的科研人员提供了远离大城市喧嚣的安静学术环境，但同时又不会因距离过远而影响信息与资源的获取。

院所优势，聚焦前沿研究。合肥作为国家重要的科研教育基地，高校资源质量优异，学科建设优势显著，科研机构水平一流。其中中国科学技术大学是世界一流大学建设高校 A 类，合肥工业大学、安徽大学等高校在新兴交叉学科建设方面形成了优势特色，中国科学院合肥物质科学研究院、中国科学院量子信息与量子科技创新研究院等一流科研机构组织也汇聚合肥。此外，合肥还拥有 4 个国家级实验室，8 个大科学装置，7 个大科学平台。因此，依托区域资源基础，合肥市聚焦能源、信息、健康、环境四大优势领域，依托国家级实验室、大科学装置、前沿交叉平台及双一流大学或学科进行科学创新中心的布局。

作者简介：刘笑，上海市产业创新生态系统研究中心研究员，上海工程技术大学管理学院讲师。

二、尊重科学规律，创新治理模式

加强顶层设计，提升推进效率。合肥综合性国家科学中心突破了传统管理模式，创新性地设置了多层级治理结构，形成了“领导小组—科学中心建设办公室—专项工作推进机构”的高效推进体系。其中，由市委市政府成立的合肥市建设协调推进工作领导小组共同组成了决策层，合肥科学中心建设办公室扮演了承接层的角色，由平台公司和专项工作小组组成的队伍则担任了执行层。

分层剥离任务，明晰研究目标。为了进一步推进科学中心的建设，合肥形成了“核心层—中间层—外围层—第四层”的层级任务体系。其中，核心层主要依托大科学装置服务国家重大战略需求；中间层主要依托中国科学技术大学、中科院合肥物质科学研究院等公共技术研发平台开展多学科交叉前沿研究；外围层主要依托中科大先进技术研究院、中科院合肥技术创新工程院等高端创新平台服务地方经济社会发展重大需求；第四个层级则是将核心层、中间层、外围层紧密联系，组织实施大型科技行动计划。

设立专项政策，提高资源利用率。合肥市专门制定了《合肥综合性国家科学中心实施方案(2017—2020年)》，并先后出台了人才、重大信息发布、中心办公室工作规则以及项目支持的专项管理政策，体现了科学中心建设的关键性与特殊性。此外，合肥推进经费机制改革，一方面设立产业发展基金，加速融合科技与产业，如针对世界科技顶端技术，安徽省专门将量子信息国家实验室作为安徽省科技创新的“一号工程”，为其专门设立了基金总规模100亿元的产业发展基金，采取“产业＋基金”和“基地＋基金”的培育模式，重点为处于成长期和成熟期的企业提供支持和发展。另一方面建立高端用户培育基金，锁定高层级用户。针对诺贝尔奖级别获得者等满足“三高”——高端科学问题、高端产出、高端技术的用户提供专项经费支持，高端用户费用直接由政府划拨到各平台，由各平台更具针对性地使用。

三、尊重人才规律，为科学家服务

合肥综合性国家科学中心成立以来，依托国家实验室、大科学装置、大科学平台，人才集聚效应进一步显现。2017年，国家科学中心新增院士2名，新增万人计划、千人计划、杰出青年、长江学者等国家级高端人才90余人，新增省部级高端人才110余人。

尊重成长规律，重点关注优秀青年人才。合肥在综合性国家科学中心建设过程中，除了实施顶尖人才引领计划等高层次人才计划外，还特别针对人才培养的梯度建设与人才成长的生命周期，明确提出大力储备培养优秀青年人才，提高各类人才工程项目中青年人才的入选比例，专门组建了人才举荐委员会，大力举荐青年人才，促进优秀人才脱颖而出。近两年，合肥科学中心新增高端人才中青年人才占比超过一半。

联合自然基金委，为人才提供稳定经费支持。安徽省、合肥市联合国家自然科学基金委等单位，面向全球范围科研人员，专门设立了国家科学中心联合自然科学基金项目，依托大科学装置，围绕信息、能源、健康、环境四大领域开展前沿基础研究与关键技术攻关。

破除体制机制障碍，赋予科研人员更大自主权。合肥综合性国家科学中心依托大科学装置，以项目为核心吸引国内外高端人才，以项目团队方式进行资源分配。探索实施了国家科学中心首席科学家负责制、中心企业化运转、实行中长期目标考核、建立开放式研究网络、创新编制岗位管理等多种形式，赋予科研人员更大的创新自主权。

主动实施外国人才签证制度，畅通高端外籍人才引进通道。2018 年初，安徽省在全国首批实施外国人才签证制度，合肥综合性国家科学中心相关单位可直接办理《外国高端人才确认函》。外国专家可根据此函申办有效期 5—10 年、多次往返的外国人才签证，这为合肥综合性国家科学中心与外国顶尖研究机构建立长效合作机制，推动高层次外国专家和团队依托合肥大科学装置，开展国际联合研究提供了便利和支持。

综上可见，合肥综合性国家科学中心的建设正是依托特色资源进行创新布局顺应区域资源禀赋规律，创新治理模式顺应科学规律，为科学家服务顺应人才规律，从而逐步迈向具有国际影响力的创新之都行列。

上海科创中心建设

上海“科创中心”建设的第一要务——重塑“上海品牌”

| 尤建新

习近平总书记2014年5月在上海考察工作时明确要求，上海要加快建成具有全球影响力的科技创新中心。这一要求提出后，就成为上海市新一轮发展的重要战略任务。近六年过去，对于这一战略的认识仍然在践行中不断深入。笔者认为，具有全球影响力的科创中心建设，其第一要务就是重塑“上海品牌”。

一、为什么这么说？

从上海的百年发展历程来看，上海是资源性城市吗？显然不是。那为什么上海在20世纪成为全球耀眼的东方明珠呢？并且在很长一段时间内持久保持着这样的地位？是因为上海的起步有一个良好的社会和市场生态，铸就了“上海品牌”，并由此带来了优质的人才资源和资本资源。因此，从这一视角而言，品牌是一种支持高质量发展的重要资源，其背后的支撑是良好的社会和市场生态。

二、“上海品牌”是什么？

“上海服务、上海制造、上海购物、上海文化”四大品牌建设是上海市委、市政府2018年确定的全面提升上海高质量发展水平的重要举措，究其核心就是“上海品牌”。所谓“品”，可以解释为：品质，代表“上海品牌”的“先进”和“引领”特征；品格，代表“上海品牌”的“卓越”和“永续”特征；品行，代表“上海品牌”的“诚信”和“可靠”特征；品位，代表“上海品牌”的“讲究”和“文明”特征。尤其最后这一点很重要，“讲究”和“文明”不仅仅显现了上海的消费文化，更代表着上海的城市文化和上海人的生活态度。所谓“牌”，可以解释为：对标国际先进水平的高质

作者简介：尤建新，上海市产业创新生态系统研究中心总顾问，同济大学经济与管理学院教授。

量“地位”和“口碑”，即“上海品牌”的享誉度水平。所以，“上海品牌”曾经的辉煌，所体现的就是上海优质的社会和市场生态水平，以及健康的进步力量（即竞争力）。

三、各方的角色和作用是什么？

在“上海品牌”建设和提升的行动中，政府、市场、企业、民众各自的角色是什么？这方面的认识很重要，尤其是政府，不能篡位、错位和缺位。在“上海品牌”建设和提升行动中，政府角色和作用是：倡导者和规制者；市场的角色和作用是：优胜劣汰的健康竞争生态；企业的角色和作用是：不仅仅是“上海品牌”建设和提升的“主角”，而且要努力成为“名角”，成为世界的“名角”才能创出支撑上海高质量发展的、具有全球影响力的“上海品牌”；百姓的角色和作用：不是一般的消费者，应该成为高水平“懂得欣赏”世界级“名角”的“高级票友”，与企业和政府一起构建起有助于重振“上海品牌”雄风的健康社会和市场生态。

四、如何重塑“上海品牌”？

重塑“上海品牌”，必须关注以下准则：①质量是核心，离开质量没有品牌；②老字号是基础，百年老店应该成为“品牌贵族”；③新品牌是未来，高技术是新品牌“先进”的关键；④创新是支撑，“品牌”的“引领”源于创新，包括硬技术和软技术，两手都要硬；⑤文化是生态，海纳百川的上海文化是重塑“上海品牌”的根基，是真正体现“上海品牌”竞争力的“软实力”。对于当前已经开始推进的品牌认证和质量发展指数这两项重要工作必须保持清醒的认识：①品牌认证是重塑“上海品牌”的抓手。必须清醒认识到，品牌不是评出来的，是竞争和市场认可形成的，认证必须努力规避信息不对称问题；②质量发展指数是重振“上海品牌”雄风的显示度，一定要清醒认识到，“指数”仅仅是量纲意义上的显示，不能完全代替实际的质量和品牌水平，重塑“上海品牌”必须依靠真正的质量和品牌实力。

五、如何衡量建设成效？

无论是“科创中心”建设，还是重塑“上海品牌”，都有一个对于成效的衡量问题。这几年专家们已经开展了许多相关的研究，并给出了许多积极的建议。但是，如果归结到 KPI 的话，一个极为重要的指标是不可忽视的：人才顺差。中国的一线城市北上广深，也都是创新创业大潮中的“人才顺差”大户。美国领先于中国的一个重要标志就是“人才顺差”。以全球视野看上海“科创中心”建设，对标“硅谷”“伦敦”等城市和地区，优秀人才的导入是关键，这才是重塑“上海品牌”的真正目的。

对标一流补短板，增强上海科创策源能力

| 陈　强　马永智

近年来，围绕上海科创中心建设的政策密集出台。2015 年，上海颁布“科创 22 条”，明确按照“两步走”规划，建成具有全球影响力的科技创新中心。2016 年，国务院批准《上海系统推进全面创新改革试验　加快建设具有全球影响力的科技创新中心方案》，支持上海系统推进全面创新改革试验，加快向具有全球影响力的科技创新中心发展。2019 年 3 月，“科改 25 条”落地，条例围绕增强科创中心策源能力提出重要改革任务。2019 年 9 月，《上海市推进科技创新中心建设条例（草案）》提交人大审议，旨在为科创中心建设提供法制保障。日前，“科改 25 条”升级版又被提上议事日程。紧锣密鼓的政策设计和制度安排，彰显了上海市委、市政府全力推进全球科创中心建设的决心和信心。

增强创新策源能力，可以引领并持续催生学术新思想、科学新发现、技术新发明、产业新方向（图 1），是上海全球科创中心建设的关键。根据创新策源能力的内涵解读，通过指标构建、评价和比较后发现，对标一些典型的科技创新城市，上海在创新策源能力建设方面还存在较大差距，应着重从以下几个方面发力，进一步增强创新策源能力。

一、进一步夯实科技人力资源基础

与国外科技创新城市相比，上海的科技人力资源存量仍然不足。伦敦、首尔高学历人口占比超过 50%，上海仅为 37%（2017 年）。此外，国外科技创新城市的 R&D（研发）从业者比例普遍较高，纽约达到 7.16%，伦敦接近 9%，上海仅为 3.2%。上海要增强创新策源能力，必须进一步夯实科技人力资源基础。一方面，上海应集中财力和政策资源，着力解决在沪高端人才在生活、子女教育、老人

作者简介：陈强，上海市产业创新生态系统研究中心执行主任、同济大学经济与管理学院教授；马永智：同济大学经济与管理学院硕士研究生。

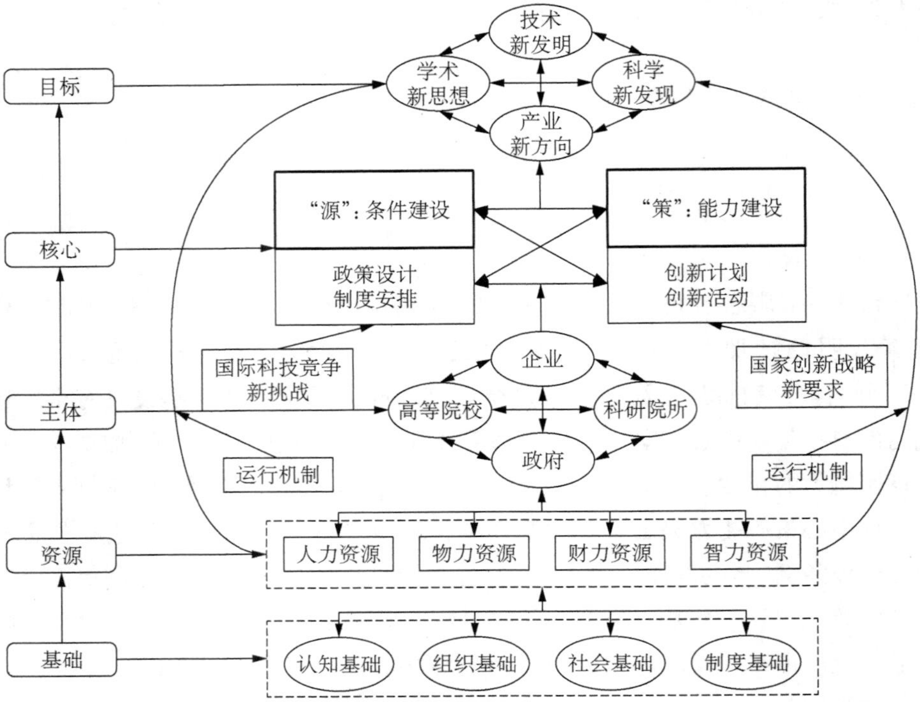

图 1　科技创新策源能力的内涵解读

就医等方面的现实困难，持续加大关键核心技术领域高端人才的引进力度。另一方面，上海应瞄准世界科学前沿，对焦上海科学研究和产业发展的中长期规划，实施差异化的落户政策，并努力为青年人才营造良好的工作和生活环境，打造上海战略科技力量的"预备队"和"青年军"。

二、全力打造卓越的高等教育机构

目前，伦敦、首尔 QS 世界排名前 200 位的高校多达 5 所，而上海 QS 前 200 院校仅 2 所。此外，上海的 Nature 指数仍处于中游水平，低于纽约、波士顿等城市，总分不及北京的一半。上海虽有 64 所高校，但总体水平还不够高，服务于上海全球科创中心建设的能力仍有巨大提升空间。加大对本地高校的财政投入力度，助力高校"双一流"建设，推动更多上海高校进入世界一流高校和一流学科行列，应成为上海增强创新策源能力的重要抓手。通过加大地方财政投入和优化投入结构，进一步提升上海高校的人才培养质量和科研产出效率，扩大在全球科技创新治理中的话语权和影响力，让更多高校成为高质量科技供给的源头活水。

三、“源”“策”并举，推动基础研究条件和能力建设

上海研发投入的GDP占比达到4%，超过2.1%的欧盟平均水平。值得关注的是，上海研发投入中基础研究投入占比为8%，高出全国平均水平，但距离欧盟10%的平均水平仍有差距。在某种意义上，基础研究是上海全球科创中心建设绕不过的“坎”。上海下一步应“源”“策”并举，持续推动基础研究的条件建设和能力建设。在条件建设方面，应强化张江综合性国家科学中心的内涵建设，并继续布局和建设新一轮重大科研基础设施和功能性平台。在能力建设中，上海要依托已形成的基础研究条件，“急国家之所急”，部署并启动基础性重大攻关项目。同时，依托这些条件，策划并发起国际大科学计划，启动大科学工程，在全球范围内运筹创新资源，促使基础研究领域的高水平成果不断涌现。

四、增强全社会科技服务体系的整体效能

东京年均PCT专利申请量两万余件，是上海申请量的近10倍。这里既有供给侧产出能力偏低的问题，也有全社会科技服务体系效能不足的问题。下一步，上海可以从以下几方面着手，增强科技服务体系的整体效能。一是加强产业技术研究院的功能建设，强化共性技术研发，建立高水平服务体系，打通科技成果向现实生产力转化的“堵点”。二是加强政策引导，采取专项扶持和政府购买服务等方式，并引入社会资本，推进社会科技服务体系建设，强化科技创新的全链条服务供给。三是充分利用杨浦、徐汇、闵行、松江、奉贤、临港等区域高校集中的优势，发挥高校科技园在技术转移、企业孵化、供需对接、创业辅导、人员培训等方面的独特作用，为小微企业提供全方位的专业服务。

五、推动长三角高成长性创新型企业的跨区域发展

高成长性创新型企业对促进区域科技创新具有重要意义，在国际知名风投机构CB Insights公布的2019年独角兽企业榜单中，上海有20余家企业上榜，数量上名列前茅。但是，上海高新技术产业仅占工业总产值的21%，低于国际科技创新城市30%的平均水平。同时，上海缺乏科技创新领军型企业，企业研

发投入仅占全社会研发投入 60%左右，低于全国平均值约 10 个百分点。政府应抓住科创板契机，持续关注高成长性创新型企业的成长。在长三角一体化背景下，探索 GDP 和财政收入归属核算和共享方面的体制机制改革，让上海高成长性创新型企业在长三角区域赢得更大成长空间，降低运营成本。同时，充分释放成长能量，带动当地产业结构调整和升级。

上海创新生态建设需要加强创新文化支撑

| 蔡三发

2019年5月25日，中共中央政治局委员、上海市委书记李强出席2019浦江创新论坛并指出：五年来，上海始终牢牢把握科技进步大方向、产业革命大趋势、集聚人才大举措，系统谋划、整体布局、加速推进，多样性、协同性、包容性的创新生态正加速形成，以科技创新推动高质量发展的优势正日益凸显。面向未来，上海要坚定不移走中国特色自主创新道路，全方位、多层次、宽领域加强国际科技创新合作，努力成为全球学术新思想、科学新发现、技术新发明、产业新方向重要策源地。他特别强调需要："积极保护知识产权、维护市场公平，营造国际一流营商环境，培育敢为天下先的创新文化，让一切创新创造活力竞相迸发、充分涌流。"

当今时代，谁占据了文化发展的制高点，谁就能更好地在激烈的国际竞争中掌握主动权。习近平总书记在党的十九大报告中指出："文化是一个国家、一个民族的灵魂。文化兴国运兴，文化强民族强。"全国政协委员、文史和学习委员会副主任叶小文先生应邀在同济大学做《中国强起来的文化支撑》的专题报告时指出，"站起来"呼唤"文化自信"，"富起来"更要"厚德载物"，"强起来"需要"战略定力"，生动丰富的讲述、风趣幽默的语言和激昂深沉的人文情怀，赢得了现场师生一次又一次热烈的掌声，也带给了大家许多思考。

创新文化的加强，对于支撑多样性、协同性、包容性的上海创新生态建设创新生态建设具有重要的意义。从叶小文先生《中国强起来的文化支撑》报告的思想和逻辑出发，可以提出上海创新生态建设加强创新文化支撑的三个方面观点。

一是敢于创新的文化自信。上海集聚各类创新要素，具备完整创新链，创新生态建设基础条件良好。加上上海经济实力、地理位置、国际化发展水平等方面

作者简介：蔡三发，上海市产业创新生态系统研究中心副主任、同济大学发展规划部部长、高等教育研究所所长、联合国环境署—同济大学环境与可持续发展学院跨学科双聘责任教授。

优势，上海完全可以对标任何全球性大城市的创新生态。因此，上海要树立敢于创新的文化自信，以“敢为天下先”的精神和气概，按照“策源地”的目标和要求，敢于创新，敢于实现从“0”到“1”的突破，努力做出引领世界的科学、技术、产业等方面创新。

二是积极创新的文化氛围。上海具有“海纳百川、兼容并蓄”的海派文化，尊重多元化、个性，兼顾个人和社会利益，具备形成积极创新的文化基因。上海应该以建设全球有影响力的科技创新中心为契机，形成“奋勇争先、积极创新”的文化导向，增强各类主体参与创新的荣誉感和使命感，形成创新集聚与融合效应，大力营造全社会积极创新的文化氛围，就会进一步支撑上海良好创新生态的加快构建和形成。

三是潜心创新的文化自觉。上海建设全球有影响力的科技创新中心、形成完善的创新生态任重而道远，绝不是“喊喊口号、敲锣打鼓”就可以实现的。一方面，需要加强政府在创新领域的“放管服”改革，进一步改革创新评价体系，破解制约创新的体制机制；另一方面，更加重要的是要形成各个创新主体潜心创新的文化自觉，注重基础研究突破、重大技术攻关和创新产业发展，以“甘坐冷板凳”“十年磨一剑”的精神，凝心聚力，潜心创新，务求实效，真正实现内涵式发展和高质量发展。

城市智能，为民惠民*

| 郑惠强

一、何谓智能城市

智能城市就是把基于感应器的物联网和现有互联网整合起来，通过快速计算分析处理，对网内人员、设备和基础设施，特别是一些公共行业(包括交通、能源、商业、安全、医疗等)进行实时管理和控制，这是当代新型的城市发展类型。通过智能建筑、智能小区之间广域通信网络、通信管理中心的连接，继而使整座城市逐步实现智能化。对于政府来说，智能城市可以为管理部门在行使经济调节、市场监管、社会管理和公共服务等职能的过程中，提供科学决策依据，创造和谐生活环境，为现代城市可持续健康发展提供最优的解决方案。

如果说智能城市是完成时的话，那么城市智能化就是进行时。

城市智能，首先应当是城市管理智能化，由智能城市管理系统辅助管理城市；其次是基础设施智能化，包括智能交通、智能电力、智能建筑、智能安全等等。当然，还应包括智能医疗、智能家庭、智能教育等社会智能化，以及智能企业、智能银行、智能商店的生产智能化，从而全面提升城市的生产、管理、运行现代化水平。城市智能化，集中体现在城市运维的感知、记忆、反应、学习、协同等能力。而这些，都离不开互联网。事实上，正因为有了互联网，城市智能化的实现才有可能。

二、城市智能化的实现离不开大数据的安全可靠

城市要实现智能化，首要前提是必须掌握和拥有与城市生存发展、运行管理、生产生活相关的大数据。这离不开以下五方面的有序建设：一是信息基础设

---

* 本文节选自作者在“2018世界人工智能大会——静安国际大数据主题论坛”上的演讲，有删节、修改。

作者简介：郑惠强，同济大学教授、上海市产业创新生态系统研究中心主任。

施。信息基础设施是城市获取信息的基本能力，每座城市都必须根据自身特点和发展方向，综合思考、整体规划。二是城市基础数据库。一座城市的数字化程度，从源头上取决于基础数据库的容量、速度、便捷性、可更新能力和智能化水平。而城市基础数据库，至少应包括人口、土地、交通、管线、经济管理等内容。三是电子政府和城市信息安全。对政府而言，电子政府既是提高工作效率、提升施政水平、优化服务功能的有效途径，又是扩大政府工作透明度和接受有效监督的重要工具。与此同时，必须清醒认识到，城市智能化对传统的信息安全体系带来了严峻挑战。任何重大信息安全问题，都将带来可能的灾难性后果。事实上，城市信息安全不仅是技术问题，而是需要综合多方面的因素，包括管理制度、产品规范、安全等级保护、风险评估、监测指标、法律法规等等，通过严厉措施，规范安全行为，提高风险保护能力。四是电子商务框架。建设全方位、多等级和虚拟化的电子商务系统，将凸现未来城市发展的活力。五是城市交通系统智能化。所谓城市智能交通系统，就是把涵盖 GIS、GPS 和遥感等的多个学科理论和技术融合在一起，通过先进的信息技术、电子监控技术和传感装置设备等，将实时精准的交通信息传递给交通管理系统，以达到有效缓解道路交通拥挤堵塞的压力。城市智能交通系统的使用，不仅是理论上的突破、技术上的创新，还是形成文明社会的重要基础。

三、不忘初心，破除障碍，识才爱才

建设智能化城市的根本目标是什么？从现实情况看，某些政府部门推进智能化建设，似乎是为了提升管理效率，使行政管理更方便。这个愿望当然没错，但它不应该是智能化城市建设与发展的根本目标。党的十九大报告指出，中国特色社会主义进入新时代，我国社会主要矛盾已经转化为人民日益增长的美好生活需要和不平衡不充分的发展之间的矛盾，解决这个主要矛盾，才是我们建设发展城市智能化的根本目标。也就是说，建设智能化城市，最终愿景是要让人民生活更方便、更安全、更美好、更舒适。德国汉堡科学院院士张建伟曾经在中国机器人峰会上表示："未来全新人类社会生活和需求与现代技术存在差距，这个 gap(差距)就是我们努力的方向，实际上我们可以把它列举出来，未来少人化甚至无人化的工厂、老人化社区的服务和护理、虚拟社区的交互、私人定制的陪护，等等，这些都是我们未来重要的应用场景。"这正是当前城市智能化推进过程中可以优先考虑的重点领域。

眼下的政府管理一般是以条线为主,各自为政,自扫门前雪,种好"一亩三分地"。但是,条与条之间缺乏一种广泛、畅通、便捷的紧密联系。而这种联系,恰恰是实施城市智能所必需的。政府各部门的手中都拥有实施管理所需要的平台和数据。但各平台的数据基本上是相互割裂的,而且往往只允许部门内部享用,自得其乐。这些部门的"私有财产"对外界则是保密的、不能共享的,也就更谈不上可以交易。这种现状,显然与建设智能化城市是不能相容的。还有必要指出的是,即使是政府部门掌握的有关个人数据,也是不充分、不完整的。虽然包括了从出生、入学、就业、婚姻、生育到死亡等信息,但这些信息都是静止的,不能生成对一个人动态行为模式的分析。而且,由于眼下公众的大部分线上活动并非在政府平台上进行,而是在搜索引擎、购物平台、社交网络等由民企运营的商业平台上操作,因此,大量的数据实际上掌握在民企手里。当然政府可以在行政、司法和执法的过程中要求企业提供特定的个人数据,但这种要求只能在具体的个案中针对特定的人物,不能生成为必要的大数据。况且,也可能遭到企业以保护商业秘密或合同关系为由的拒绝。类似这些管理体制的问题都值得关注。

人才特别是高端人才的短缺,已经成为制约我国城市智能相关产业发展最主要的短板。比如,城市智能离不开的人工智能领域,有资料显示,我国人才拥有量为1.82万人,占全球8.9%,而美国占比13.9%;清华大学一份研究报告显示,中国大陆人工智能领域杰出人才数量不足千人,而美国占比为20%。全球人才投入较高的企业中,大陆仅有一家进入了全球前20,即"华为"。《2018中国人工智能发展报告》研究显示我国人工智能核心技术可能更多的是在实验室阶段,真正落实在商用领域的比例并不高,相关领域的人才短缺成为主要原因。

城市智能未来发展的前景很难预料,但有一点是肯定的,那就是它对未来城市发展的影响是长久的、是深远的,需要我们营造更好的产业生态,推动更高水平的开放创新。

科创板的标杆使命：树立知识产权两个标杆

| 任声策

支持自主知识产权是科创板的初心。根据《关于在上海证券交易所设立科创板并试点注册制的实施意见》，成立科创板的目的是进一步落实创新驱动发展战略，增强资本市场对提高我国关键核心技术创新能力的服务水平，促进高新技术产业和战略性新兴产业发展，支持上海国际金融中心和科技创新中心建设，完善资本市场基础制度，推动高质量发展。可见，科创板的初心焦点为自主知识产权。

为了凸显这一初心，科创板对上市公司提出定位要求。《科创板首次公开发行股票注册管理办法（试行）》《上海证券交易所科创板股票发行上市审核规则》均在第三条明确指出：发行人申请首次公开发行股票并在科创板上市，应当符合科创板定位，面向世界科技前沿、面向经济主战场、面向国家重大需求。优先支持符合国家战略，拥有关键核心技术，科技创新能力突出，主要依靠核心技术开展生产经营，具有稳定的商业模式，市场认可度高，社会形象良好，具有较强成长性的企业。

为了保障这一初心的实现，《上海证券交易所科创板股票上市规则》做了很多规定，并在《科创板首次公开发行股票注册管理办法（试行）》第十九条明确：设立科技创新咨询委员会，负责为科创板建设和发行上市审核提供专业咨询和政策建议。进一步，《上海证券交易所科技创新咨询委员会工作规则》第四条则明确：科技创新咨询委员会委员共四十至六十名，由从事科技创新行业的权威专家、知名企业家、资深投资专家组成，所有委员均为兼职。第九条则确定科技咨询委员会就（一）科创板的定位以及发行人是否具备科技创新属性、符合科创板定位；（二）《科创板企业上市推荐指引》等相关规则的制定；（三）发行上市申请文

作者简介：任声策，同济大学上海国际知识产权学院教授，上海市产业创新生态系统研究中心研究员。

件中与发行人业务和技术相关的问题;(四)国内外科技创新及产业化应用的发展动态等提供咨询意见。《上海证券交易所科创板股票发行上市审核问答》中也指出在上市审核中判断发行人是否符合科创板定位时,会根据需要,向科技创新咨询委员会提出咨询,将其做出的咨询意见作为审核参考。

综上,不难发现,不忘初心的科创板应努力且可以建成新时代我国经济发展中的知识产权双标杆:一是知识产权信息披露的标杆;二是知识产权高质量发展的标杆,两个标杆相互促进。因而应在科创板上市公司中形成树立两个标杆的导向、使命感和责任感。

一、科创板——树立知识产权信息披露标杆

知识产权信息是科创板上市公司的核心信息,因为知识产权是科创板上市公司的基本条件。因此,《上海证券交易所科创板股票上市规则》对科创板上市公司知识产权相关信息披露有明确要求。例如 5.2.2 条要求上市公司持续披露科研水平、科研人员、科研资金投入等;8.1.2 条要求上市公司应当在年度报告中披露行业主要技术门槛,报告期内新技术、新产业、新业态、新模式的发展情况和未来发展趋势;核心经营团队和技术团队的竞争力分析,以及报告期内获得相关权利证书或者批准文件的核心技术储备;在研产品或项目的进展或阶段性成果等。《公开发行证券的公司信息披露内容与格式准则第 41 号——科创板公司招股说明书》第三十三条强调披露知识产权风险,第五十三条则明确“发行人应披露对主要业务有重大影响的主要固定资产、无形资产等资源要素的构成,分析各要素与所提供产品或服务的内在联系,是否存在瑕疵、纠纷和潜在纠纷,是否对发行人持续经营存在重大不利影响。发行人与他人共享资源要素的,如特许经营权,应披露共享的方式、条件、期限、费用等。《上海证券交易所科创板股票发行上市审核问答》中也对《上海证券交易所科创板股票发行上市审核规则》规定的“发行人应当主要依靠核心技术开展生产经营,对此应当如何理解?信息披露有哪些要求?”进行了解释。

上述要求,令人对科创板上市公司知识产权信息披露产生很高的期待,既期待知识产权信息能够全面准确披露,又期待知识产权信息能够代表公司技术实力,期待科创板能够成为上市公司知识产权信息披露的标杆。然而,鉴于当今企业知识产权的复杂性,成为知识产权信息披露标杆依然面临着两个挑战。

第一,如何让知识产权信息披露全面、深入、准确。知识产权信息的内容非

常丰富，鉴于当前的审核条件以及网络公开监督的便捷性，知识产权信息的准确披露相对容易实现。但是，知识产权信息的全面深入披露则存在巨大的弹性空间，因为诸如专利的具体分类号、引文、缴费、法律状态、诉讼历史等等均是专利信息的一部分，有一定的辅助判断价值，却容易被忽略。

第二，如何让知识产权信息披露准确反映公司实力。投资人很容易被公司的知识产权信息迷惑双眼，即使是专业人士有时也会受到误导。究其原因是因为知识产权信息并不一定代表公司的竞争力。有的公司拥有专利众多，但其竞争力未必很强，反之，有些公司只拥有少量专利，却能够带来明显的竞争优势。究其原因，是因为知识产权的质量和价值参差不齐。探索严格的知识产权和产品或服务对应的知识产权信息披露方式有利于解决这一挑战。

二、科创板——树立知识产权高质量发展标杆

知识产权高质量发展是当前我国知识产权工作的重点。我国在 2008 年发布了《国家知识产权战略纲要》，通过深入实施知识产权战略，我国知识产权创造、保护、运用、管理水平全面提升，为经济发展提供了强有力支撑。同时，知识产权创造、保护、运用和管理及相关能力仍亟待进一步提高。例如，国家已注意到专利质量问题的严峻性：我国专利申请量连续数年全球第一，但高质量专利比例较低，大量低质量专利申请或授权将导致大量资源的浪费或错误配置。因此，2014 年底发布的《深入实施国家知识产权战略行动计划（2014—2020 年）》提出了专利“量增质更优”目标；2015 年底《国务院关于新形势下加快知识产权强国建设的若干意见》进一步明确，要提升知识产权附加值和国际影响力，实施专利质量提升工程；2016 年发布的《“十三五”国家知识产权保护和运用规划》中，也提出要“提高专利质量效益”，并对“专利质量提升工程”做出了更加具体的部署安排。

知识产权高质量发展一方面需要创造出更多的高质量知识产权，另一方面需要从知识产权中产生更多的经济和社会效益，此外还需要知识产权能力的普遍提升。科创板在这三方面都可以成为知识产权高质量发展标杆。

首先，科创板上市公司应该发挥科技创新优势，积极运用资本市场资源，创造出高质量知识产权，并摈弃知识产权数量的诱惑，实现“量增质更优”，从而在资本市场得到进一步体现。科创板知识产权信息披露要求可以促使相关公司提升知识产权创造的质量。

其次,科创板上市公司应该更加重视从知识产权中获得的收益,这也是科创板的初心。因此,科创板上市公司应该努力将科技创新产生的知识产权商业化。知识产权商业化结果通过知识产权信息披露,可以获得资本市场的进一步认可,形成良性循环。

最后,科创板上市公司展示出来的大量知识产权信息也代表我国企业知识产权能力的发展,从而可带动我国整体知识产权能力的提高。

科创板大幕将启,让人对其标杆使命、特别是树立我国知识产权发展的两个标杆充满期待!这无疑将促进我国高质量创新生态系统建设。

优化土地利用，突破“科创中心”建设的空间资源瓶颈

| 马军杰

上海要建设具有全球影响力的科技创新中心，需要进一步优化科研创新的空间格局。根据《上海市城市总体规划(2017—2035 年)》，上海面临着人口继续增长和资源环境紧张约束的现实矛盾，其中土地资源既是承载科技与创新要素集聚的核心要素，也是制约创新环境建设和创新生态系统培育的关键因子。然而，上海市目前用地结构仍不尽合理，其中生产用地总量偏大，而对于居住用地来说，其空间资源配置也很不均衡(图 1—图 2)。同时，根据上海土地资源利用和保护“十三五“规划，上海用地绩效存在明显差距，全市单位建设用地 GDP 为 7.9 亿元/平方公里，但城郊发展不均衡，中心城区、浦东新区、近郊区、远郊区单位建设用地 GDP 相对比例为 11.6∶3.2∶1.7∶1。

上海提出，未来将以成为高密度超大城市可持续发展的典范城市为目标，全力实现内涵发展和弹性适应。而对于上海这座拥有 2 400 多万常住人口的特大城市而言，如何在满足 2035 规划所提出的建设用地总规模负增长要求的同时，促进科技创新活动与产业、社区的空间合理配置，实现科研创新功能和城市功能融合发展，以有效支撑上海科技创新中心的建设，则更需要进一步优化土地利用结构和提升土地利用绩效。因此，为提高城市空间品质，2014 年由上海市规土局制定，并于 2016 年转发的《关于本市盘活存量工业用地的实施办法》当中，提出了土地利用“总量锁定、增量递减、流量增效、存量优化、质量提高”的基本策略，实施至今也已初见成效。然而，目前仍存在一些问题。

首先，从我国用地制度来说，当前土地的有偿使用制度不仅是中央政府实行宏观调控的重要政策工具之一，也逐渐成为地方政府招商引资和“经营城市”的工具。然而，当前的土地使用制度在改革过程中出现了与现实情况不相适应的

作者简介：马军杰，上海市产业创新生态系统研究中心研究员，同济大学法学院讲师。

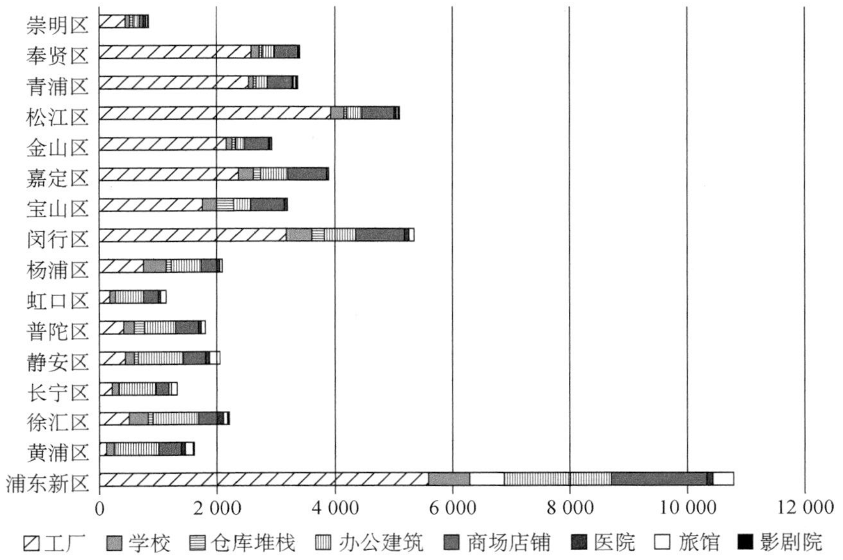

图 1　各区、县各类非居住房屋分布情况(单位:万平方米)

注:数据来自上海统计年鉴(2018)

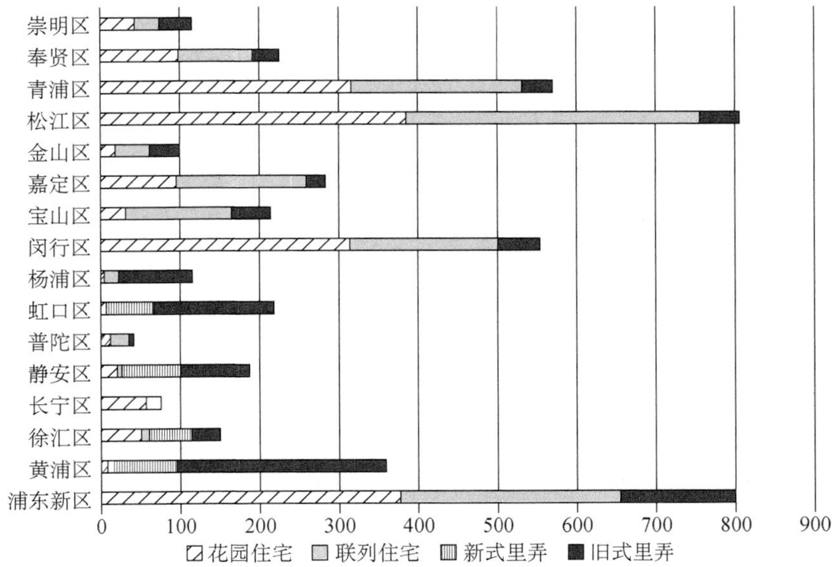

图 2　各区、县除公寓外各类居住房屋分布情况(单位:万平方米)

注:数据来自上海统计年鉴(2018)

情况，例如：①在利益分配方面，土地使用制度改革后形成了二元化土地市场结构及其巨大的套利空间，在土地财政与土地金融折射下的土地制度，导致了土地利用粗放、土地资源浪费严重、未来收益透支、社会分配不公等诸多弊端。②在供应机制方面，尽管十多年的国有土地使用制度改革取得了明显效果，但与我国市场经济的要求仍有相当大的差距，划拨供地仍占相当大的比例，协议出让大量存在且不规范，土地资源尚未实现充分的市场配置。③在法律规制方面，城市土地利用的法律制度逐渐完善，但土地产权关系模糊、土地市场发育不完善、政府职能发挥不到位等问题日益凸显，也容易造成土地供应规模、用地结构失调。

其次，从土地资源利用效率来说，由于土地所有者和使用者权责不统一，有收益权无所有权的人就会拼命追求收益而不顾及资源的损耗和城市的可持续发展目标，有所有权而无收益权的人就不会认认真真寻求提高收益的办法，从而导致土地资源过度利用与浪费并存，总体效率低下。并且，不论是划拨用地还是出让用地，土地节约集约利用在实践中很难得到落实，利益的驱使没法得到改变，划拨的土地讲排场，开发商讲利益，对于科技创新中心的建设而言，无法兼顾科技创业人员的生活配套用地等，必然也就没法吸引人才、留住人才。

最后，从土地资源的结构与配置来说，由于我国目前处在快速城镇化发展的阶段，长期速度效率型的城市发展模式，不可避免地依赖外延扩张的方式，通过占用大量土地提升要素投入。20 世纪 90 年代以来，城市旧区改造通常是把中心城区的住宅拆除，把居民动迁到越来越远的郊区；利用住宅拆迁腾出来的地建设商务楼，这些商务楼又创造了大量的就业机会，但就业人口大量安置于城郊接合部或郊区，同时许多科技园区的周边缺乏住宅用地，导致出现了严重的城市潮汐现象。此外，由于不少购房者仅将郊区新城的房产持有作为一种保值、增值的手段，而并非用作生活必需，导致房屋被大量空置。巨大的商业价值使得高档住宅包括别墅的建设比普通商品房更吸引开发商的青睐，但由于人气不旺，又在一定程度上加剧了当地公共服务设施滞后的局面，由此形成恶性循环，最终造成了“有城无市”的局面。

事实上，在土地利用及其规划制度方面，上海市政府已进行了许多有益的尝试。例如，2014 年上海提出的存量工业用地转型的方式，以及在《上海市城市更新实施办法》《上海市加快推进具有全球影响力科技创新中心建设的规划土地政策实施办法》《上海市土地资源利用和保护“十三五”规划》《上海市城市总体规划(2017—2035年)》均提出了要以存量用地的更新利用来满足城市未来发展的空间需求，以促进空间利用向集约紧凑、功能复合。而要突破空间资源瓶颈，提高经济密度，提升土地利用效率，仍有许多值得完善的工作。

在提升土地利用效率方面：第一，可不断优化城市用地结构和用地布局，考虑城市辖区之间的相互协作，打破辖区间各自为政各自逐利的局面，取消重复设置，建立统一的评估标准体系，减少城市化过程中不必要的土地浪费；第二，不应只考虑单块土地面积的经济效益产出，应从城市整体发展目标和科技创新中心的建设来考虑，提升区域内的知识与创新产出；第三，对于闲置土地、未利用地和废弃地，政府应发挥该有的引导作用，提高土地节约集约利用程度；第四，对于中心城区土地，应结合城市更新和工业用地转型，打造创新街区与创新栖息地，提升知识溢出效率。对于破碎度较高的土地，可统一进行规划，发展规模适宜的嵌入式创新空间。此外，应当进一步营造具有活力和多样性的公共空间，增强创新生态系统的空间黏性，优化创新发生条件。

在新城与园区用地优化方面：第一，应当研究建立土地利用状况、用地效益和土地管理绩效等评价指标体系，加快开发区土地节约集约利用评估工作。第二，应简化土地的分类管理，推广综合用地，在同一地块上把不同用途综合在一起。通过园区土地利用的再规划和再开发，提高现有建设用地的利用效率，以推动创新经济转型和产城融合。第三，上海当前的园区地块大多在郊区，土地闲置与圈地现象明显，这需要从其用地审批的源头加以适当控制。同时，大多数园区都存在明显的边界，或是墙或是围栏，与外界隔离开来，形成一个封闭的空间，一定程度上不利于科技创新中心的建设。参照上海的现实情况，可以借鉴国外科技创新中心的经验，创新城市空间生产模式，建设“无边界产业园区”，在无固定边界的一定区域内，集聚各种规模的创新企业，与该区域内的城市生活融为一体，形成科技创新要素、居住、商务、餐饮等多功能融合的土地利用方式，提升创新空间活力。

在居住用地供给与管理方面：第一，对于人才公寓住房，产业园区往往是许多创新创业人才的集聚地，然而由于产业园区的占地规模限制，大部分产业园区处于城市近郊和远郊区，各产业园对人才公寓的供给还相当缺乏。因此，应在地理空间和入住人群范围上加强人才公寓和园区的联系，并加大人才公寓的住房供给，作为创新型人才在沪工作的过渡之用。第二，对于保障性住房，政府应对刚毕业的大学生以及科研人员和产业园区的各类就业人员给予特殊的重视，采取更为方便但严格审查的落户和保障房供给政策，并增加保障性住房的土地供应，整合产业园区零散的和不合理不合法的用地，进行统一规划改善。第三，对于一般商品房，应根据土地性质和科技创新中心建设的要求，明确近期和远期的储备对象。

整合城市创新生态系统物理网络，提升创新栖息地的空间渗透性

| 马军杰

作为以知识为基础的城市空间节点，城市创新生态系统通过整合创新、学习、商业化、治理、网络化、生活方式等综合文化及环境因素，支撑知识创造与扩散以及创新、创业活动。迄今为止，城市创新生态系统在其空间、经济、社会和政治环境中经历了一系列的转变，网络社会、信息时代或新经济时代的兴起重新定义了知识社会的需求，使城市创新生态系统开始从封闭和孤立的内向型模式向具有合作和开放特征的"生活—工作—学习—娱乐型"的城市模式转变，从理论上来说，这是公共—私人—学术界—社区伙伴关系交互作用所产生的结果。人、企业和城市空间之间协同关系的新一轮演变，正在对不同城市空间结构的价值产生冲击，并进一步重构城市创新生态系统。对于企业来说，可达性、成本效益和邻近机构与组织、志同道合的企业、人才、客户和有效的土地供给是进行城市创新空间选择的主要因子。同时，由于知识是嵌入人力资本中随时间累积的，知识的有效扩散在很大程度上需要依赖干中学，然而人员流动成本比物品运输成本要大得多，并且隐性知识在空间上具有黏性，因而能吸引多少受过教育的劳动力与创新、创业人才是决定创新生态系统黏性与活力的关键因素，这在很大程度上取决于创新主体对于创新空间所独有的感知。因此，环境、故事、品牌以及创新主体对于"生活质量"的空间诉求，必将取代传统机械的基于速度—效率的空间结构设计，成为新的创新空间健康发展的决定因素。

首先，空间经济学与创新集群理论都强调了集聚和知识溢出的重要性，然而事实上，知识溢出是具有空间局限性的，仅靠物理上的接近并不能保证更有效的协作和思想交流。创新空间与创新生态系统应当是体现知识溢出与规模收益递增的重要技术——经济网络。除了通过正式网络以外，创新空间内部及其与周

作者简介：马军杰，上海市产业创新生态系统研究中心研究员，同济大学法学院讲师。

围环境之间往往还会通过社会互动进行非正式知识转移。城市创新生态栖息地营造当中一项重要的任务即是将创新生态系统与周围环境进行有效的空间整合,以促进这一交互过程。其中城市物理网络是决定其他网络的结构及其运行效率的基础。因此,城市物理网络的结构与城市空间肌理的形态,决定知识溢出和扩散的范围、深度以及非正式交流的频率和质量,并进一步影响着创新空间与创新生态系统的活跃性。而由于现代城市设计所形成的空间隔离,以及城市子结构的缺失和相应空间组团物理连接的消除,大规模城市机动车道路对步行道路的挤压为步行者和低收入者带来的被剥夺感、不平等感、不安全感,强势空间结构对弱势空间结构的侵略,违背了创新生态系统对于城市空间包容性和空间品质的基本要求,也不符合创新主体对于生活质量的空间诉求,同时,还使知识溢出的空间通道受到了限制,影响了创新空间活力提升和创新生态系统的健康发展。

其次,驱动城市运行的力量是由多样性和不同类型节点之间的信息交换需求产生的。住宅、餐馆、商业网点、轻工业、学校、科研机构、政府机构和公共设施通过各层网络节点连接所产生的网络协同性是健康城市结构的关键属性。由于路径连接在平面上最经济,这意味着不同类型的连接将存在相互竞争。较强的连接通常很容易取代较弱的连接,然而在不同尺度下起作用的特殊连接类型往往是非常不同的,因而健康的城市发展必须平衡所有这些联系。但是,以规模—效率为导向的现代城市空间网络导致了当今城市几何结构的不连贯,城市在最大限度地提高流动性的同时,正在消除许多毛细结构。事实上,如果没有一种空间上的亲密关系把我们连接到最小的尺度上,城市的空间往往是无效的。因为人们对于城市的潜意识记忆主要是发生在身体的生理尺度上,人们之所以热爱一座能与之紧密相连的城市,是因为在与城市空间互动当中保持着温暖的记忆,这种记忆包含视觉、嗅觉、听觉和触觉的联系,临街的小店、咖啡馆、建筑装饰物、行道树、长椅、雕塑、弯曲的墙壁、台阶等最小规模结构的存在,往往能体现出一座城市的灵魂。因而充满活力的城市生活体验与城市驾驶压力体验存在本质的不同。当前城市的街道整治活动、毗邻地铁换乘枢纽的商业综合体对城市街道的多重功能的取代,以及网络购物平台和点评系统的极化作用,正在消除城市空间亲密感和进一步使城市街道丧失维持活力的黏性。事实上,城市空间结构的每一部分都具有催化其他各部分之间发生相互作用和产生自组织性的功能。商业综合体以及大型公共建筑、摩天大楼等的过度集中,所产生的城市力量往往会抹去周围一些重要的城市结构。大型建筑的集中，对于城市资源产生巨大的虹吸作用，并导致城市建设需要更多的基础设施和更宽大的道路来维护它们。汽车道等强联结以这些大型建筑集中区域为核心向外辐射和铺砌巨大的开放空间，导致在摩天大楼宽度以下的尺度范围内，几乎看不到明显的结构，这种遵循"规模经济"神话的城市设计模式，跳过了最高级别以下的连接层次，正在破坏城市空间结构的连贯性，导致弱连接几何结构的不明确和城市空间结构的功能失调。

此外，创新生态系统与其周围环境的有效空间整合，需要形成覆盖从极快到极慢所有层次的网络连接，并在更低层次的城市物理网络上形成无缝对接。在这些不同层次的连接之间既存在边界，也存在接口。起伏的空间边界往往有利于促进人类的互动，例如在许多传统城市当中，广场的边缘往往布满了商店和咖啡桌。而平滑的空间边缘往往会消除行人交互的几何结构及其对周边空间结构的催化功能。同时，不同层次的网络之间需要存在必要的接口，流动必须通过进入通向界面的逐渐狭窄的通道来减速。例如都江堰水利工程发挥作用，就是通过构建多级渗透空间结构，将巨大的水流通过不同层级物理网络逐渐消解到整个区域空间并加以利用的过程。然而今天的城市在汽车和行人领域之间完全没有充分的接口，大型的城市结构以及传统的封闭式边界例如围墙、铁栅栏、建筑物以及绿色障碍，一方面减少了这些流动发生的路径，另外一方面限制了流动发生的自由度。知识工作者和创新创业者向城市中心的流动，导致传统创新空间正在经历物理边界的崩溃，开放式创新空间正在兴起。要使得创新主体和创新资源能够在具有多样性的土地利用单元上方便地进行自由流动，还需要通过几何约束创造最低的网络层次和半渗透界面(仅行人能够通过)，重构城市空间及建筑物之间的关系，使创新空间的内外部的连接更加清晰完整、边界更加丰富、疏松和多孔。

可见，具有生命和活力的城市空间需要形成具备能够通过自组织和自催化作用进行多重连接的空间结构。城市内部各类几何体的设计，应当围绕促进形成一个相互连接的物理网络支撑而展开，其网络结构必须有助于城市行为主体的频繁交互以及信息交换。同时，城市基础设施应具有足够细密的纹理和精密的纤维排列，以便提供主体交互的替代选择。此外，创新空间边界应当具备丰富的形态和开放、多孔的结构。然而，城市空间的物理重构十分困难，并且成本高昂，因此需要将自下而上和自上而下的方法相结合：

第一，需要改变城市生长"基因"相对应的增长规则，提升城市空间品质；

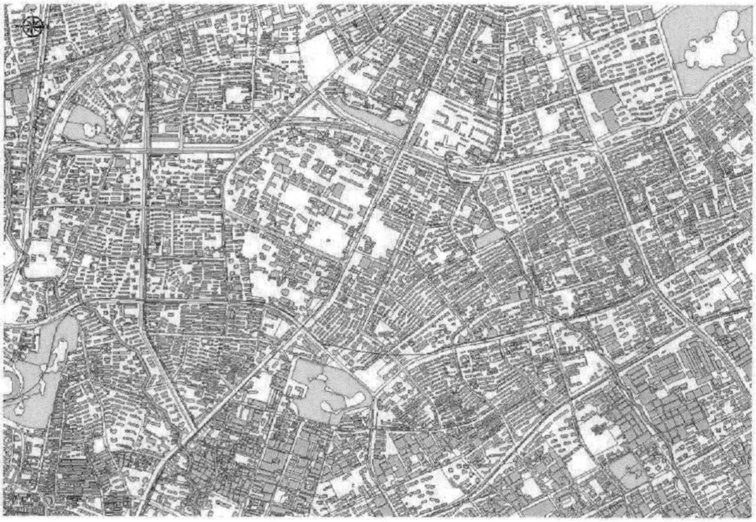

图 1　环同创新栖息地空间肌理

第二，可以通过一些柔性治理的手段，例如通过对小规模增长提供补贴的方法来鼓励现有城市最小尺度网络结构的再生，间接诱导和促进多层次网络要素的催化；

第三，引入具有增强公共设施的多样化住宅和商业，注重交通方式的分割、建筑物之间的通透性、行人的友好性，并融入独特的个性，以增强人们的导向性；

第四，围绕中小企业和创新企业进行无障碍协作空间环境设计与基础设施建设；

第五，重视街道空间本身承载的城市社会作用，恢复人们对街道、城市传统活动空间的控制权，优化街道物质环境和提升城市空间品质，吸引人们驻足、游憩、饮食和玩耍，激发城市空间活力；

第六，面向创新主体的空间诉求，完善行人系统和保障最后一公里的出行自由，其中，共享单车目前虽然存在各类金融和管理问题，但也是解决当前大都市空间子结构缺失问题的有益补充，有利于提升城市创新空间活力。

从理论上来说，关于城市创新主体与城市物理形态之间的相互作用机制依然是悬而未决的问题。本文仅是在前人的大量研究基础上提供一些粗浅的想法。城市物理形态所产生的力量会导致什么样的行为，如何对其因果关系进行有效的测度、解释与预测，依然需要不断深入地探索。

上海市高成长性科创企业综合评估与发展指数研究

| 上海市产业创新生态系统研究中心团队

一、研究目标

科创企业具有科技含量高、创新能力强、高风险与高收益并存等一系列特点，投资者在选择投资科创企业时，更多考虑其高速成长能力及未来可能带来的较大盈利空间。而科创企业的成长路径与发展周期存在自身的特点，其技术研发与产品开发、投入与收益在时间上往往存在不匹配，而处于不同成长阶段的企业，其财务特征与影响因素及其作用机制也都可能发生显著变化，这种变化过程是长期和逐渐积累的。同时，企业的成长表现除了财务性方面，也反映在许多其他非财务性方面，并受内外部诸多环境的影响。此外，科创企业成长的结果不仅反映在规模扩大方面，还表现在结构优化、效率提升等许多方面。因而，了解当前科创企业的成长特性并对其进行综合评价，有利于为投资决策提供参考信息，加速科创企业的生命周期，形成企业发展的优胜劣汰。

事实上，在中国企业价值评估准则体系中，已有企业价值评估等内容可以应用于创业板企业，然而考虑到科创企业自身的一些突出特点，需要贴近这类企业进行更为实际和更明确的研究。因此，本研究旨在对当前上海市高成长性科创企业进行成长效率的综合评估，并对其增长速度与发展潜力进行定量判断。目前关于企业成长性的理论与实践研究积累已十分丰富，然而在专门围绕高成长性科创企业的典型特征进行的研究当中，仍然存在较大的探索空间。

这其中首先需要对科创企业的成长特性形成明确的认识，其次需要对影响科创企业成长的内、外部因素进行合理的总结与分析。在此基础上，需要评估企业在现有资源约束下的成长速度与效率，并对未来资源利用效率优化目标下的成长与发展空间进行有效的判断。围绕上述问题，本研究聚焦上海市典型科创企业，构建了反映其成长性的分析与评估框架，并从估值和效率两个层面，构建上海市高成长科创企业发展指数。这对于引导投资决策、推动企业快速发展和为政府提供政策依据具有十分重要的实际意义。因此，本研究主要围绕如下两个方面展开讨论：

（1）构建高成长性科创企业综合评估框架，其中包括建立评价指标体系，以及探索综合评价模型与实现方法。

（2）探索与构建衡量科创企业成长性的指数。

二、指标体系

本研究基于古典经济学与新古典经济学理论，参考企业创新、资源基础理论、核心能力理论、生命周期理论、管理成长理论、知识基础理论等相关知识，对影响企业成长的因素进行了综合性分析。根据已有研究者的研究成果，对企业成长性的影响因素可以总结为外部因素和内部因素两个部分，其中，外部因素包括产业政策、行业前景、市场容量、产品生命周期等，内部因素则包括创新能力、管理层决策能力、财务指标等内容。

1. 外部因素

第一，国家的产业政策是关键因素之一，如果企业所处行业和产品符合国家的产业政策，获得国家的重点支持，那么显然企业的成长性会更高。当获得国家产业政策支持时，行业的整体成长性将会得到保证，而作为行业中的个体企业，成长性也会得到保证。

第二，即使企业处于传统行业中，行业是否具有新的增长点？尤其是在居民收入水平提高的状态下，是否可以扩张需求，扩大市场，从而实现企业的快速发展？

第三，企业面临的市场是否有足够大的市场容量，企业是否处于竞争的优势地位。如果行业市场具有很大的市场容量，而且行业前五企业的市场份额并不高，即行业垄断并不明显，通常情况下，这样的行业会具有更加良性的竞争，在竞争状态比较良好的市场中，会出现快速成长的企业。

第四，产品所处的生命周期。一种产品从打入市场到被淘汰，一般情况下要经历介入期、增长期、成熟期和衰退期 4 个阶段，对于企业来说，增长期和成熟期是利润最大化的阶段，在这一阶段，顾客已经熟悉产品，新顾客开始产生对产品的需求，市场的规模开始逐渐扩大，产品的大量生产伴随着生产成本的降低，规模经济出现导致利润迅速增长。而如果企业的产品在介入期，此时产品的市场前景难以确定，一旦成功，企业将获得丰厚的利润，而如果失败就可能损失惨重。如果企业的产品处在衰退期，伴随着新产品或替代产品的出现，产品的需求量和利润通常会迅速下降。

2. 内部因素

第一，创新能力。显然，一个具有持续创新能力的企业更加容易实现高增长，而如果一个企业不具有持续创新能力，则更容易被其他企业打垮，甚至破产倒闭，因此，是否具有持续创新能力是考察企业成长性的关键因素。

第二，管理能力。每一个企业的管理层都非常愿意把企业做大，但是关键问题是，管理层是否能够知人善用，如果一个企业经常大量引进适合企业需要的人才，那么这样的企业有较好的成长性。

第三，企业是否能够正确处理扩张与控制的关系。一旦企业快速扩张，所带来的结果将是经营地域的分散，营业网点的增多，伴随着各种法律实体和人员数量的增加，企业的管理和内部控制难度增加。因此，企业需要寻找既能够满足扩张的要求，又能满足内部控制要求的管理模式，才能保证企业实现既定的战略目标。

基于上述理论与相关文献分析，本研究基于对科创企业的特征与成长性分析，尝试寻找能准确反映其成长性的指标体系。本文首先从盈利能力（企业未来发展）、运营能力（经营效率）、研发与技术投入（创新能力）、现金获取能力（流量与业务增长）、资产扩张能力（发展规模）、偿债能力、管理能力等方面对影响企业成长的各类因素进行了分析，并对反映企业成长性的具体指标进行重新梳理。最后，依据数据的可获得性，从盈利能力、研发与技术创新、运营能力、资产扩张能力等方面选取一级指标构建了反映企业投入—产出效率成长性的综合评价指标体系。

三、评价方法

目前国内外综合评价方法有几十种甚至上百种之多，在考察企业成长性方面则较常采用层次分析法、因子分析法、突变级数法、灰色关联法、聚类方法、熵值法、数据包络和面板数据模型等方法。为综合考察企业成长的速度和效率，并在最大程度上避免指标权重的随意性和人为因素，以及考虑未来应对复杂系统的适用性和扩展性，本研究采用 Super-DEA 耦合 GP-BP 神经网络的方法，构建综合评价框架和相关模型。

1. 构建 Super-DEA 模型，计算企业成长效率；

2. 以 Super-DEA 评价结果为输出变量，构建 GA-BP 模型并进行评价和排序；

3. 在 GA-BP 模型基础上，对企业效率指标影响因素进行敏感度分析，以实现其重要性的定量表达；

4. 构建基于企业估值和效率优化的成长性指数。

四、计算结果

从企业估值指数来看，样本整体指数为 127.32。就具体行业板块来说，通用设备制造业、专用技术服务、软件和信息技术服务行业的成长速度较快；而仪器仪表制造业、专用设备业、计算机、通信和其他电子设备制造业、互联网和相关行业以及电器机械和器材制造业的成长指数均接近 100，即其当前状态与基期差距不大。

而综合考虑企业投入—产出效率的企业综合成长性指数，则与仅靠估值计算的结果有很大不同。总体来看，其中互联网和相关服务业、软件和信息技术服务行业的综合成长指数最高，均在 150 以上，仪器仪表制造、电器机械和器械制造业、计算机通信和电子设备制造业的综合成长指数也在 130 以上。而专用设备制造和通用设备制造业的综合成长指数则接近 100，专用技术服务业的成长指数则为负值，这一结果或许与该板块企业投入—产出的滞后效应相关(图 1)。

总体来说，与基期相比，所观测企业大多呈现出了一定的成长性，并且成长效率值也趋上升。同时，成长效率综合评估与 GABP 的敏感性分析显示，企业的营利性、资产扩张以及运营能力对于企业的综合成长仍具有重要的影响，而技术创新对企业综合成长效率的贡献度不大，未能成为企业成长的关键推动力量。

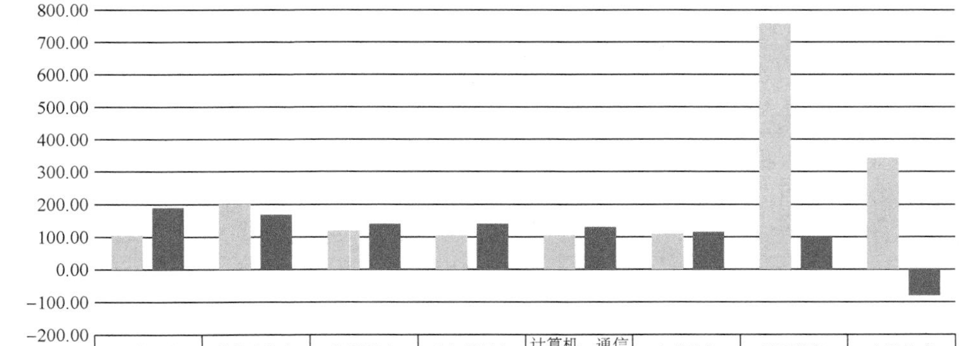

	互联网和相关服务	软件和信息技术服务行业	仪器仪表制造业	电气机械和器材制造业	计算机、通信和其他电子设备制造业	专业设备制造业	通用设备制造业	专用技术服务业
估值指数	102.67	203.27	117.29	100.00	103.32	109.62	757.57	341.76
效率指数	189.02	167.48	142.38	139.14	132.25	115.27	100.44	−85.76

图 1　基于估值与效率优化的指数对比

各行业板块的综合成长性指数计算与企业成长效率综合评价结果如表 1 与表 2 所示。

表 1　分行业成长性指数计算结果

行业板块	估值指数		行业板块	效率指数	
通用设备制造业	757.57	1	互联网和相关服务	189.02	1
专用技术服务业	341.76	2	软件和信息技术服务行业	167.48	2
软件和信息技术服务行业	203.27	3	仪器仪表制造业	142.38	3
仪器仪表制造业	117.29	4	电气机械和器材制造业	139.14	4
专用设备制造业	109.62	5	计算机、通信和其他电子设备制造业	132.25	5
计算机、通信和其他电子设备制造业	103.32	6	专用设备制造业	115.27	6
互联网和相关服务	102.67	7	通用设备制造业	100.44	7
电气机械和器材制造业	100.00	8	专用技术服务业	−85.76	8
整体指数	127.32		整体指数	153.96	

数据来源：上海市新三板上市企业经营与年末市值数据（2016—2017）。

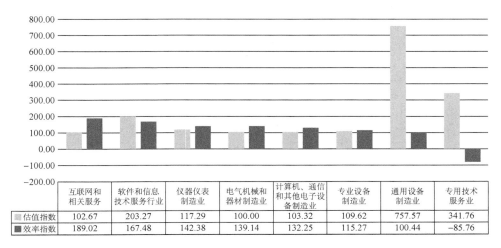

表 2　代表性企业(基于企业效率综合评估结果)

行业板块	排名	代表性企业(Top5)	行业板块	排名	代表性企业(Top5)
互联网和相关服务	1	上海东方网股份有限公司	计算机、通信和其他电子设备制造业	1	上海源悦汽车电子股份有限公司
	2	百姓网股份有限公司		2	上海鸿辉光通科技股份有限公司
	3	上海普瑾特信息技术服务股份有限公司		3	上海华岭集成电路技术股份有限公司
	4	上海奥菲广告传媒股份有限公司		4	上海天跃科技股份有限公司
	5	上海卓易科技股份有限公司		5	上海司南卫星导航技术股份有限公司
软件和信息技术服务行业	1	上海中兴通讯技术股份有限公司	专用设备制造业	1	上海声望声学科技股份有限公司
	2	上海海高通信股份有限公司		2	上海新眼光医疗器械股份有限公司
	3	上海艾融软件股份有限公司		3	上海华菱电站成套设备股份有限公司
	4	用友汽车信息科技(上海)股份有限公司		4	上海博迅医疗生物仪器股份有限公司
	5	上海银音信息科技股份有限公司		5	上海神舟汽车节能环保股份有限公司
仪器仪表制造业	1	上海海希工业通讯股份有限公司	通用设备制造业	1	上海华之邦科技股份有限公司
	2	上海四通仪表股份有限公司		2	上海阿波罗机械股份有限公司
	3	上海北裕分析仪器股份有限公司		3	德耐尔节能科技(上海)股份有限公司
	4	上海普适导航科技股份有限公司		4	上海松科快换自动化股份有限公司
	5	上海和伍精密仪器股份有限公司		5	上海睿通机器人自动化股份有限公司
电气机械和器材制造业	1	上海博阳新能源科技股份有限公司	专用技术服务业	1	上海利策科技股份有限公司
	2	上海金陵电机股份有限公司		2	上海郝通航空科技股份有限公司
	3	上海永继电气股份有限公司		3	上海光维通信技术股份有限公司
	4	上海永锦电气技术股份有限公司		4	毕埃慕(上海)建筑数据技术股份有限公司
	5	上海雷诺尔科技股份有限公司		5	上海能讯环保科技股份有限公司

数据来源:上海市新三板上市企业经营与年末市值数据(2016—2017)。

互联网下半场，产业互联网能否成为上海的竞争底牌？

郭梦珂　马军杰

“互联网下半场”的概念最早由美团点评网首席执行官王兴提出。自第三届世界互联网大会开始，“互联网下半场”这一说法逐渐进入企业家们的话语体系，其最初的含义是指从“互联网上半场”的人口红利优势，转向“互联网下半场”全行业整个产业链的互联网深度融合，也即从消费互联网转向产业互联网。

过去20年，互联网产业的发展更多是一种“眼球经济”，对象是消费者，即“消费互联网时代”。经过20年的发展，消费互联网市场已趋饱和，以生产者为对象、以生产活动为主要内容、以“价值经济”为盈利模式的“产业互联网时代”正加速到来。

一、“产业互联网”正在成为这个全球赛场内的新兴赛道

当今世界新一轮科技革命和产业变革孕育兴起，互联网正以迅雷不及掩耳之势与各行业“互联互通”，成为各国抢占制造业竞争制高点的一柄“利剑”。全球制造业大国纷纷开启了未来5～10年的新一轮产业布局，科技巨头也正加快工业互联网布局、云计算布局，人工智能应用呈现爆发式增长。

大数据分析、物联网技术、人工智能、工业互联网以及先进材料等正逐步成为全球各国制造业竞争热点。美国先后通过“制造业复兴法案”“先进制造伙伴关系计划”等支持政策，“未来工业发展计划”将先进制造业、人工智能、量子信息和5G列为政府支持重点，并逐步扩张制造创新机构数量。德国相继发布《数字化战略2025》《德国工业战略2030》等，提出将工业4.0作为数字化发展的颠覆性创新力量。日本在第五个科学与技术基础五年计划中，提出名为“超级智能社会”的未来社会构想，新加坡政府发布新一轮的《研究、创新与企业计划2020》。

作者简介：郭梦珂，上海市浦东新区电子商务行业协会职员；马军杰，上海市产业创新生态系统研究中心研究员，同济大学法学院讲师。

与此同时，中国产业互联网发展也正处于难得的机遇期，《中国制造 2025》《新一代人工智能发展规划》《工业互联网发展行动计划(2018—2020)》等相关国家战略部署正在有序铺开。

全球及我国互联网巨头企业纷纷展开产业互联网相关战略调整和部署。西门子、通用、思科等全球行业巨头纷纷加大工业领域信息化的投入；SAP 提出将物联网、AI 等先进技术赋能工业互联网；亚马逊从 B2C 业务图书电商起步，但根据 2018 年 Q4 财报显示，AWS(亚马逊云)业务的收入达到 22 亿美元，占整个公司净利润的 2/3 以上；新兴电商平台 Wish 也于 2019 年推出 B2B 项目。与此同时，我国 BATJ 等互联网巨头也纷纷加入产业互联网竞争行列。百度推出 ABC 战略，阿里巴巴发布新一轮的组织重组布局，打造以钉钉、阿里云为核心的 ToB 服务闭环结构，腾讯在政务、医疗、工业、零售、交通、金融等诸多领域推出行业解决方案，京东数科旗下五大业务板块：数字金融、智能城市、数字农牧、数字营销以及数字校园，参与到多行业的数字化进程中。

二、上海市进入"产业互联网"赛道的竞争优势

1. 政策导向有重点——工业互联网领域"上海模式"正在引领全国

在工业互联网领域，上海毫无疑问走在了全国前列。工业互联网是上海新时期内，新一代信息技术与制造业深度融合的新兴业态与应用模式。首先，顶层设计方面，工业互联网相关政策及配套资金相对完善。2017 年以来，上海出台《加快制造业与互联网融合创新发展实施意见》《工业互联网创新应用三年行动计划》《上海市工业互联网产业创新工程实施方案》等顶层设计，并配套设立工业互联网专项资金，目前累计支持近 150 个示范项目，引导企业投入约 100 亿元。其次，推进保障方面，打造多元发展生态。上海率先启动了工业互联网标识解析国家顶级节点等一批国家级项目，率先落地国家级工业互联网创新中心，率先成立了工业互联网产业地方分联盟，率先推动松江区获批全国首个工业互联网示范基地，率先推动了长三角工业互联网平台建设。最后，产业集聚方面，临港着力打造工业互联网创新服务环境。临港地区重点打造工业互联网创新中心，工业互联网标识解析国家顶级节点(上海)也于 2018 年底在临港签约和上线。作为上海市工业互联网创新实践基地，临港地区提出力争到 2020 年，打造 5～8 个工业互联网示范样板工厂，开展 10～15 个工业互联网典型试点项目，成为国家级工业互联网创新实践基地。

2. 区域集聚有成效——首个中国产业互联网创新实践区建成五年来成效显著

作为传统的老工业基地，宝山区依托区域制造业较为发达的先发优势，于2014年率先争创成为全国首个“中国产业互联网创新实践区”。五年来，已初现成效。一方面，实践区内优势产业合作逐步加强：实践区已先后与百度、上海信投、华域汽车、东旭集团、国药医疗器械、商汤科技、优维视公司等重点产业集团签订战略合作协议，进一步增强对高端制造、石墨烯先进材料研发、生命健康、人工智能等产业的集聚培育力度。另一方面，实践区内优势产业加速集聚：重点围绕智能装备及机器人、新材料、生物医药和新一代信息技术等制造业重点产业领域，集聚了发那科、赛赫智能、美钻科技、北斗导航平台、复控华龙等优势制造企业，此外，联电子、宝信数据、世纪互联、微盟、软通动力、比利时玛瑞斯和上海市物联网联合开放实验室等纷纷落户实践区。

3. B2B电商有巨头——以钢铁、化工领域为主的工业B2B电商领跑全国

2019年1～4月，上海市B2B电子商务交易额1 655.3亿元，同比增长11.3%，占全市电子商务交易额的60%。2018年中国B2B企业百强榜中，上海共27家企业上榜，继续保持企业数量全国第一，B2B电商优势地位突出，其中，钢铁行业电商5家、化工品电商9家、石油化工电商5家。上海市B2B电商优势领域不断扩大，找钢网、欧冶云商、上海钢联年交易量7 000万吨，占全国钢铁生产流通总量的15%；石化类电商化塑汇、塑米城、欧冶化工宝上半年交易额增长均超过50%。在工业品、化工塑料、智能设备、油气、纺织品等行业电商领域，也涌现了爱姆意、震坤行、摩贝等一大批全国龙头企业。

4. 科技创新有实力——科创中心建设为产业互联网发展奠定科技高地基础

随着上海科创中心建设的稳步推进，“最强光”“中国芯”“蓝天梦”等优势科技项目集聚张江科学城，科技对上海经济发展的贡献稳步提高。2018年上海全社会研发投入占GDP比例达4%，比五年前提升0.35个百分点。每万人口发明专利拥有量达到47.5件，比五年前翻了一倍。上海综合科技进步水平指数始终处在全国前两位。

此外，上海目前正加速建设人工智能高地，张江人工智能岛将集聚全球优势研发力量。上海相继发布《推动新一代人工智能发展的实施意见》《关于加快推进上海人工智能高质量发展的实施办法》推动人工智能发展，2019年，微软全球

最大的人工智能和物联网实验室、IBM 中国上海总部大楼、阿里巴巴上海创新中心等相继签约落户张江人工智能岛。科技力量的集聚势必会为上海产业互联网发展奠定研发基础，更好地服务于互联网对于产业链的融合渗透。

5. 战略承接有优势——上海具有对接国家重点战略项目的先天优势

随着"一带一路"倡议的稳步推进，随着首届中国国际进口博览会的溢出带动效益持续显现，随着长江三角洲区域一体化上升为国家战略，上海作为服务"一带一路"倡议"桥头堡"，作为"后进博会"阶段的承接地，作为长三角城市群的核心城市，具有对接国家战略政策、重点科技项目的天然优势。依靠制高点战略优势，依靠资源集聚所带来的优势，上海产业互联网发展具有新时代发展战略优势。

上海数字经济发展相关思考*

张伯超

2019年10月，上海市委常委会审议通过《上海加快发展数字经济推动实体经济高质量发展的实施意见》，指出要持续增强新时代上海数字经济发展新优势，加快提升数字经济规模和质量。聚焦重点领域，大力推动关键核心技术突破，吸引培育一大批成长性好、有发展潜力的优质企业，全力打造数字经济发展新亮点。然而，虽然上海数字经济位居国内第一梯队，但仍位列北京、广东、江苏之后。找差距、定目标、映射出上海数字经济的短板，因此非常有必要对上海数字经济接下来的发展给出相应的对策。

一、要厘清数字经济概念

大家现在比较公认的是20国集团在杭州峰会上提出的概念，数字经济是指以使用数字化的知识和信息作为关键生产要素，以现代信息网络作为重要载体、以信息通信技术的有效使用作为效率提升和经济结构优化的重要推动力的一系列经济活动。从这组概念中可以总结出四点数字经济相较于传统经济的不同或者比较特殊方面，即它的鲜明独特性。一是数字经济生产要素不再是简单资本和劳动，而是体现在数字化信息上的资本和掌握了数字化知识的专业性技术人才。二是数字经济发展所需要的基础设施不再是传统交通基础设施，而是以现代信息网络为代表的信息化基础设施，同时由于网络虚拟性等衍生出来外部性问题，需要政府提供安全网络环境软件基础设施。三是数字经济发展依仗技术信息通信技术，有别于传统经济技术。四是数字经济产出，也是最重要的一点，它的产出主要体现在原有经济活动效率提升和结构优化，所以与传统经济相比，数字经济囊括经济活动过程需要有一个更加鼓励创新和尝试的市场环境。中国

---

* 本文根据作者在同济大学上海市产业创新生态系统研究中心主办的“长三角数字经济创新发展”研讨会上主题发言整理而成。

作者简介：张伯超，上海社会科学院助理研究员。

信息科技研究院把数字经济概括为数字产业化和产业数字化，和 20 国杭州峰会一脉相承。

二、根据对深圳、杭州和武汉数字经济发展的营商环境的调研结果，总结上述城市在数字经济发展方面的有益经验

深圳数字经济发展的目标定位是全球数字产业研发和制造中心，打造数字经济创新发展实验区。深圳数字经济发展过程中形成如下特征和经验。一是深圳有强大的电子信息产业生态体系，例如华为、腾讯、大疆、vivo 等。二是深圳不惜代价构筑人才高地，投入大量资金实施孔雀计划、鹏程计划，吸引高水平大学在深圳设立分校。三是专业公平的政府扶持。依托专业专家力量，打造公平、透明、高效的产业扶持平台，企业专注做好技术研发和产品。四是弹性的审慎包容监管。鼓励企业的创新，但针对重点企业采取重点服务，建立重点企业服务联系会议制度，对影响力大的企业实施“一企一策”。

杭州数字经济发展的目标定位是打造全国数字经济第一城，实现数字经济的三化融合（数字产业化、产业数字化、城市数字化），为数字中国建设提供样本。杭州数字经济发展总结为四点：一是前瞻坚定的互联网思维。积极押注新兴产业（微医），实施党政干部数字经济培训和全民数字再教育计划。二是营造最优人才生态。杭州有自己的资源禀赋，打造自己的创业“新四军”，即阿里系、浙大系、海归系和浙商系，用他们构筑人才高地。三是率先拥抱各类新技术，率先在杭州建设城市大脑、全国第一家互联网医院、法院等。四是监管即服务，推动柔性治理和依法监管相结合，探索新型治理模式，如互联网企业信用管理。

武汉把自己定位为数字经济中部第一城市，全国数字经济第一人才高地，其数字经济发展总结为四点。一是充分挖掘科教和人才优势。围绕东湖高校聚焦打造高新产业带，产学合作抓住东部人才回流契机，大力吸引人才和招商引资。二是体制机制创新方面成立营商环境巡察组优化自己营商环境。三是特色鲜明的战略布局。抓住网络直播产业风口，培育龙头企业，组织国际武汉斗鱼直播节。提出第二总部战略，吸引小米在武汉设立第二总部。四是秉持“管好不管死”的理念。针对重点企业采取重点监管和保护策略，在斗鱼发生“造人事件”之后，湖北省政府领导一方面到中央说明情况，同时要求企业严厉整改，通过公安部门长期驻点斗鱼来强化监管，此外还针对直播网红开展党建工作。

三、对上海数字经济发展现状进行梳理，并给出相应对策

上海数字经济总体位居国内第一梯队，在全国各地区数字化发展评价指数的“大排名”中位列第四，前三位是北京、广东和江苏。在信息基础设施方面，上海、浙江、广东、江苏和北京排名前五。在产业数字化方面，浙江、上海、北京、广东和江苏排名前五。在信息技术产业化方面，北京、广东、江苏、上海和浙江排名前五。上海数字经济发展基础条件非常良好，具体表现为：城市信息化方面，智慧城市建设长期领先全国；数字政府方面，一网通办和政府数据卡房取得长足发展；科研教育方面，拥有健全的中高端人才供给梯队；应用需求方面，拥有丰富且优质的数字化应用场景（金融、制造等）；国际开放方面，世界 500 强企业集聚，拥有自贸区等。然而，由图 1 和图 2 可以看出，上海数字经济占比和增速并不理想。相较于国内主要城市（北京、杭州、深圳和南京），上海过去十年数字经济产业增速不足，在产业规模占比和从业人员占比均处于较低增长水平。

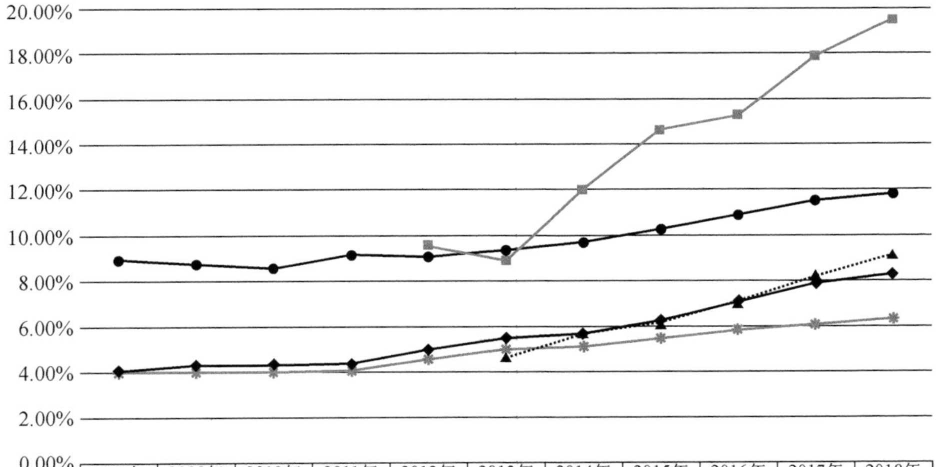

	2008年	2009年	2010年	2011年	2012年	2013年	2014年	2015年	2016年	2017年	2018年
上海	4.00%	4.00%	3.94%	4.09%	4.55%	4.98%	5.13%	5.45%	5.85%	6.08%	6.31%
深圳	4.10%	4.30%	4.30%	4.40%	5.00%	5.50%	5.70%	6.30%	7.10%	7.90%	8.32%
杭州					9.56%	8.92%	11.96%	14.66%	15.31%	17.88%	19.54%
北京	8.99%	8.78%	8.60%	9.19%	9.07%	9.35%	9.73%	10.31%	10.93%	11.53%	11.81%
南京						4.67%	5.75%	6.16%	7.11%	8.25%	9.15%

上海　深圳　杭州　北京　南京

图 1　国内主要城市历年数字经济相关产业产值占 GDP 比重

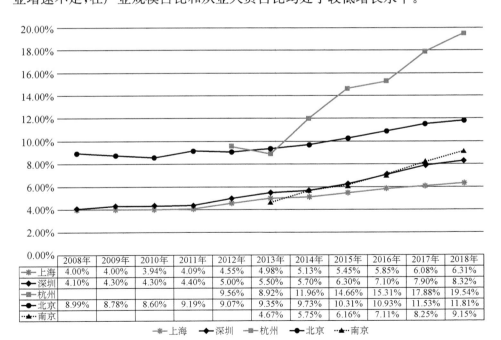

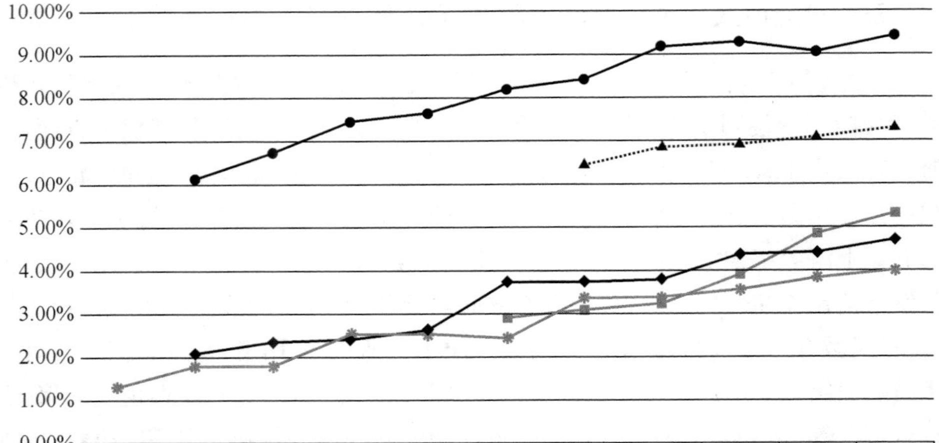

	2008年	2009年	2010年	2011年	2012年	2013年	2014年	2015年	2016年	2017年	2018年
上海	1.30%	1.70%	1.84%	2.50%	2.52%	2.43%	3.35%	3.40%	3.56%	3.82%	3.98%
深圳		2.10%	2.35%	2.40%	2.62%	3.74%	3.74%	3.79%	4.38%	4.41%	4.70%
杭州						2.88%	3.08%	3.23%	3.90%	4.83%	5.32%
北京		6.15%	6.73%	7.45%	7.64%	8.20%	8.43%	9.15%	9.27%	9.07%	9.43%
南京							6.47%	6.85%	6.90%	7.09%	7.30%

上海 深圳 杭州 北京 南京

图 2　国内主要城市数字经济相关从业人数占总从业人员比重

另外，上海数字经济以民营平台经济体占据主导，缺乏龙头型企业。2019 年 8 月 14 日，中国互联网协会、工信部等联合发布的《2019 年中国互联网企业 100 强发展报告》显示：上海尽管有拼多多、携程、哔哩哔哩等 13 家互联网企业上榜，但无一位居前十强（表 1）。

表 1　2019 年中国互联网企业前 20 强

排名	中文名称	中文简称	主要品牌
1	阿里巴巴（中国）有限公司	阿里巴巴	淘宝、阿里云、高德
2	深圳市腾讯计算机系统有限责任公司	腾讯公司	微信、QQ、腾讯网
3	百度公司	百度	百度、爱奇艺
4	京东集团	京东	商城、物流、京东云
5	浙江蚂蚁小微金融服务集团股份有限公司	蚂蚁金服	支付宝、相互宝、芝麻信用蚂蚁森林
6	网易集团	网易	网易邮箱、网易严选、网易新闻

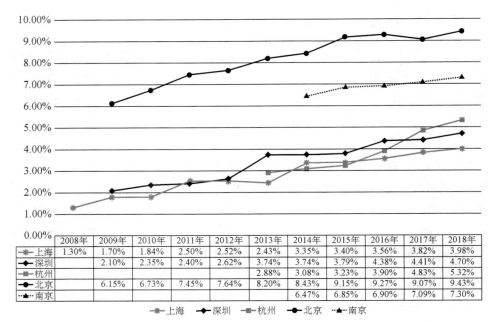

（续表）

排名	中文名称	中文简称	主要品牌
7	美团点评	美团	美团、大众点评、美团外卖、美团买菜
8	北京字节跳动科技有限公司	字节跳动	抖音、今日头条
9	三六零安全科技股份有限公司	三六零	360 安全卫士、360 浏览器
10	新浪公司	新浪公司	新浪网、微博
11	上海寻梦信息技术有限公司	拼多多	拼多多
12	搜狐公司	搜狐	搜狐媒体、搜狐视频
13	北京五八信息技术有限公司	58 集团	58 同城、赶集网、安居客
14	苏宁控股集团有限公司	苏宁控股	苏宁易购、PP 视频
15	小米集团	小米集团	小米、米家、米兔
16	携程计算机技术（上海）有限公司	携程旅行网	携程旅行网、天巡
17	用友网络科技股份有限公司	用友网络	U8c、财务云、精智工业互联网平台
18	北京猎豹移动科技有限公司	猎豹移动	猎豹清理大师、AI 智能服务机器人
19	北京车之家信息技术有限公司	汽车之家	汽车之家、二手车之家
20	湖南快乐阳光互动娱乐传媒有限公司	快乐阳光	芒果 TV

究其原因，数字经济是高度依赖创新的经济形态，上海数字经济尽管具有良好的基础，但是创新创业土壤方面存在的诸多不足导致上海数字经济发展水平仍有待进一步提升，具体表现为：传统工业发展思维，草根创业动力不足；高度依赖过期外资，轻中小民营企业；企业经营成本过高，人才挤出效应明显；政府偏好合规监管，服务意识存在不足；创新资源获取不畅，产学合作效果一般。

接下来从重塑思维、战略清晰、人才为本、监管创新、需求牵引以及开放合作六个方面给出以下对策。

第一，重塑数字经济发展创新思维。坚定走“有效市场和有为政府”有机结合的数字经济创新发展之路，克服不作为或者乱作为。要树立公平服务各类企业的意识，即“店小二”精神。要具备符合数字经济发展需要的专业化知识和持续性学习能力。要培育包容性试错文化，鼓励数字经济的新技术、新应用，例如区块链等。

第二，明晰战略定位开展科学产业布局。上海数字经济发展要战略清晰，不仅要围绕上海自身中长期发展需要，还要担负中央赋予上海的战略使命，进行数字经济的科学布局。主要做到以下几点：要立足上海服务优势打造数字经济总部经济，要大力支持企业和科研机构围绕“卡脖子”技术展开研发攻关，要打造人工智能产业高地，面向未来，要把握新一代年轻人需求开展产业布局。

第三，全力打造数字经济多层次人才供需体系。要围绕数字经济发展的战略目标，尽快制定上海数字经济恩彩发展中长期规划，统领优化现有的人才政策。

第四，以包容审慎原则开展精细化监管服务。秉持监管即服务的理念，明确政治红线，加强政企协同，针对新技术、新业务开展风险预评估。

第五，释放重点需求撬动数字产业快速发展，主要包括加大投入推进 5G 和工业互联网基础设施建设。针对制造、金融、政务等重点行业领域，创造各类需求场景。释放需求场景开展新技术先行先试，带动上海数字企业做大做强。

第六，构筑数字经济对外合作“桥头堡”。上海应发挥在国际开放的独特优势，积极承担国家数字经济对外合作关键枢纽功能，利用自贸区新片区等建设契机，加大数字经济对外开放力度。

上海市人工智能产业创新生态系统研究*

蔡三发

随着现代信息技术的深入发展和新一代科技革命的全面到来，人工智能正处于行业的风口，发达国家均将人工智能上升为国家战略。美国制定脑科学与自主系统国家策略，并于2016年5月在白宫成立人工智能委员会；欧洲的人工智能与智能车持续升温，2016年3月英国发布《人工智能未来决策制定的机遇与影响》，2017年4月法国制定《人工智能战略》，2017年5月德国颁布全球首部自动驾驶法律；日本实施机器人与人工智能综合发展计划，先后重点实施新机器人战略，成立人工智能中心，并开展高级综合智能平台计划。随着面向未来的人工智能投资额的不断增加和世界各国都把人工智能作为重大战略推进，中国推进人工智能发展恰逢其时。

一、上海市人工智能产业发展现状

上海作为国际金融中心以及中国经济、交通、科技、贸易等领域的龙头城市，正按照习总书记的总体布局，全力建设全球有影响力的科技创新中心，发展集成电路、人工智能、生物科技是党中央交给上海的重要战略任务。上海在科教资源、信息数据、基础设施、应用场景等领域有着良好的基础优势，已具备打造人工智能创新策源、应用示范、制度供给和人才集聚“上海高地”的能力。上海组建的人工智能发展联盟集聚了近300家相关企业、投融资机构及科研院所，建立了千亿级的产业基金、开放TB级的公共数据集、建成10个公共创新平台、打造6个创新应用示范区、形成60个深度应用场景；已建立生命科学、化学化工、先进制造、资源环境、电子信息等数据中心，每天产生海量数据。据新一代人工智能科

* 本文根据作者在同济大学上海市产业创新生态系统研究中心主办的“长三角数字经济创新发展”研讨会上主题发言整理而成。

作者简介：蔡三发，上海市产业创新生态系统研究中心副主任、同济大学发展规划部部长、高等教育研究所所长、联合国环境署—同济大学环境与可持续发展学院跨学科双聘责任教授。

技产业发展报告显示，从企业方面看：截至 2019 年 2 月 28 日，中国有 745 家人工智能企业，大约占世界人工智能企业总数 3 438 家的 21.67%，仅次于排名第一的美国（1 446 家，占比 42.06%）。各省市自治区的企业分布如图 1 所示。从高校与科研机构方面看：截至 2018 年 12 月 31 日，共有 94 所拥有人工智能二级学院的中国 AI 大学，在各省市自治区的分布见图 2；截至 2019 年 2 月 28 日，全国共有 75 家人工智能领域的非大学科研机构，其中专利数前十的机构见图 3。从竞争力排名看：上海市以 28.5 分的分值位居第三，处于第一梯队，具体区域竞争力排名见图 4。

基于以上分析可知，上海市的人工智能产业虽然在全国范围内排名领先，但距离北京市、广东省的综合实力有较大的差距，且浙江省、江苏省的得分与上海市差距并不大，随时面临被赶超的风险，这与上海市拥有的良好发展人工智能的优势不符，表现得差强人意。放眼全球，我国人工智能领域的数据处理与挖掘、智能算法和软件开发的技术水平远远落后于国外，关键核心技术和系统受制于人，智能技术的应用大大落后于基础设施的投入，企业的高端人工智能人才需求十分迫切。

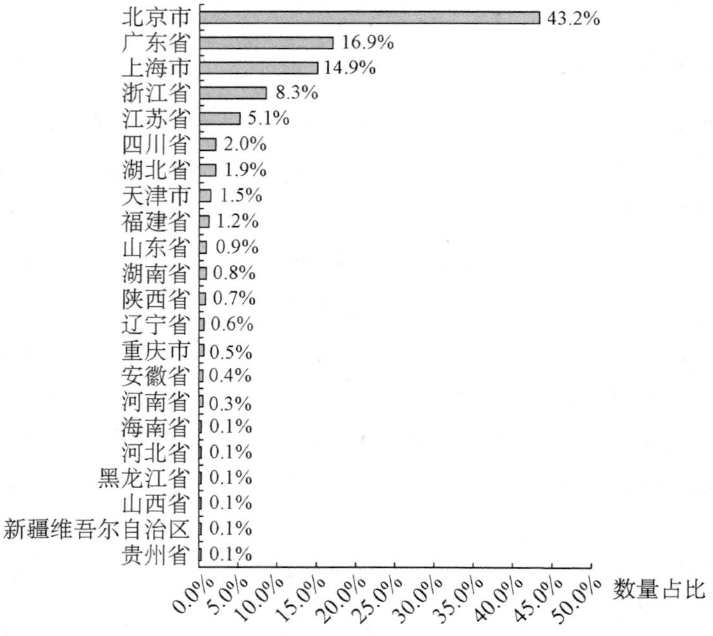

图 1　人工智能企业区域分布情况

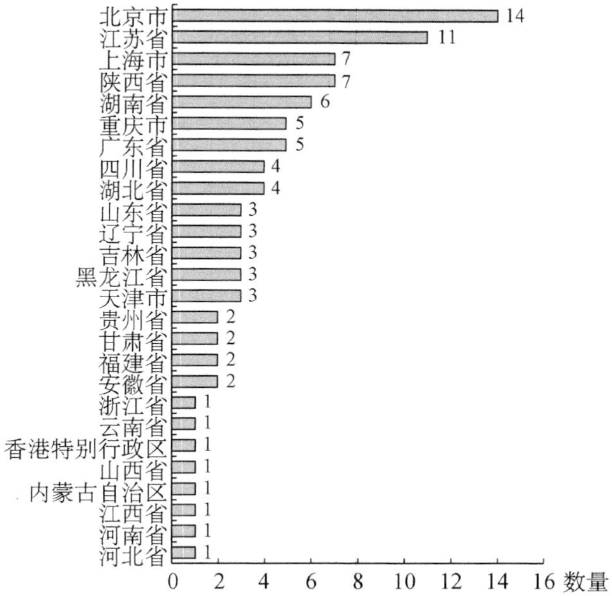

图 2　人工智能二级学院区域分布情况

排名	机构名称	属地	专利数
1	中国科学院计算技术研究所	北京	4 576
2	中国科学院自动化研究所	北京	2 851
3	中国科学院声学研究所	北京	2 282
4	中国科学院深圳先进技术研究院	深圳	1 651
5	中国科学院信息工程研究所	北京	1 612
6	中国科学院软件研究所	北京	1 255
7	中国科学院微电子研究所	北京	1 011
8	中国科学院长春光学精密机械与物理研究所	长春	974
9	中国科学院沈阳自动化研究所	沈阳	899
10	中国科学院上海微系统与信息技术研究所	上海	739

图 3　人工智能科研机构专利排名情况

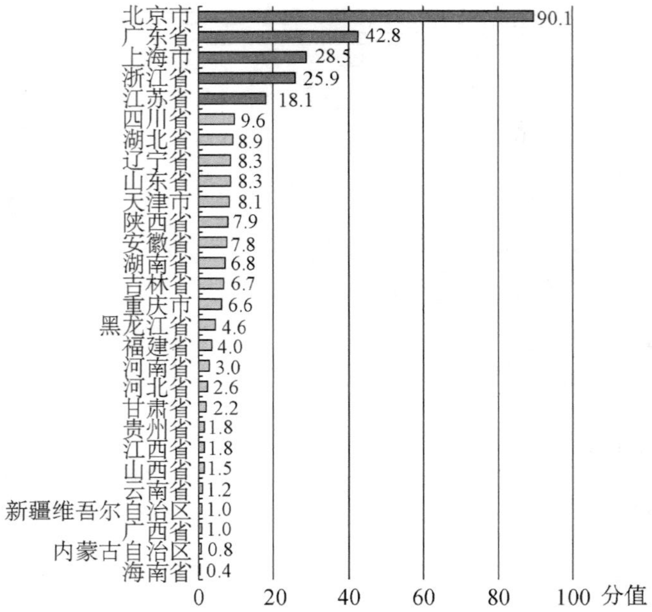

图 4　人工智能区域竞争力排名情况

二、上海市人工智能产业创新生态系统

国内外研究学者借鉴自然界生态系统的特征，将生态学方法引入技术创新系统的相关研究中，阐述了企业组织创新生态系统的特征与构建方式。作为网络创新和开放式创新理论的进一步发展，创新生态系统论是从仿生学角度解释创新的一种理论。

1. 构成要素

从自然界生态系统的角度出发，将生态系统的构成要素分为生产者、消费者、分解者以及环境。人工智能产业生态系统中的“生产者”从事人工智能理论方法的研发活动，包括从事基础层和技术层的企业、高校、科研机构等组织；“消费者”将人工智能技术应用于各产业，形成“人工智能＋”产业；“分解者”即用户层使用、购买相关产品，并将信息反馈给生产者，同时资金回流，使整个创新生态系统得以持续发展。详见表 1。

表 1　人工智能生态系统的构成要素

构成要素	具体内涵
人工智能企业	从事基础层和技术层的企业属于生态系统中的“生产者”角色，如澜起科技等；将人工智能技术在实际生活中应用的企业属于生态系统中的“消费者”角色，如伦琴医疗等
辅助支撑单位	高校是知识创新、传播和应用的主要基地，高校和科研机构的创新能力是技术创新能力的直接反映。行业协会承担行业内协调和服务功能
人才	人工智能产业发展需要高水平、宽视野的人才队伍，人才是创新活动开展、创新资源运用的主体
公共平台	成功搭建公共平台可以整合系统内优势资源，加强合作研发，共担风险；同时也成为吸引创新资源的重要途径
政府	政府政策一方面可以为产业发展提供支持，另一方面也会影响产业发展决策，可能会导致产业转型或者改变产业发展趋势
客户	客户在人工智能创新生态系统中扮演的是“分解者”的角色
硬件设施	硬件设施指人工智能产业发展相关的基础设施等条件，包括产业园区建筑安排、交通、通信、网络等基础设施
创新环境	创新环境包括外部创新环境和内部创新环境，外部创新环境包括使产业加速发展的技术因素，内部创新环境主要是指人工智能产业自身的创新氛围、价值观与专利等

2. 框架构建

如图 5 所示，在人工智能产业创新生态系统中，各个主体都置于创新环境下，公共服务平台为企业提供共享信息、数据等资源的渠道；高校、科研院所等机构，通过“产学研”互动机制与企业有密切往来，因而可以与企业共同承担某些开发项目和费用，共享知识和人力资源，为企业提供互补的技术优势和较高的创新效率；行业协会承担服务型制造行业内的协调与服务功能；硬件设施为企业的聚集和发展提供基础设施保障；政府部门主要有政策和财政的支持和干预，包括产业标准的制定、财政补贴、税收优惠的实施以及提供专项资金等，还包括吸引人才与为人工智能产业转型发展提供优惠政策等；人才是创新活动的实际发起者，是人工智能产业创新生态内知识和信息得以正常传递和交换的承担者。

3. 运行机制

一是驱动力机制。驱动力可分为内在动力和外在动力。内在动力首先来源于企业自身的竞争需求，其次来源于科技人员的科学探索精神；外在动力由市场驱动、技术驱动以及政策驱动三个方面构成。

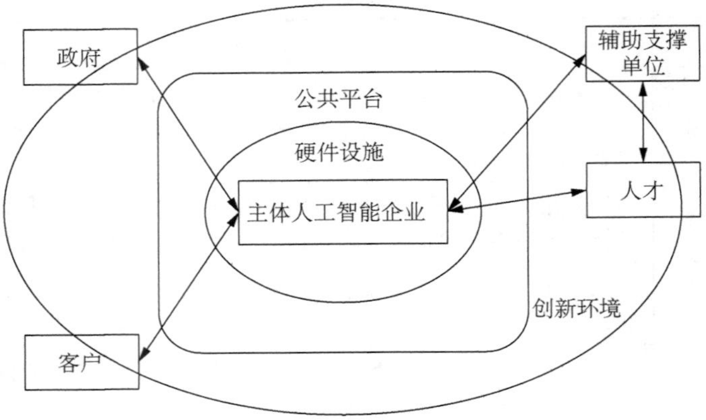

图 5　人工智能产业创新生态系统框架

二是资源供给机制。有形资源供给方面，人工智能产业发展需要高水平、宽视野的人才队伍，需要充足的资金链保障。无形资源供给包括产业服务、政策支持、科技和数据资源。产业服务包括科技成果转化服务、产业信息服务和金融服务等。

三是合作机制。创新主体即共生单元之间的合作效果对于创新生态系统具有重要意义。合作机制的 3 个关键环节包括：对象评价机制、模式选择和过程激励。

三、总结

虽然当前的环境为发展人工智能提供了很多条件，但同时也面临一系列的挑战：一是产业链发展不均衡，二是人才供给障碍，三是数据供给障碍。针对人工智能产业面临的挑战，建立系统结构框架可以实现以下功能需求：实现产业共性与关键技术自主创新；培养人工智能创新人才，保持创新活力；构建面向人工智能的公共数据资源平台；加强应用场景建设，扩大应用广度与深度；政企结合，规范转型与利益分配。

依托"科技高地+消费市场+产业电商"打造浦东新区电子商务产业新生态

| 郭梦珂　马军杰

一、浦东新区电子商务产业发展新亮点

近年来，浦东新区已经培育出一批各具特色的电商企业，特别是在新零售、大宗商品电商、生活服务电商、第三方支付等领域成绩斐然，其创新的经营模式及技术应用已经成为浦东新区电子商务产业发展的新亮点。

（一）新零售领域

新零售是通过互联网技术将线上电商与线下实体深度融合的零售新模式，浦东新区作为新零售的试验田，已涌现出盒马鲜生、爱库存、叮咚买菜、百联 RISO、小蚁科技、天天果园＋城超等一批标杆项目。截至 2019 年 4 月，盒马已进入全国 21 个城市，共计 150 家门店。其中上海有 21 家门店。此外，位于浦东陆家嘴的 RISO 被百联称为"新零售发现店"，是百联集团在新零售上的阶段性探索成果。作为新兴的社交电商，2017 年成立的爱库存仅 2018 年一年间，就完成了 B 轮 5.6 亿人民币和 B＋轮 1.1 亿美元的融资。无论在新零售品牌、新业态的丰富度还是资本青睐度上，浦东新区新零售具有明显的突围优势。

（二）产业电商领域

浦东新区在钢铁、塑化、建材、工业品、服装等产业领域崛起一批实力强劲的电商企业。化学品行业摩贝化学品电商综合服务平台年度交易额突破 600 亿元，塑料行业塑米城年营收近百亿元，均入选 2018 中国 B2B 行业百强企业。服装 B2B 领域以面辅料平台切入的链尚已是全球最大规模的面辅料交易平台之一。中钢银通电子商务有限公司、上海善之农电子商务科技有限公司、上海钢之

作者简介：郭梦珂，上海市浦东新区电子商务行业协会职员；马军杰，上海市产业创新生态系统研究中心研究员、同济大学法学院讲师。

家电子商务股份有限公司三家更是跻身 2018 上半年中国新三板挂牌 B2B 企业营收十强。

(三) 互联网生活服务领域

目前,浦东新区吸引培育了喜马拉雅、哔哩哔哩、波奇网、111 集团、爱尚鲜花、柳橙网、叮咚买菜等一大批高成长性互联网生活服务企业。其中,互联网医药健康企业 111 集团已于 2018 年 9 月正式在美国纳斯达克交易所挂牌上市,成为中国互联网医药健康赴美上市第一股。在宠物电商领域,作为中国宠物行业唯一上榜的“独角兽”企业波奇网位于浦东新区,是目前国内规模最大的一站式宠物服务平台。作为新兴生鲜电商,叮咚买菜营收更是从 2017 年的一千万元增长至 2018 年的三亿元,是浦东新区高成长性生鲜电商的代表企业。

(四) 第三方支付领域

目前,浦东新区持牌第三方支付企业达 25 家,占上海市的一半,除了支付宝外,还包括银联系机构、快钱和通联支付等重量级企业。根据艾瑞咨询的数据显示,2019 年第一季度,支付宝的市场份额为 53.8%,牢牢占据中国第三方移动支付市场第一的位置,已经超过第 2 至第 9 名的总和。其中,位于第 6 位和第 8 位的快钱和银联商务也均位于浦东新区,浦东新区占据前 9 位的 3 席位置。目前,快钱在保险行业的年交易量已达到千亿元规模,客户覆盖率达到 95%,市场份额保持领先。源于浦东新区大力推进互联网金融产业集群建设,源于陆家嘴金融高地的先天优势,大型电商、大型互联网服务企业纷纷选择在浦东新区落子开展互联网金融业务。

二、浦东新区电子商务产业生态特征——与杭州的比较

杭州与浦东新区同处长三角,且均为副省级行政区划。杭州电子商务起步较早,发展较为全面,现已成为电子商务创业者的造梦之城、成为电商巨头们的战略重地。近年来,杭州电子商务创新步伐也从未停止,互联网推动城市能级提升等亮点不断涌现。对标杭州市电子商务发展,从规模、电商政策、园区、企业、人才等诸多方面选取部分指标对两地电商发展情况进行对比(表 1),有助于探索适合浦东新区的电子商务创新道路,发掘错位竞争优势。

表 1　浦东新区与杭州市电子商务发展对比

对比指标		杭州市	浦东新区
政府工作	工作层级	市政府“一号工程”	—
	电子商务“十三五”规划	有	未公开发布
	战略定位	国际电子商务中心	全球城市核心区
	建设背景	依托浙江省建设有全球战略地位的国际电子商务中心	依托上海市建设具有全球影响力的电子商务中心城市
	专项资金	1. 对农村电商的补助 2. 对跨境电商主体、品牌、人才、园区的一次性财政扶持 3. 杭州市电商产业扶持基金 4. 各区电子商务专项扶持资金 5. 杭州市电子商务进企业专项资金	对国家级、市级、区级电子商务示范园区和企业的配套奖励
	电商标准	全国电子商务质量管理标准化技术委员会已发布 4 项电子商务国家标准	两个地方标准： 第三方平台入驻标准 售后服务标准
电子商务规模	2017 年度网络零售交易额	4 302.4 亿元 同比增长 24.9%	1 179.6 亿元 同比增长 23.8%
	2017 年社会消费品零售总额	5 717 亿元 同比增长 10.5%	2 201.34 亿元 同比增长 8.1%
	网络零售占社会消费品零售比重	75%	54%
企业实力	独角兽企业①	17 家 估值 1 419.4 亿美元	9 家 估值 301.9 亿美元
	互联网百强企业数量②	8 家	3 家
	国家级电子商务示范企业数量（2017—2018 年度）	9 家	3 家

① 科技部发布《2017 年中国独角兽企业发展报告》。http://finance.eastmoney.com/news/1347，20180323847480686.html。

② 中国互联网协会、工业和信息化部信息中心在京联合发布《2017 年中国互联网企业 100 强》。

（续表）

<table>
<tr><th colspan="2">对比指标</th><th>杭州市</th><th>浦东新区</th></tr>
<tr><td rowspan="4">园区水平</td><td>国家级孵化器</td><td>32 家</td><td>12 家</td></tr>
<tr><td>国家级众创空间</td><td>55 家</td><td>19 家</td></tr>
<tr><td>电商园区数量</td><td>61 个①</td><td>6 个（小微电商示范园区）
4 个（外高桥跨境电商园区）</td></tr>
<tr><td>国家级电子商务示范基地数量（首、二批）</td><td>3 个</td><td>1 个</td></tr>
<tr><td rowspan="2">人才集聚</td><td>人才需求</td><td>全球聚才＋开放育才</td><td>海外人才“百人计划”</td></tr>
<tr><td>落户要求</td><td>1. 本科＋1 年社保
2. 硕士及以上先落户后就业</td><td>1. 7 年居住证＋7 年社保
2. 直接落户通道</td></tr>
</table>

1. 从电商交易规模来看

由于电商龙头平台的存在，杭州市网络零售交易额远高于浦东新区，其占社零比重也高于浦东新区，但网络零售增速却几乎与浦东新区持平，此外，仅从数据统计口径来看，浦东新区以 B2B 电商为亮点，杭州市以网络零售和跨境电商为亮点。

2. 从电商政府工作来看

电子商务是杭州市“一号工程”中重要的组成部分，目标是到 2020 年，力争建成国际电子商务中心，已制定《杭州市电子商务发展“十三五”规划》，作为杭州市十三五期间电子商务发展的方向性文件。浦东新区对于电子商务工作的推进而言，却并不聚焦，包含重视层级、详细规划、专项资金、电商标准在内的电商工作的开展进度相对较慢，力度相对较弱。

3. 从电商企业实力来看

以独角兽企业、互联网百强企业、国家电商示范企业三个维度而言，杭州市的第一梯队的企业实力相对较强，从培育角度来看，浦东新区更加注重细分领域和创新模式的成长型企业。2017 年“中国互联网企业 100 强”榜单显示，浦东新区与杭州入榜数量比为 3∶8；根据商务部公示的 2017—2018 年国家级电子商务示范企业，浦东新区与杭州入榜数量比为 3∶9；根据科技部《2017 年中国独角

① 《2017 年浙江省电子商务产业基地名录》。

兽企业发展报告》，中国独角兽企业入榜数量比为 17∶9。

4. 从电商园区服务能级来看

二者特色各不相同，杭州市更加注重批量园区的转型创新，浦东新区更加注重重点电商园区的服务能力，创新创业环境均在区域内领先。

5. 从人才引力的角度来看

都有引进海外高层次人才的需求，但浦东新区基于上海市 2 500 万总人口的限制，落户政策相对严格，杭州市相对宽松。

6. 从电商发展途径来看

浦东新区电商发展的基础条件和路径不同于杭州。杭州市电商发展基础条件为"巨头生态圈＋产业基础＋政策红利"，如图 1 所示。浦东新区电商发展基础条件则为"科技高地＋消费市场＋产业电商"。浦东新区电子商务企业培育更加注重成长型和细分领域企业，新零售、网上医疗、行车代驾、家居宠物、留学申请、互联网家装等生活服务行业平台，也在浦东新区逐步发展。

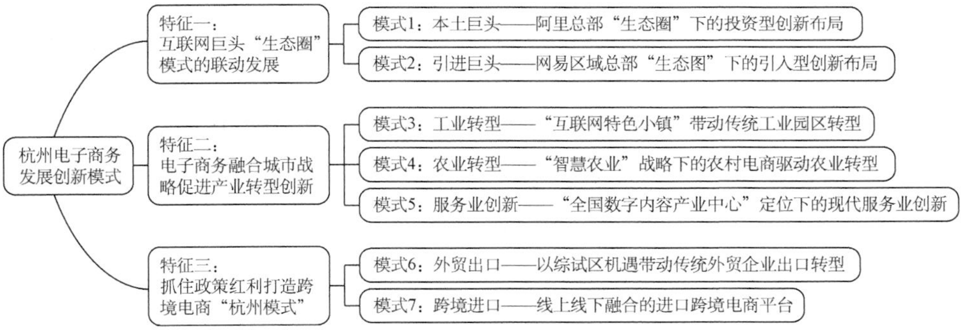

图 1　杭州电子商务发展的基础条件

三、完善浦东新区电子商务产业生态的着力点

浦东新区作为上海市打造科技创新中心的核心功能区，作为上海"四大品牌"的核心承载区，需承载新时代上海改革开放再出发的重任，同时浦东新区作为上海市电子商务产业创新高地，电子商务应发挥其应有之力。

1. 承接上海建设"具有全球影响力的电子商务中心城市"战略任务

研究并确立浦东新区建设"具有全球影响力的电子商务中心城市核心承载区"的战略地位，加快区内电商生态系统建设、产业转型升级和民生服务提升、电商开放发展、政府管理模式创新，推动国家级、市级、区级电子商务示范园区建设。

2. 对长三角地区潜在电商独角兽企业进行梳理排摸、重点服务

鼓励行业协会等社会组织牵头成立联盟机构，重点对长三角地区估值 5 亿美金以上、融资 1 亿美金以上的潜在独角兽企业进行调研和梳理，为其量身定制适合其发展的政策环境，吸引其到浦东新区设立创新业务板块。

3. 针对浦东电商四大特色领域，形成具有针对性的政策引导方向

在新零售领域，鼓励新零售企业创新性或试点性项目在浦东首发，着重吸引新零售企业总部落户浦东新区。在产业电商领域，鼓励企业开展标准化建设，加快研究并制定钢铁电商平台服务等团体标准，落实降低产业电商平台企业印花税的可行方案。在互联网生活服务领域，研究并探索生鲜电商前置仓活禽宰杀许可、配送物流车辆进市区等难点问题的解决方案。在互联网支付领域，进一步加强电商统计工作及监管工作，及时掌握行业发展动向。

4. 根据浦东新区实际，形成招商清单及问题清单“双清单制度”

一方面，对周边乃至远距离省市中，有特定规模、特定行业、特定发展阶段、特定创业人群的电商企业进行梳理分析，形成符合浦东新区实际的招商清单，掌握优质互联网企业的萌芽发展先机。另一方面，针对电商企业普遍反映的问题及个性化监管难题，利用行业协会等第三方机构进行问题收集及反馈，形成问题清单，利用市区两级商务委及平行机构形成联动反馈解决机制。

“环同济知识经济圈”发展的新使命

| 陈　强

2005 年，时任同济大学校长万钢和杨浦区委书记陈安杰在三好坞的一次茶叙，揭开了“环同济知识经济圈”的建设序幕。2007 年，区校合作编制的《杨浦区环同济知识经济圈总体规划纲要》正式颁布实行。十多年来，“环同济”从一条街、几个点、划成一个圈，形成了以建筑设计、城市规划、工程咨询、环保科技、工程设计软件等为核心的知识型服务业集聚。同济大学优势学科长期以来积淀的厚重底蕴，在特定历史阶段市场需求的刺激下，经区校联手策动，转化为区域经济增长和社会发展的强大动能。2015 年，“环同济”产出规模超过 300 亿元，2018 年达到 415 亿元。实现了从“工业杨浦”到“知识杨浦”的华丽转身，城区面貌日新月异，服务能级迅速提升，跻身“国家创新型试点城区”行列。另一方面，在与市场需求和社会治理紧密互动的过程中，“环同济”核心产业所涉及的同济大学相关学科，不断校正重点突破方向，赢得强势发展机会。在“环同济”产出规模持续“上台阶”的同时，土木工程、城乡规划学、管理科学与工程、环境科学与工程在全国第四轮学科评估中成功登顶，设计学在 QS 学科排名中一飞冲天，直抵亚洲之巅。

随着科技进步和产业变革，以及同济大学的学科进展，“环同济”发展的需求侧和供给侧都在悄然发生变化。从需求侧看，在过去很长的一段时期内，“环同济”的迅猛发展在很大程度上得益于旺盛的市场需求，改革开放以来年均一个百分点的城镇化率增幅、大规模的基础设施建设、持续高强度的房地产开发、会展业的蓬勃发展等，成为“环同济”发展最为重要的动力来源。然而，这些需求如今正呈现出逐步消退和萎缩的趋势，近年来“环同济”核心产业产出效率的停滞不前就充分说明了这一情况。从供给侧看，同济大学在继续强化传统学科优势的同时，瞄准世界科学前沿和国家重大战略需求，积极布局和发展新兴学科，不断

作者简介：陈强，上海市产业创新生态系统研究中心执行主任，同济大学经济与管理学院教授。

取得可喜进展。展望未来,“环同济”将继续上演需求侧和供给侧一轮轮新的精彩互动,政府、高校和企业应携起手来,努力在三个方面有“新作为”,并着力积累三类可复制可推广的“新经验”。

一、三个“新作为”

第一,“环同济”在助推上海科技创新策源能力提升方面要有新作为。目前,我国科技发展的国际合作环境正在发生剧烈变化,面临严峻挑战。我们应该清醒认识到“核心技术靠化缘是要不来的”,通过推动更高水平开放,提升自主创新能力,掌握关键领域的自主可控核心技术已成为我国的现实选择。“环同济”具有智力密集、平台和设施成熟、区校企互动界面友好等优势,借助建设上海自主智能无人系统科学中心的历史性机遇,各方应共同努力,推动“环同济”区域形成创新思想活跃、重大科学发现和技术发明成果涌现、战新产业和未来产业不断得以孵化和培育的良好局面,使得“环同济”成为上海科技创新策源的标志性区域。

第二,“环同济”在塑造区域经济社会发展新动能,推动高质量发展方面要有新作为。需求总有起伏,新的热点也总会层出不穷。2018 年 415 亿元产出的骄人成绩已成为历史。“环同济”未来发展,应着力进一步释放同济大学相关学科的社会能量,提升和丰富产业发展内涵,强化设计服务业产业链高端环节的能力建设。从传统建筑设计、景观设计、城市规划的“红海”,驶向生态、文化、智能综合设计的“蓝海”;从单一的产品和服务设计,到跨学科跨领域的智能集成解决方案供给;从知识型服务业低附加值环节的生产者,到知识创造价值创新生态系统的策划者和主导者。不断催生新业态,为杨浦及周边区域持续增添新的经济发展动能。

第三,“环同济”在满足人民美好生活需要方面要有新作为。一直以来,同济大学“与祖国同行,以科教济世”,努力将学科发展的成果转化为温暖社会的能量。在“环同济”新一轮发展中,应充分利用同济大学城市学科群的整体优势,并结合人工智能、生命科学等学科的新生力量,针对交通、环境、社区治理、养老健康、安全管理等领域日益严重的“城市病”,全力提供面向城市问题、旨在提升人居质量的集成解决方案。同时,依托杨浦区控江街道“社区大脑”、四平路街道“社区微更新”等应用场景构建的先发优势,努力推动智慧城市相关技术的应用示范和集中交易。

二、三类“新经验”

第一,“环同济”在探索区校深度互动,融合发展模式方面要做出新贡献。在“环同济”过去一轮的发展中,供给侧与需求侧密切互动,大学、城市和产业和谐共生,学科发展、城市治理、产业转型交互借力,呈现出“三螺旋”融合共进的可喜局面。如今,“环同济”的发展背景正在发生重大变化,大规模高强度的基础设施建设热潮正在“降温”,内涵式发展和精细化治理成为新的需求重点。一方面,“环同济”必须考虑如何整合、重塑和提升供给侧能力的问题。另一方面,还要研究在新的形势下,“环同济”如何在学科发展与社会需求高效互动方面形成更为有效的模式,让更多高校在区域经济社会发展中发挥更大作用,并获得自身的长足发展。

第二,“环同济”在探索知识密集型服务业创新生态系统治理模式上要做出新贡献。科技和产业的竞争正逐步演化为系统之间的竞争。“环同济”作为一个创新生态系统,涉及基础研究、应用研究、工程化、管理和服务等多个方面,需要进行多元主体协同治理,将创新链、产业链、服务链、资金链及社会资本链,组合成为能够实现自主高效运行,并具有一定弹性、黏度和张力的有机整体,最大限度地整合、吸引和集聚系统内外的优质创新资源,在打造创新生态升级版方面形成最佳实践的系列案例。另外,“环同济”发端于杨浦,但是,周边产业载体的供给已渐入窘境,一部分产业正加速向虹口和宝山方向溢出,这是产业集聚和辐射的必然结果,随之也带来了新的治理难题。“环同济”下一步应重点探索跨行政区域的创新集群协同治理模式,在这个过程中不断积累经验,对长三角一体化进程形成有益启示。

第三,“环同济”要在创新创业人才培养,全民科学素养提升方面做出新贡献。在“环同济”的发展中,独特的“产学研”合作形态使得官、产、学、研、用、金、介等主体间的接触界面变得更加模糊和友善,知识学习、技能培训、方案互动、信息获取、技术服务、国际交流等变得更加扁平化和便捷化,在这样的环境中,数以万计的知识型员工“学思践悟”,快速成长。如今,技术的不断进步丰富了知识供给的方式,拓宽了知识供给的渠道,提供了人才成长的更多可能。作为上海全球科创中心建设的重要承载区,“环同济”在培育更多具有国际视野、创业意识、创新思维及经营管理能力的优秀人才,提升所在区域全民科学素养方面,应做出更多贡献,提供更多经验。

未来已来，唯变不变。“环同济”已进入新时代，只有以新的供给侧能力，应对新的需求侧变化，才能在塑造经济增长新动能、构建美好生活新场景、探索联动发展新模式方面，承担起新的历史使命。

高校与科技成果转化

优化高校科技创新生态首先要优化学科生态

| 蔡三发

优化高校科技创新生态对于破除制约创新的思想藩篱和体制机制障碍，激发人的活力，实现高质量的创新具有重要的意义。与其他科研组织和机构不同的是，高校的建设与发展往往建立在众多学科单元组合的基础上，学科建设在高校中处于龙头的地位，当高校学科生态不够优化时就不利于甚至阻碍高校的科技创新。一段时间以来，国内部分高校为了迎接学科评估或者集中资源建设一流学科，撤销一些没有比较优势的学科点，这样的学科调整是不利于高校学科生态建设与科技创新发展的。因此，优化学科生态成为优化高校科技创新生态的首要任务。

一、优化高校学科生态的意义

优化高校学科生态不仅有利于高校的人才培养，对于高校优化科技创新生态同样意义重大。一是良好的学科生态有利于学科高峰的形成和重大原创性科研成果的涌现；二是良好的学科生态有利于促进学科交叉，在学科交叉与融合发展中产生创新成果；三是良好的学科生态有利于形成学科之间互相支撑态势，形成高校学科综合优势，协同多学科攻关重大科学问题，因为许多重大科学问题往往不是一个单一学科可以解决的问题。

二、优化高校学科生态的路径

各个高校应该从自身的实际情况出发，服务国家重大战略需求和瞄准国际学术前沿发展趋势，切实优化学科生态。一是要不断优化学校学科布局，形成合理学科布局。例如同济大学按照“工、理、医、文”四个大类，对工科、理科、医学与

作者简介：蔡三发，上海市产业创新生态系统研究中心副主任、同济大学发展规划部部长、高等教育研究所所长、联合国环境署—同济大学环境与可持续发展学院跨学科双聘责任教授。

生命科学学科、人文与社会科学学科进行合理规划与布局，实施分类指导和分类管理，确保强势工科保持领先，理科发展形成新的优势，医学学科复兴加快步伐，人文社科发展形成特色，工理医文融合交叉形成新亮点。二是要深入推进交叉学科建设，促进学科交叉、集成与创新。要发挥各学科特色与优势，完善有效推动学科交叉融合的体制机制，打造多样化的学科交叉平台，完善交叉学科评价体系建设，进一步促进学科间的相互交叉和支撑，引领各学科协同发展。三是要准确把握学科发展趋势，做好战略性新兴学科布局工作，抢先占领制高点，努力引领学科发展方向。要提前布局新兴学科、交叉学科，有力推进学科向着更深层次和更高水平发展，以重大科技原创性成果引领学科的发展方向。

三、优化高校学科生态的关系处理

优化高校学科生态应该处理好以下三个方面的关系：一是处理好学科规模与结构的关系。只有极少数的高校可以建设“大而全”“大而强”的学科体系，大部分学校还是要合理选择需要建设的基础性学科和应用性学科。二是要处理好优势学科与新兴学科的关系。由于历史积累，各个高校往往形成了若干相对优势的学科，优势学科需要进一步加强建设以凸显学校特色，但是新兴学科代表着未来，也需要重视并有效推进建设，保障学校学科可持续发展。三是处理好重点突破和全面推进的关系。建设一流大学的基本任务之一就是要在学校中建设一批一流的学科。但是高校也不大可能把所有的学科全部建成一流学科或者顶尖学科，因此，要以若干或者一批一流学科为引领，剩下的高水平学科为支撑，既重视一流学科建设，也重视相关学科整体水平提升，形成“高原之上建高峰”的态势，实现内涵式发展。

科研自主权下放需要“生态化治理”

| 钟之阳

近年来，党中央、国务院高度重视激发科研人员创新积极性，在赋予科研单位和科研人员自主权方面先后制定出台了一系列政策文件。特别在2019年开年，国务院办公厅印发《关于抓好赋予科研机构和人员更大自主权有关文件贯彻落实工作的通知》，并要求限时完成，针对的就是广大科教工作者最为关心的相关政策落实问题。

通过梳理近年来科研自主权相关政策（表1）可以发现，科研自主权相关政策始于党的十八提出的创新驱动发展战略，并随着科技体制改革的深化和科教领域“放管服”改革的推进，持续释放改革红利。

表1　近年来中央和部委发布的部分科研自主权相关政策

标题	发文字号	发布日期
国务院关于改进加强中央财政科研项目和资金管理的若干意见	国发〔2014〕11号	2014年3月
中共中央办公厅 国务院办公厅印发《关于进一步完善中央财政科研项目资金管理等政策的若干意见》	中办发〔2016〕50号	2016年7月
教育部 科技部关于加强高等学校科技成果转移转化工作的若干意见	教技〔2016〕3号	2016年8月
教育部办公厅关于印发《促进高等学校科技成果转移转化行动计划》的通知	教技厅函〔2016〕115号	2016年10月
中共中央办公厅 国务院办公厅印发《关于实行以增加知识价值为导向分配政策的若干意见》	厅字〔2016〕35号	2016年11月
教育部办公厅关于报送贯彻落实进一步完善中央财政科研项目资金管理等政策的若干意见进展情况的通知	教技厅函〔2016〕116号	2016年10月

作者简介：钟之阳，上海市产业创新生态系统研究中心研究员、同济大学高等教育研究所讲师、同济大学教育现代化研究中心研究员。

（续表）

标题	发文字号	发布日期
中共中央办公厅 国务院办公厅印发《关于深化职称制度改革的意见》		2017 年 1 月
财政部 科技部 教育部 发展改革委关于进一步做好中央财政科研项目资金管理等政策贯彻落实工作的通知	财科教〔2017〕6 号	2017 年 3 月
教育部等五部门《关于深化高等教育领域简政放权放管结合优化服务改革的若干意见》	教政法〔2017〕7 号	2017 年 4 月
国务院办公厅印发关于深化科技奖励制度改革方案的通知	国办函〔2017〕55 号	2017 年 6 月
教育部办公厅关于高校进一步落实以增加知识价值为导向分配政策有关事项的通知	教技厅函〔2017〕91 号	2017 年 8 月
教育部办公厅关于进一步推动高校落实科技成果转化政策相关事项的通知	教技厅函〔2017〕139 号	2017 年 12 月
国务院关于全面加强基础科学研究的若干意见	国发〔2018〕4 号	2018 年 1 月
中共中央办公厅 国务院办公厅印发《关于分类推进人才评价机制改革的指导意见》	中办发〔2018〕6 号	2018 年 2 月
中共中央办公厅 国务院办公厅印发《关于进一步加强科研诚信建设的若干意见》		2018 年 5 月
教育部关于印发《高等学校基础研究珠峰计划》的通知	教技〔2018〕9 号	2018 年 7 月
中共中央办公厅 国务院办公厅印发《关于深化项目评审、人才评价、机构评估改革的意见》		2018 年 7 月
国务院关于优化科研管理提升科研绩效若干措施的通知	国发〔2018〕25 号	2018 年 7 月
科技部 教育部 人力资源社会保障部 中科院 工程院关于开展清理“唯论文、唯职称、唯学历、唯奖项”专项行动的通知	国科发政〔2018〕210 号	2018 年 10 月
教育部办公厅关于开展清理“唯论文、唯帽子、唯职称、唯学历、唯奖项”专项行动的通知	教技厅函〔2018〕110 号	2018 年 11 月
教育部办公厅关于进一步落实优化科研管理提升科研绩效若干措施的通知	教技厅〔2018〕5 号	2018 年 11 月
国务院办公厅关于抓好赋予科研机构和人员更大自主权有关文件贯彻落实工作的通知	国办发〔2018〕127 号	2019 年 1 月
财政部办公厅关于抓好赋予科研机构和人员更大自主权有关文件贯彻落实的通知	财办发〔2019〕7 号	2019 年 1 月

2014 年国务院发布《关于改进加强中央财政科研项目和资金管理的若干意见》(国发〔2014〕11 号)，2016 年 7 月中办、国办印发《关于进一步完善中央财政科研项目资金管理等政策的若干意见》(中办发〔2016〕50 号)，为科研人员“松绑”，下放预算调剂权限，合并会议费、差旅费和国际合作交流费，让“打酱油的钱可以买醋”；此外提高间接费用比例、打破劳务费比例限制、改进结转结余资金留用处理方式等意见无一不针对科研经费使用过程中的痼疾。

2016 年 4 月，国办印发《促进科技成果转移转化行动方案》(国办发〔2016〕28 号)，该文件与此前修订的《促进科技成果转化法》和《实施〈中华人民共和国促进科技成果转化法〉若干规定》(国发〔2016〕16 号)被称为科技成果转移转化三部曲，让科研人员可以凭成果致富。

2016 年 11 月中办、国办印发《关于实行以增加知识价值为导向分配政策的若干意见》(厅字〔2016〕35 号)，扩大科研机构、高校收入分配自主权，构建了科研人员“三元”薪酬结构，让科研人员可以依法依规兼职兼薪，进一步激发科研人员创新创业积极性。

2017 年 3 月教育部等五部门发布《关于深化高等教育领域简政放权放管结合优化服务改革的若干意见》(教政法〔2017〕7 号)为高校“松绑”减负，在高校学科专业设置机制、编制及其岗位管理制度、进人用人环境、教师职称评审机制、薪酬分配制度、经费使用、内部治理、监管优化服务等八大方面提出了改革要求，扩大了高校和科研院所自主权。

进入 2018 年，中办、国办又陆续出台了激发科研活力相关政策，2 月印发了《关于分类推进人才评价机制改革的指导意见》(中办发〔2018〕6 号)实行分类评价，基础研究人才、应用研究和技术开发人才评价告别“一刀切”；5 月印发了《关于进一步加强科研诚信建设的若干意见》完善科研诚信管理工作机制，把科研诚信纳入常态化管理；7 月印发了《关于深化项目评审、人才评价、机构评估改革的意见》，人才“帽子”满天飞的现象得到遏制，唯论文、唯职称、唯学历、唯奖项的倾向被打破。

2018 年 7 月，国务院发布的《关于优化科研管理提升科研绩效若干措施的通知》(国发〔2018〕25 号)更是牵动科教界的神经，文件突出问题导向，针对尚未解决的问题提出了具有可操作性的措施。该文件从五个方面提出了 20 条措施，对科研人员“放权”“放钱”和“简”管理，科研人员不再受到太多条条框框约束，比较自由地开展科技攻关。

近年来密集出台的相关政策聚焦完善科研管理、提升科研绩效、推进成果转化、优化分配机制等方面，取得了一定效果，很多一线科研人员都感受到了积极变化。但是，政策的密集出台也从一个侧面反映了部分政策在实施过程中难以落地的问题。

在科研自主权政策实施过程中，有些思想认知观念已经根深蒂固，改变起来难度相对较大。过去多年来，政府采用高度集中和统一的高等教育管理体制，直接干预高校的办学自主权和学校工作运转的过程，政府在高等教育管理上处于绝对优势地位。政府和教育行政部门把高校办学自主权的归还看作是权力施与，导致政府在高校权力方面形成想放就放、想收就收的局面。

政策落地和改革的推进不是政策文件的简单结合，而是各种政策制度产生的化学反应。政策供给“过快”“过乱”在一定程度上影响改革和政策落地进程。中央政府近年来出台大量改革政策文件，地方政府、教育行政部门和高校应接不暇，未能深入研究和消化改革政策，并制定出务实落地的措施。此外，落实赋予科研人员更大自主权涉及多个部门，需要科技、教育、财政、税务、人事、审计等多个部门联动，部分政策落地也受体制、法制和运行机制惯性的影响，各个主管部门与高校在探索改革协调沟通过程中出现了一定障碍。

“生态化”视角推进政策落地。落实赋予科研人员更大自主权需要政府、高校、社会的共同参与，通过“生态化治理”协调治理主体之间关系、动员多方面治理资源、促成合力形成。同时在政府协同治理层面，要进一步优化科技、教育、财政、人事等政府不同部门的协同治理机制，为政策落地提供保障和支持。

科教领域“放管服”改革推进需要有“生态化”改革思维，政策的出台并不是政策的终结，而是要不断地监督、执行和反馈才能发挥最大作用。“放管服”改革即简政放权、放管结合、优化服务。从简政放权到放管结合，再到优化服务可以看成一个循序渐进的过程，每次循环都是一次新的把要求和支持输入到系统中，然后转换成政策输出再反馈到新一轮输入中。科教领域“放管服”改革是一个复杂的过程，是一个在现有基础上渐进调试的过程，并非一蹴而就。在改革推进过程中明确职责，理顺各方关系，营造高效、公正、有序的科研氛围，从而使制度得到优化。

高校前沿科学中心要加强体制机制建设*

|蔡三发　王　倩

基础研究是科学之本和创新之源，是国家核心竞争力的重要组成部分，是提升原始创新能力的根本途径。随着科教兴国、人才强国、创新驱动发展战略的实施，高等学校基础研究取得历史性成就，创新能力持续提升，国际影响力显著增强。但与新时代建设世界教育强国和科技强国的要求相比，高等学校基础研究重大原创成果和领军人才偏少，条件能力建设仍需提升，发展环境有待进一步优化。为推动高等学校加强基础研究，实现创新引领，教育部启动实施高等学校基础研究珠峰计划，其中，前沿科学中心是最为核心的内容。

高校前沿科学中心建设是教育部为深入贯彻党的十九大关于"瞄准世界科技前沿，强化基础研究"的精神而制定实施的有力举措，重点建设在国际"领跑"的前沿学科。计划在推动高等学校基础研究全面发展基础上，组建世界一流创新大团队，建设世界领先科研大平台，培育抢占制高点科技大项目，持续产出引领性原创大成果，为关键领域自主创新提供源头供给，成为加快"双一流"建设和实现高等教育内涵式发展的战略支柱，推动高等学校成为教育强国和科技强国建设的战略支撑力量。

截至目前，教育部共批复两批建设 7 家前沿科学中心。第一批是复旦大学"脑科学前沿科学中心"，于 2018 年 3 月获得教育部批准，成为国家"珠峰计划"首个前沿科学中心；第二批是来自 6 所"双一流"名校的前沿科学中心，于 2018 年 9 月前顺利通过了立项建设论证，它们分别是：清华大学量子信息前沿科学中心、北京大学纳光电子前沿科学中心、浙江大学脑与脑机融合前沿科学中心、四川大学疾病分子网络前沿科学中心、天津大学合成生物学前沿科学中心、同济大

---

* 本研究获得 2019 年度上海市软科学研究领域重点项目"前沿科学研究中心运作体制机制研究"的资助(项目编号 196921044500)。

作者简介：蔡三发，上海市产业创新生态系统研究中心副主任、同济大学发展规划部部长、高等教育研究所所长、联合国环境署—同济大学环境与可持续发展学院跨学科双聘责任教授。

学细胞干性与命运编辑前沿科学中心。

高校建设前沿科学中心对于提升高等学校科学研究与创新服务能力，加快推进教育现代化具有重要意义。而要实现前沿科学中心提出的建设目标，加强体制机制建设是关键环节，对于前沿科学中心的建设成功与否具有重要影响。因此，建议从以下几个方面加强体制机制建设，促进体制机制创新。

1. 加强管理体系建设

要按照有利于实现科研领域重大突破的原则建立相应的管理体系，完善管理委员会领导下的首席科学家负责制，实施实体化运作，同时设立相关的学术委员会、行政支撑机构，合理处理好高校统筹管理、首席科学家负责建设、学术委员会指导支持、行政机构有效支撑的关系，形成有效的治理体系与治理机制。

2. 加强科研组织模式建设

要聚焦具体领域，以问题为导向，围绕重大重点问题组织团队，形成有组织的科研体系；要加强团队建设，形成稳定性、体系性、持续性研究方向，争取实现从“0 到 1”的基础研究重大突破或者破解“卡脖子”技术难题。

3. 加强科教融合条件下的人才培养机制创新

高校前沿科学中心以科研为牵引，结合高校自身良好的人才培养优势，通过科教融合，有利于加强研究生尤其是博士研究生培养，既在前沿科学研究中培养人才，又通过人才培养促进了优秀青年人才参与前沿科学研究，增加了前沿科学中心的活力与创造力。

4. 加强人事体制机制改革

高校前沿科学中心要在高校中开辟一个“科研特区”，实施特殊的人事体制与机制。要建立固定与流动结合、专职与兼职结合、长聘与短聘结合的队伍建设机制，合理配置团队负责人、科研骨干、青年科研人员、博士后、研究生等人员，构建有利于吸引一流人才的人事体制机制。

5. 加强考核评价制度改革

要破除“五唯”，注重内涵式发展评价，以质量、水平、贡献、特色为考核要点；要注重长周期、多维度、过程性评价；要注重团队考核、分级考核，赋予中心首席科学家考核评价的自主权；要给予前沿科学中心特殊的职称评定体系设计与评定办法设计，更好激发科研人员的积极性。

6. 加强国际交流与合作机制建设

要鼓励前沿科学中心建立开放合作、开放创新、开放共享的国际交流与合作机制，与世界一流研究机构、研究学者建立长期合作关系，在合作与交流中吸引和集聚一流人才，促进协同创新。

7. 加强建立稳定支持与竞争相结合的资源聚集模式

要把前沿科学中心建设作为世界一流大学和一流学科建设的重要抓手，结合“双一流”建设规划布局，有效建立稳定支持与竞争相结合的资源聚集模式，汇聚整合各类创新资源，面向世界汇聚一流人才团队，促进学科深度交叉融合，以丰富的创新资源汇聚促进一流创新成果的产生。

8. 加强创新文化建设

要加强前沿科学中心创新文化建设，营造克服浮躁、潜心研究的文化氛围，鼓励科研人员树立“敢为天下先”“十年磨一剑”的创新精神，鼓励科研人员之间建立交叉融合、互相激发的合作机制，鼓励科研人员提高担当意识、责任意识和奉献意识。

通过前沿科学中心建设，希望到 21 世纪中叶，我国在高等学校建成一批引领世界学术发展的创新高地，在一些重要领域形成引领未来发展的新方向和新学科，培养出一批国际顶尖水平的科学大师，为建成科技强国和教育强国提供强大支撑。可以说，建设目标远大、使命光荣、任重道远，还需要高校进一步加强体制机制创新，更加深入地推进前沿科学中心的建设。

基础研究原创成果：形成、特征与生态要求

| 周文泳

2018 年 5 月，习近平总书记在两院院士大会上的重要讲话中指出："基础研究是整个科学体系的源头。要瞄准世界科技前沿，抓住大趋势，下好'先手棋'，打好基础、储备长远，甘于坐冷板凳，勇于做栽树人、挖井人，实现前瞻性基础研究、引领性原创成果重大突破，夯实世界科技强国建设的根基"。创造一大批引领世界的基础研究原创成果，是新时代赋予基础研究单位和科学家的重大使命。

首先，要遵循基础研究原创成果的形成规律。基础研究原创成果的形成，具有偶然性，是可遇而不可求的，即并非每个科学家辛勤付出，就一定能创造的。同时，它的形成也具有必然性，只要有一大批科学家在不同领域潜心问道，总是会有少数科学家能够取得基础研究原创成果。可见，基础研究原创成果的形成是偶然性与必然性的统一。

其次，要把握基础研究原创成果的基本特征。基础研究原创成果是科学家在常规逻辑推演的中断与飞跃。对自由探索型基础研究原创成果而言，越是颠覆性的原创成果的价值，越是需要经受时间和历史的检验，越是不易被同时代同行和学术权威认可，如诺奖获得者常爆出冷门、原创成果发表经常会被核心期刊拒稿。前瞻性基础研究原创成果是建立在现有成果预见基础上形成的，研究目标相对比较明确，适合开展有组织的基础研究，集中力量有可能实现在较短时间里加以突破，也比较容易被同时代同行和学术权威的认同。

最后，要营造符合产生原创成果要求的基础研究生态。一是需要有潜心问道的基础研究人才队伍。"道者同于道，道亦乐得之"；只有淡泊名利的有情怀的科研人才，才能接近并认识客观规律，创造重大基础研究原创成果；由于很难得到同时代同行的认可，创造重大颠覆性基础研究原创成果的科学家，往往是孤独

作者简介：周文泳，上海市产业创新生态系统研究中心副主任、同济大学经济与管理学院教授、同济大学科研管理研究室副主任。

的。二是要营造潜心问道的学术环境。功名利禄，会让部分科研人才逐渐偏离认识客观规律的初心；淡化各类短期科研评价，彻底清理“简单量化”的基层考核方式，有助于有情怀的科研人才潜心问道。三是要提供潜心问道的工作条件。“安得广厦千万间，大庇天下寒士俱欢颜”。要让潜心问道的科研人员探索规律，不仅需要提供必要的福利待遇保障其生活，也需要提供良好的实验条件，还需要提供必要的开展学术交流、成果发表等方面经费支持。

破除“五唯”，提倡长周期、多维度与过程性人才评价

| 蔡三发

2018 年 11 月，教育部办公厅印发《关于开展清理“唯论文、唯帽子、唯职称、唯学历、唯奖项”专项行动的通知》，决定在各有关高校开展“唯论文、唯帽子、唯职称、唯学历、唯奖项”（以下简称“五唯”）清理。“五唯”问题由来已久，是高等教育界多年来讨论与诟病较多的话题。破除“五唯”，改进高校的科研评价和人才评价，对于实现高校内涵式发展意义重大。

一、“五唯”问题的主要根源在于“唯排名”和“唯指标”

关于大学排名，习近平总书记有过精彩的论述，他说：“办大学，最重要的是人们心中的声誉，是自己的底蕴，是自己的积累。这是需要长期积淀之后在人们心中形成的。现在国际上和国内都有不少高校排名，这个排名可以看看，但不能过度依赖。靠几个数据，是说明不了一个大学是怎么样的。”

大学排行榜可以让大学了解自身在一些可比性指标方面的表现与不足，具有一定的参考价值，但是这些指标绝对不能反映出一所一流大学的综合水平、引领性贡献、个性及特色。如果按照大学排行榜的指标体系进行建设，东施效颦般地进行模仿，这样的大学是没有特色的，同时也是无法建设成为真正意义上的世界一流大学。然而，一段时期以来，不少大学却主动或者被动地受到各类大学排行榜的影响，按照排名以及与排名相关的指标推动大学的建设与发展，进而影响广大高校教职员工比较功利性地去追求“论文、帽子、职称、学历、奖项”等具体指标。由此可见，“五唯”问题的和政府评价、社会评价、大学自身评价的指挥棒高度相关，其主要的根源就在于这些指挥棒中有许多“唯排名”和“唯指标”的做法或倾向。

作者简介：蔡三发，上海市产业创新生态系统研究中心副主任、同济大学发展规划部部长、高等教育研究所所长、联合国环境署—同济大学环境与可持续发展学院跨学科双聘责任教授。

二、破除“五唯”需要高校坚持内涵式发展导向

党的十八大提出“推动高等教育内涵式发展”，党的十九大进一步提出“加快一流大学和一流学科建设，实现高等教育内涵式发展。”党中央、国务院对一流大学和一流学科建设寄予厚望，希望通过一流大学和一流学科建设提升我国教育发展水平、增强国家核心竞争力、奠定长远发展基础，实现内涵式发展，真正起到对我国高等教育发展的引领作用。

因此，高校要认真学习和领会“中国特色、世界一流”的核心要求，按照习近平总书记提出的“遵循教育规律，扎根中国大地办大学”的指示精神，坚持内涵式发展导向，不断改革创新，探索符合我国国情及各有关高校实际情况的特色发展道路，努力从特色走向一流。坚持内涵式发展导向，就要坚持高等教育的初心，反对“唯排名”和“唯指标”，有效破除“五唯”，更加注重高校的内涵和质量，更加注重精细发展、特色发展和创新发展，更多着眼于培养出优秀的人才、产出前沿的研究成果、开展有效的知识与技术转移。

三、破除“五唯”应该提倡长周期、多维度与过程性人才评价

破除“五唯”，坚持高校的内涵式发展发展导向，就需要在高校的师生员工中建立科学、合理、分类的评价体系，实施科学、有效的评价方法，更好地促进师生员工人人成才，充分发挥作用，加快一流大学和一流学科建设。

一是应该提倡长周期的人才评价。高校人才作用的发挥是长时期与连续性的，同时高校优秀的人才培养与重大的原始创新突破往往需要较长的周期。因此，提倡长周期人才评价，减少过多和过短周期的评价势在必行。长周期评价有利于高校师生员工回归大学之道，不“唯指标”，不急功近利，潜心学问，真正培养优秀人才、产出创新成果。

二是应该提倡多维度的人才评价。高校是一个复杂的系统，师生员工类别多样，学校的职能与任务多元。同时，高校师生员工的个体又各不相同，特长与优势各不相同，在教学、科研、社会服务等各项工作中能发挥的作用也各不相同。因此，多维度地开展高校的人才评价，不求全责备，而是发挥不同人才的不同特长与优势，取长补短，可以形成学校的整体优势和特色。

三是应该提倡过程性的人才评价。提倡过程性评价不是不注重结果，而是更关注人才的使用过程，及时追踪人才的发展及作用发挥情况，按照高校对相关

人才的定位及目标，及时肯定其取得的成绩，指出需要进一步改进的地方。在高校中，师生员工是一个学术共同体，运用现代信息技术及大数据等方法辅助，可以相对方便地从多维度对人才开展过程性评价，这样的评价不是结果性评价，更多的是在必要的时候鼓励和促进人才相关工作改进与加强，更好地促进人才成长与发挥作用。

科技成果转化制度改革：既要分粮也要分田

| 常旭华

科技成果转化是我国创新型国家建设的重要一环，尤其随着中美科技战争愈演愈烈，科技成果转化意义更加凸显。自 2015 年以来，我国陆续颁布了《促进科技成果转化法》《实施〈促进科技成果转法〉若干规定》《促进科技成果转移转化行动方案》的“科技成果转化三部曲”。然而，科技成果转化是一个多主体参与、多目标共存的复杂经济和技术过程。单纯的经济激励并不能完全激发各类主体的参与动力，为此，国家也正着力探索科技成果转化产权制度改革，既分粮也分田，力图通过事前产权激励的方式进一步促进科技成果转化。

一、“分田”的制度进展

2016 年，中共中央办公厅、国务院办公厅印发《关于实行以增加知识价值为导向分配政策的若干意见》，首次提出“探索赋予科研人员科技成果所有权或长期使用权”。2017 年全国两会期间，61 位四川代表团代表基于西南交通大学的职务科技成果混合所有制探索，联名提案“关于修改《中华人民共和国专利法》第 6 条促进科技成果转化的议案”，建议“全国人民代表大会常务委员会通过改革试点授予在四川或八大全面创新改革试验区内暂停适用《专利法》”，同时建议“尽快修改《专利法》第 6 条及相关法律法规”。2018 年 3 月，李克强在十三届全国人大一次会议的政府工作报告中提出“探索赋予科研人员科技成果所有权和长期使用权”。李克强的报告将“或”改成“和”，表明中央政府对推进科技成果产权制度改革持积极肯定态度。

2018 年底，《国务院办公厅关于推广第二批支持创新相关改革举措的通知》（国办发〔2018〕126 号）正式提出在 8 个改革试验区“赋予科研人员一定比例的

作者简介：常旭华，上海市产业创新生态系统研究中心研究员，同济大学上海国际知识产权学院副教授。

职务科技成果所有权,将事后科技成果转化收益奖励,前置为事前国有知识产权所有权奖励,以产权形式激发职务发明人从事科技成果转化的重要动力”。

2018 年 12 月通过《中华人民共和国专利法修正案(草案)》第六条增加了科技成果转化条款,进一步明确了单位处置权,提出“单位对职务发明创造申请专利的权利和专利权可以依法处置,实行产权激励,采取股权、期权、分红等方式,使发明人或者设计人合理分享创新收益,促进相关发明创造的实施和运用”。

可以判断,科技成果转化“分粮又分田”已是未来科技成果产权改革的大方向。下一步需要重点明确“分田”的实施方案。

二、域外国家的“分田”制度设计

自 20 世纪 70 年代全球性石油危机以来,世界各国均认识到高校科技成果转化的重要意义。1980 年,美国率先推出《拜杜法》,统一了财政资助发明的专利政策,取得了非常辉煌的成绩,并引得世界各国纷纷效仿。

科技成果的产权归属大体可分为“国家所有”“单位所有”“个人所有”三类。从全球范围来看,“单位所有”是主流。过去 40 年来,以美国、英国为代表的英美法系国家不断从“国家所有”转向“单位所有”,以德国为代表的大陆法系国家则从“个人所有”转向“单位所有”。受所有制经济影响,我国长期以来实施“国家所有”或“国家实质所有,单位代持”,近年来正逐渐转向“单位所有为主,个人所有为辅”的权利配置。具体如表 1 所列。具体到权利配置,美国的科技成果权利分配状况如附表 2 所列。

表 1　美、日、德、中财政资助发明中国家、单位、个人的权利分配制度

权利	具体内容
所有权	科研人员是职务科技成果原始权利人,但形成专利前需签署《职务发明预先转让协议》,转让给所在单位,一般不与单位共有
使用权	在被许可人或受让人承诺在美国进行实质性制造的前提下(美国产业优先原则),单位提供长期使用权(独占权),鼓励科研人员利用其创办衍生企业[2]
审批权	《拜杜法》规定:对于非营利组织,未经联邦政府批准,禁止在美国转让项目发明的权利,除非转让给专职管理发明的组织
普通许可	《拜杜法》规定:联邦机构享有非独占的、不可转让的、不可撤销的无偿使用权,特别情况下,联邦机构拥有向第三方许可的权利。该普通许可必须在美国专利商标局登记备案

表 2　美国财政资助科技成果的权利分配状况

权利	具体内容
所有权	科研人员是职务科技成果原始权利人，但形成专利前需签署《职务发明预先转让协议》，转让给所在单位，一般不与单位共有
使用权	在被许可人或受让人承诺在美国进行实质性制造的前提下（美国产业优先原则），单位提供长期使用权（独占权），鼓励科研人员利用其创办衍生企业[3]
审批权	《拜杜法》规定：对于非营利组织，未经联邦政府批准，禁止在美国转让项目发明的权利，除非转让给专职管理发明的组织
普通许可	《拜杜法》规定：联邦机构享有非独占的、不可转让的、不可撤销的无偿使用权，特别情况下，联邦机构拥有向第三方许可的权利。该普通许可必须在美国专利商标局登记备案

与美国、日本、德国相比，我国总体借鉴的是美国模式，但具体实施路径却较为混乱。具体表现在以下几个方面。

（1）我国《专利法》通过“职务发明判断”来分配发明原始权利，直接跳过类似美国的“职务发明预先转让协议”（即“个人→单位”让渡程序），导致放权过程中始终无法回避国有资产相关法律的限制，放权很难彻底。

（2）我国同时在“单位”和“个人”层面放权。这就导致“国家→单位”和“单位→个人”同时操作，在此过程中，如何正确理解“赋予科研人员科技成果所有权和长期使用权”的准确内涵，以及由谁、以什么标准选择“赋予所有权”还是“赋予长期使用权”，目前均无明确答案。

（3）美国在充分放权的同时，始终坚持“美国优先”原则。科技成果转移转化不损害美国国家利益、国家安全及社会公共利益等，为此，《拜杜法》设置了发明报告制度和介入权制度，具体如表 2 所列。而我国尚未建立起严格的发明报告制度和介入权制度。

三、政策建议

（一）建立完备的科技成果权利配置制度

在符合国家安全、国家利益的前提下，建立科技成果权利分配制度。政府部门享有强制许可权、介入权、“下放权利”的权利；单位拥有相对独立的所有权和权属转让审批权，以及由此衍生出的收益权、使用权、处置权；个人享有成果转化后的报酬权、单位有条件授予的长期使用权或所有权。

（二）赋予科研人员科技成果所有权

我国应开展多元化的激励机制，通过产权分配激励科研人员实施科技成果转化。推进科技成果转化综合激励机制，事前产权激励和事后经济激励并重，允许单位与科研人员共有所有权，且科研人员享有优先购买高校持有剩余科技成果所有权的权利。单位持有的剩余科技成果所有权也可以交由科研人员统一管理与运营，实施对外许可、转让或作价投资。科研人员必须按所有权份额或合同约定向所在单位分配科技成果转化收益。建立与产权激励相配套的科技成果登记制度、财税制度、融资制度及容错机制等。

（三）赋予科研人员科技成果长期使用权

我国应通过“法定授权”或“单位自由裁量”明确界定“长期使用权”，包括其赋权过程、科研人员“持有”的权利内容和限制范围、再许可与转让程序等具体实施细则。对此，可以参考小岗村“集体土地所有权和经营权分离”的思路。赋予科研人员职务科技成果长期使用权，盘活存量科技成果。建立科研人员优先使用权制度，单位给予科研人员一定期限的可转让独占许可权，确保许可权利的唯一性、稳定性、长期性。明确持有长期使用权具有优先购买所有权的权利，减少科研人员权利使用过程的不确定性。鼓励科研人员创办企业实施长期使用权，或运用长期使用权作价投资与第三方创办新企业，允许成果转化成功实施后再按约定支付许可费。允许科研人员在许可期限内流转长期使用权，与第三方开展使用权交易。完善现有科技成果转化收益分配政策，明确“科研人员持有长期使用权或所有权”下与高校分享经济收益的政策体系，完善“单位→个人”和“个人→单位”的双向收益分配制度。

高校科教融合的若干问题思考

| 郭雅楠　周文泳

2016 年 5 月，习近平总书记在全国科技创新大会、两院院士大会、中国科协第九次全国代表大会上的讲话指出，“要完善创新人才培养模式，强化科学精神和创造性思维培养，加强科教融合、校企联合等模式，培养造就一大批熟悉市场运作、具备科技背景的创新创业人才，培养造就一大批青年科技人才。”对我国高校而言，科教融合是我国高校建设中国特色的世界一流大学的现实需求，也是培养符合党和国家建设事业所需人才的必然要求。

一、高校科教融合的若干因素

要实现我国高校科学研究和人才培养的深度融合，需要重点关注国家科教政策、高校科教制度安排和高校师生价值取向的有机统一。

首先，国家科教政策从顶层设计的层面把握着科教融合发展的总体方向。教育部和科技部等部门颁布的科技发展规划、高校发展意见、科技和教育评估政策等在宏观层面为高校科教融合提供条件保障。例如 2018 年 8 月颁布的《关于高等学校加快“双一流”建设的指导意见》中强调“建立科教融合、相互促进的协同培养机制，促进知识学习与科学研究、能力培养的有机结合”。由此可见，国家宏观政策为科教融合的建立与发展提供正确的方向指引与有力的制度保障。

其次，高校及院系科研系统和教学系统的制度安排(如科研和教学政策、人才评价方式、师生激励措施等)对贯彻和落实国家政策程度，关系到师生的价值取向，是高校科教融合程度的重要因素。高校及院系的主要职能是教学育人、科学研究以及服务社会，高校及院系的科教制度安排直接影响教师科教行为，直接关系科研与教学的融合程度。

作者简介：郭雅楠，同济大学经济与管理学院硕士研究生；周文泳，上海市产业创新生态系统研究中心副主任、同济大学大学经济与管理学院教授、同济大学科研管理研究室副主任。

最后，高校师生作为高校进行科教融合最直接的实施者，其价值取向直接决定科研与教学是相融相合还是背道而驰。如教师的职责之一便是教学育人，但现存的有些政策对教师的考核呈现“重科研，轻教学”的现象，个人本位主义使得部分教师往往会选择一条符合自身发展利益的途径而忽视教学育人的重要性，教师的价值取向在微观层面直接影响科学研究对教学育人的支撑作用。

二、高校科教融合的薄弱环节

从“洪堡理念”(教学与研究同时在大学进行，教授结合自身研究方向将科研与教学有机结合，学生自主选课、独立思考、与老师交流，由此形成的一种学术自由的大学理念)奠定了教学与科研共生共存的基础以来，各国不断探索现代大学的教育理念与培养模式，我国高校借鉴国外大学的典型模式将科教融合作为人才培养的方式之一。目前，我国高校科教融合存在如下三个方面的薄弱环节。

首先，利益主体之间的价值诉求冲突导致科研与教学存在背离的现象。国家为规范高校发展制定了高校评估体系并对大学进行排名，高校为了自身的发展需求和提高竞争力，往往会给申报重大课题项目、发表国际期刊论文等拥有高水平研究成果的教师给予奖励，教师的职称评定在很大程度上与其论文发表、项目申报挂钩，导致教师重视科学研究而忽略了教学育人，未能将科教融合落到实处。

最后，高校师生的动力不足问题影响着科教融合对人才培养的作用。如高校教师是实施科教融合的最主要力量，一个好的老师不仅做得好研究，还需培养好人才。现行的评价制度和奖励激励机制等加重了教师员工的科研负担，高校并未充分激发教师科教融合的原始动力。

再次，高校教学与科技资源分散运作使得科学研究对教学育人的支撑作用未充分表现。从人才培养的角度来看，将科技资源融入教学之中有助于培养学生的科研思维与创新能力。但在教学方面，科学研究的成果并未能充分融入课堂之中，高校内存在的“重科研轻教学”的倾向阻碍了科技资源与教学的相互协作。

三、高校科教融合的若干思路

科教融合是现代大学培养创新型高素质人才的重要教学模式，国家、高校及教师需共同努力促进科教融合朝着更好的方向发展。

首先，要优化国家层面的顶层设计，完善高校评价的指挥棒。国家相关部委作为科教政策的顶层设计者，国家相关部委需要形成政策合力，激发高校及院系实施科教融合的自觉性和主动性，为高校科教融合提供制度保障，尤其是需要完善高校科教评价指挥棒，引导高校评价机制、奖励机制、人才评价方式的非功利化发展，为高校及教师提供教学与科研协同共进的制度环境。

其次，要健全高校及院系的科教融合的激励和保障机制，激发高校师生投身科教融合的积极性。现阶段高校在激励和保障机制上进一步强化教学工作的重要性，彻底改善"重科研轻教学"的现象；高校及院系的激励机制需进一步强化师生科教融合的主动性和创造性，引导高校师生积极投身科教融合的实践活动。

最后，要促进教学与科研资源共享，提升高校资源配置效率。高校应充分发挥科研对教学的支持作用，将科学研究带入课堂以培养学生的创新思维；教师需培养学生的科研能力，尤其是需要加强对本科生科研思维的引导。高校、院系和教师都需充分利用所拥有的科教资源，促进教学与科研资源共享，发挥科教融合对人才培养的积极作用。

科技成果转化，首先要化解领导的审计顾虑

常旭华　陈　强　李　晓

高校院所的科技成果转化是一个创新链条复杂、利益诉求多元的技术和经济过程，需要高校院所、科研人员、企业的密切配合。然而，实践中我国高校院所领导常因国有资产保值增值要求带来的潜在审计风险，不愿主动介入科技成果权属转让。对此，财政部今年4月印发的《事业单位国有资产管理暂行办法》再次明确对高校院所科技成果转让定价不强制要求资产评估；上海最新的“科改25条”也提出“试点取消职务科技成果资产评估、备案管理程序，建立符合科技成果转化规律的国有技术类无形资产投资监管机制”，并设置了勤勉尽责机制。尽管这些规定均尝试一定程度上降低单位领导决策的审计顾虑，但其真正的效果仍有待观察。

一、领导的审计顾虑是什么？

概括而言，科技成果转化中，领导的审计顾虑来自财务层面和技术层面。

财务审计风险主要体现在成本价、交易价、评估价三者之间的弱相关性及可能存在的巨大差异。从全链条视角看，科技成果转化的财务管理应覆盖从科研项目立项到成果收益管理的整个过程，即科技成果成本计量→无形资产确认→无形资产处置和清查三大环节。现阶段，我国高校院所大都按“研发支出费用化”原则执行会计处理，科技成果研究阶段和开发阶段的摊销均未计入资产项，也未确认为无形资产。通过调研，高校院所采取这种方式主要基于以下三方面的考虑：①科研活动不确定性高，研究阶段与开发阶段的时点很难清晰划分，甚至存在研究与开发活动交错反复的情形，按专利申请等直接费用计量成本处理简单，且有《高等学校会计制度》的规定支持；②科研成果的研发资金通常来源于

作者简介：常旭华，上海市产业创新生态系统研究中心研究员，同济大学上海国际知识产权学院副教授；陈强，上海市产业创新生态系统研究中心执行主任，同济大学经济与管理学院教授；李晓，同济大学经济与管理学院硕士研究生。

国拨财政经费和单位自筹经费，只有利用单位自筹经费完成的适应性开发才会计入“资本化支出”项；③科技成果暂不确认为无形资产，也就暂时回避了后续复杂的资产折旧、摊销等财会处理。

尽管如此，这种财务处理方式存在两个不可忽视的问题：①不符合新的《政府会计准则第 4 号——无形资产》关于开发阶段支出的会计处理要求，科技成果计量成本显著低于实际支出，账实不符；②高校空挂科技成果，延迟确认为无形资产，待正式转化时才按评估价或协议价空做一笔科技成果入账无形资产的会计分录，这导致账面成本与转化收益完全一致，弱化了真实开发成本的“价值信号”，并带来潜在的财务审计风险。

尤其随着科技成果转化“三权下放”政策落实，单位主管部门和财政部对转让交易活动不再审批和备案。“权利下放”减少了政府背书，责任下沉。高校领导作为国有资产管理工作的第一责任人，需直接承担国有技术类无形资产流失的审计风险。因此，国资评估不是根本性问题，取消国资评估也并不意味着财务审计风险的自动消亡，相反，其很可能会继续间接干扰高校领导的决策，导致其基于“风险最小”而非“路径最优”做出成果转化决策。

技术审查风险包括三方面：①针对科技成果跨国/境转化开展前置审查，其目的是维护国家利益、国家安全、重大社会公共利益，以及遵守我国签署履行的国际公约，例如，《促进科技成果转化法》规定“国家鼓励科技成果首先在中国境内实施”的原则，若在境外实施转化需接受相应技术审查；②针对生物医学等新技术转化应用中的科学伦理、社会风险开展评估，例如，根据《人类遗传资源管理暂行办法》的规定，科技部对药明康德、复旦大学华山医院、华大基因等 6 家单位未经许可私自出口遗传资源实施了严厉的行政处罚；③控制科技成果的权利流失，我国科研院所、机关团体因未交专利年费而被终止的专利数占其专利总数的比例高达 93%，这表明严格管控高校院所的专利权流失已迫在眉睫。

当前，我国关于科技成果转化审计风险的现实担忧更多集中在财务层面，忽视了技术审查。反观美国，《拜杜法》的审查条款只有“美国国家利益”和“美国产业优先”，并不涉及微观层面的技术交易和财务处理。中美审计视角的差异反映出两个问题：①我国程序性制度不健全，如《关于加快建立国家科技报告制度的指导意见》未对专利维持和应用的报告情况做出详细规定，国家知识产权局的专利申请系统未针对财政资助项目形成的专利设立信息披露制度；②我国未从国家全局利益层面考虑科技成果转化议题，而更多地将目光锁定在国资与非国资之间的潜在利益输送问题上。

二、如何化解领导的审计顾虑？

科技成果转化交易不确定性高，为化解可能存在的审计风险，高校院所领导应坚持以下原则：①加强内控制度建设，确保程序性管理合法合规；②通过规范的财务制度控制不确定的财务风险，通过高质量专利培育控制权利流失。具体建议如下：

在财务审计层面，高校院所应严格按照《政府会计准则第 4 号——无形资产》要求，围绕入账成本、成交价两个财务时点执行规范完备的财务流程。

在无形资产计量环节，高校院所可优先聚焦具有明确技术研发导向的重大项目，明确项目进入开发阶段的时点，合理归集该时点至项目达到预定用途前所发生的支出总额，按审慎客观原则合理分配"资本化支出"，在开发成本上客观反映科技成果的高投入性；在无形资产确认环节，高校财务部门应与资产部门配合，按统一的确认标准将知识产权计入"无形资产"项，对未确认为无形资产的科技成果应说明理由，以备后续的资产盘点和审计清查；在技术交易环节，应根据转让、许可、入股等不同转化模式的特点做好结转或核销处理。

除此之外，在财务管理体系上，高校院所针对国有知识产权应打通"财务管理—资产管理—价值管理"部门隔断，加强信息交换，建立内部的关联交易和利益冲突管控机制。

在技术审查层面，高校院所应按照《科学技术进步法》（2007 年）、《专利法》（2008 年）、《促进科技成果转化法》（2015 年）、《教育部关于规范和加强直属高校国有资产管理的若干意见》（2017）、《技术进出口管理条例》（2019 修订）等规定，重点加强对"国家安全和利益优先""本国产业优先实施""科技应用中的伦理问题"的审查。

只有通过明确、清晰的财务审计和技术审查，才能彻底化解领导在科技成果转化活动中的审计顾虑，做出最符合实际情况的决策判断。

切莫让劣质专利迷惑了双眼

| 邵鲁宁

2018 年 11 月 29 日，美国专利商标局（USPTO）公布了其《2018 至 2022 年战略规划》。该规划阐述了 USPTO 所制定的如下战略目标：优化专利质量与时效性（表 1）；优化商标质量与时效性；通过强化国内和国际领导力来提高全球范围知识产权政策的制定、实施以及保护。该项规划从政府管理部门的角度要求通过高质量和时效性检查、评审流程来识别和保护知识产权成果，特别强调被授权专利的可靠性和高质量的商标检查，以促进权力持有者和公众在进行发明和投资的时候对专利授权和商标注册有充分信任。这是美国政府管理部门从公共事务管理的角度来强化提升专利质量，实现国内和国际领导力的一项新规划，预计未来将有一系列具体的操作性规定陆续出台。

这方面，我国也开始重视和进行相应的部署。2017 年党的十九大首次提出"高质量发展"，国家知识产权局研究新形势下深入实施专利质量提升工程，进一步提高专利质量的政策措施。未来世界各国在高新技术领域的竞争也会更加激烈，对于我们落后追赶中的经济体而言，仅仅从管理部门单方面一厢情愿的拉动还是不足的，创新的各个主体如何激发内生性高质量发展的动力，促进高水平成果的产出，才是最有效和最广泛的源动力。

那么，中国专利的整体水平现状如何？根据世界知识产权组织发布的数据，2017 年全球共有 317 万个专利申请，其中，中国受理了 138 万个专利申请，远远超过美国（60 万件），占全球总量的 43.5%。但是，从国际专利数量看，2017 年全球的发明者共提交了 24.35 万件 PCT 申请（根据 WIPO《专利合作条约》的规定，专利申请人可单独提交一份 PCT 国际申请来在许多经济体为其发明寻求保护），中国内地的 PCT 申请量在全球排名第二（4.89 万件），次于美国的申请量

作者简介：邵鲁宁，上海市产业创新生态系统研究中心副主任，同济大学经济与管理学院创新与战略系教师；鸣谢对本文做出贡献的同济大学博士研究生刘冉、上海大学博士研究生李展儒。

(56 680 件),高于紧随其后的日本(48 206 件)、德国(18 948 件)以及韩国(15 752 件)。代表更高水平的发达国家市场共同专利数量看,根据 OECD 的数据统计 2015 年全球的三方同族专利(来自于欧洲专利局、日本专利局、美国专利与商标局保护同一发明的一组专利)数量 55 684.89 件,全球仅有 9 个国家的三方同族专利数量超过千件。其中,日本和美国的三方同族专利数量超过了万件,分别达到 17 360.86 件和 14 886.27 件,排名后面七位的分别是德国(4 454.71 件),中国(2 889.33 件),韩国(2 703.29),法国(2 578.39),英国、瑞士和荷兰 2015 年也均在千件以上。以上数据显示,中国的创新成果产出效率和质量还有很大的提升空间。

探求专利质量提升的首要前提是要明确什么是高质量的专利,即对"专利质量"的概念进行界定,把握专利质量的基本构成要素,或需要达到怎样的标准,在此基础上才能进一步地探讨专利质量提升的路径。然而目前国内外对于专利质量尚无统一定义。国内外对专利质量的界定主要从专利审查、法律、技术、经济四个方面来进行。比如,根据 Burke 和 Reitzig(2007)的观点,专利审查质量是指专利局依照专利授权的技术质量标准对专利做出的一致性分类,即经审查授权的专利符合法律要求的程度。基于专利技术进步的重要程度,诸多学者将专利引用次数作为专利质量的代理变量,研究表明,专利的被引证数越多,表示该技术的先进性和影响力越强,其质量或重要性越高(Boeing 和 Mueller, 2016; Fisch 等,2017)。

对于企业的研发投入而言,什么是高水平的产出?什么是高质量的专利?同济大学经济与管理学院尤建新教授在"2018 发展与管理"论坛指出,企业的专利在技术进步以及市场转让过程中所显示的价值特征体现了其产品属性。专利是一种逻辑产品,具有无形性,它是研发人员智慧的结晶,以文档的形式存在,往往可以映射于某一特定产品或其制造方法可实现的市场价值。专利不存在实体,不具有原材料属性,只能在开发、申请、授权和应用过程中通过一系列活动来辨别质量的高低,但是专利具有使用价值,且专利的排他性决定了专利的使用权只属于专利权人。

企业专利是企业研发活动的一种产品,基于其使用价值和可转让性,从产品的视角认为,专利质量是指专利在形成过程中满足其质量属性和专利权人使用价值的属性组合的程度。专利的质量特性包括功能性(功能性、可靠性)、经济性(效率性、可移植性)、稳定性(可靠性、安全性),同时兼有文本质量特性。具体解释为:企业专利在提供完整清楚的技术方案和合理保护诉求的基础上,是否满足专利审查和专利申请人的功能要求,是否新颖、是否创新和是否有实用价值,是否可以为专利权人收回研发成本并产生净收益,是否可以为他人利用并带来商业回报,是否可以在相对较长的时间内保持法律上的有效性和商业上的价值水平等一系列质量特性的综合体现。

2017 年格力、美的、奥克斯等都卷入空调专利大战,几大空调巨头之间的专利诉讼案达数十件。但是最终根据国家知识产权局专利复审委员会的多项审查决定,超过 60%的涉案专利被宣布无效。那么,我们不禁要问,企业拿到专利授权的时候就可以证明这是高水平产出吗?就可以以此获得各种奖励吗?既然被授权的专利还在保护期,为什么就突然死亡了呢?当时专利产生、申请、审查、授权、实施是否有致命缺陷呢?在真实的商业竞争中,如果无法保护企业的市场地位甚至市场合法性,那些所谓的专利还有什么价值呢?

在我们还有超过 100 万项待审核的专利申请中,如何沙里淘金,如何去伪存真,不仅仅是政府管理部门的责任,更是所有创新企业要努力去实现的,否则即使拿到一纸文书,也可能仅仅是竹篮打水一场空,对于投资人来说就是南柯一梦。

表 1 美国专利商标局(USPTO)《2018 至 2022 年战略规划》战略目标之一的“优化专利质量与时效性”被分解为以下四个子目标加以落实

子目标 1: 优化专利申请期间	子目标 2: 授权更可靠的专利	子目标 3: 通过事务效率提升促进创新培育	子目标 4: 加强专利审判和上诉委员会的运作
A 优化期间和检查时间表	A 提高审查员的能力以保证审查期间最好的技术能力	A 提高专利相关人的体验	A 及时解决上诉和当事人之间的事宜
B 调整审查能力与申请的工作量相匹配	B 改进技术和法律培训的内容、交付和及时性,以实现更可预测的结果	B 优化专利系统内部用户的信息技术工具的开发和交付,以确保他们拥有进行全面检索和审查所需的工具	B 在可行和适当的情况下简化程序和标准,以确保平衡和可预测性
C 借鉴国际成果加速工作效率	C 使用专利质量数据识别需要改进的方面,以实现更一致的结果	C 增强专利系统外部用户接入 IT 界面可行性	C 强调整体书面质量,良好支持申请和意见的推理,以及决策一致性

（续表）

子目标 1：优化专利申请期间	子目标 2：授权更可靠的专利	子目标 3：通过事务效率提升促进创新培育	子目标 4：加强专利审判和上诉委员会的运作
D 识别并提供额外的诉讼选项	D 重新定义生产标准以实现高质量专利的期望和目标	D 改进对国内和国际专利申请文件的可搜索访问路径，包括对现有技术和办公规范的搜索	D 增加内部和外部参与专利审判和上诉委员会的工作，以促进相互理解
	E 提高质量指标的透明度和沟通	E 全国范围内招募和吸引相关人才	E 开发和增强工具以提高透明度并增加对业务数据的使用
		F 记录并标准化最佳实践以促进后续规划	F 全国范围内招募和吸引相关人才
		G 协调整个专利组织的外展工作，并评估这些努力对专利生态系统的影响	

参考文献

[1] Paul F. Burke, Markus Reitzig, Measuring patent assessment quality—Analyzing the degree and kind of (in)consistency in patent offices' decision making, Research Policy, Volume 36, Issue 9, 2007, Pages 1404-1430.

[2] Philipp Boeing, Elisabeth Mueller, Measuring patent quality in cross-country comparison, Economics Letters, Volume 149, 2016, Pages 145-147.

[3] Fisch C, Sandner P, Regner L. (2017). The value of Chinese patents: An empirical investigation of citation lags. China Economic Review, 45:22-34.

低质量专利的根源在市场生态不良

| 任声策　尤建新

专利质量问题是困扰各国知识产权部门的焦点问题之一。美国、欧盟等国家和地区的专利质量也不断受到质疑。因此，美国专利商标局（USPTO）在2018年底公布的《2018至2022年战略规划》中，第一个战略目标就是优化专利质量与时效性，希望提升专利质量。解决专利质量问题首先需要明确专利质量内涵。在2017年举行的WIPO专利法常设委员会会议上，有一份汇编"专利质量"内涵理解的文件，将"专利质量"的内涵分为三个层次：第一层次是基于专利本身的专利质量；第二层次是基于专利授权过程的质量；第三层次是基于专利市场价值的质量。欧亚专利局（EAPO）认为，专利质量对不同利益相关方的意义是不同的，从社会公众利益的角度看，专利质量意味着专利的权利保护范围与发明对现有技术的贡献。日本特许厅(JPO)认为，"高质量专利"必须满足"专利申请在授权后难以被无效"，"专利权的权利保护范围与其公开内容和技术创新水平相匹配"，"以及专利在世界范围内获得认可"三个要素。目前，相对模糊且不一致的专利概念尚难以支持专利质量问题的深入解决。

我国专利也进入了必须重视质量的关键时刻。我国在2008年发布了《国家知识产权战略纲要》，通过实施知识产权战略，我国知识产权创造、保护、运用、管理水平全面提升，为经济社会发展提供了强力支撑。根据世界知识产权组织发布的数据，2017年全球共有317万件发明专利申请，其中，中国受理了138万件，远远超过美国(60.7万件)，占全球总量的43.5%。但是，2017年全球发明人共提交了24.35万件PCT申请，中国内地的PCT申请量在全球排名第二(4.89万件)，低于美国的申请量(56 680件)。而OECD统计2015年全球三方同族专利（同时向欧洲专利局、日本专利局、美国专利与商标局提出申请的专利）数量

作者简介，任声策，上海市产业创新生态系统研究中心研究员，同济大学上海国际知识产权学院教授；尤建新，上海市产业创新生态系统研究中心总顾问，同济大学经济与管理学院教授。

55 684.89 件，其中，日本和美国的三方同族专利数量超过了万件，分别达到17 360.86件和 14 886.27 件，中国(2 889.33 件)位于德国(4 454.71 件)之后排第四。但上述数据也表明，我国专利数量庞大，专利质量与数量不匹配。而且，相对美国、德国、日本等国家，我国的专利质量形势更加严峻。大量低质量专利申请或授权无疑会导致大量资源的浪费或误配。

因此，我国已着手提升专利质量问题，但是成效尚待评估。我国已注意到专利质量问题的严峻性，2014 年底，国务院印发的《深入实施国家知识产权战略行动计划(2014—2020 年)》提出专利“量增质更优”目标，2015 年底《国务院关于新形势下加快知识产权强国建设的若干意见》进一步明确，要提升知识产权附加值和国际影响力，实施专利质量提升工程。2016 年，国务院印发的《“十三五”国家知识产权保护和运用规划》中，也提出要“提高专利质量效益”，并将“专利质量提升工程”列为四大工程之一，做出了更加具体的部署安排。2014 年，国家知识产权局出台《关于进一步提高专利申请质量的若干意见》，逐步在地方专利工作评价中提高专利质量导向，开展专利资助政策调整、控制非正常申请、提升审查能力和加强质量监督，通过《专利质量提升工程实施方案》《关于规范专利申请行为的若干规定》《关于专利申请相关政策专项督查的通知》《关于进一步做好 2018 年专利质量提升工作的通知》以及修订《专利代理条例》等一系列有针对性的措施，多策并举提升专利质量。但 2018 年我国中国发明专利申请量为 154.2 万件，依然令人担忧对数量的盲目追求而忽视质量，专利质量提升工程能够带来的总体效果也令人生疑。

提升专利质量必须系统把握专利质量的影响因素。现有研究关于专利质量影响因素也从多种视角提出了不同见解。例如，Sampat(2005)认为，专利质量的关键影响因素在于申请者与审查者对先前技术的认知程度。Lemley 和 Shapiso(2005)认为，企业用大量的专利构筑专利“防火墙”去保护其中 1～2 个高质量的专利，这是导致专利数量上涨之后其质量却相对下降的重要原因。Wagner(2009)指出，低质量的专利产生原因包含三个主要因素：专利权人、专利局及创新型公司。刘洋、温珂、郭剑(2012)认为，现阶段影响我国专利质量的因素为专利申请质量、专利保护力度。马翔、张春博等(2018)指出专利代理机构对专利质量的优劣有着重大的影响。综合可见，专利质量取决于专利链各直接或间接行为主体的工作质量。这些行为主体的行为则受到深层次因素的影响，所以影响专利质量的各种因素是分层次的，必须系统把握并挖掘其中的根源。

我国专利质量低的根源在市场生态。通过深入剖析我国专利质量成因，可以发现我国专利质量低的根源在于市场生态，即专利创造、申请和授权以及运用、保护相关主体及其市场环境及创新生态。市场生态的关键是市场主体及其互动、互动中形成的规范和规则，包括竞争合作、管制、资源配置以及相关政策等，其中的竞争生态和创新生态从根本上决定了我国专利质量生态水平。我国专利质量总体水平低，根源一是竞争生态的健康度不高，根源二是创新生态健康度较低。竞争生态的健康度不高，体现在企业市场竞争导向依然不足，业务发展依然大量依赖非市场手段，公平竞争环境、社会信用体系仍待继续完善，这将导致企业创新导向较弱，专利创造水平低，专利申请动机异化。创新生态健康度较低则主要体现在我国创新体制机制中的不足，导致创新主体动机扭曲，特别是对企业、科研人员和科研机构、甚至各级政府的创新评价机制，部分已引起国家高度重视，例如去“四唯”已提上行动日程，另外相关专利政策效应的异化也起到推波助澜作用，未能适时调整或退出。

综上可见，提升我国专利质量的根本途径在持续优化市场生态，健康的市场生态是健康的专利质量生态的保障，而健康的市场生态建设着力点则在于培育健康的竞争生态和健康的创新生态。培育健康的竞争生态重点需要塑造公平竞争环境、完善社会信用体系；培育健康的创新生态重点需要变革对各类创新主体的评价体系及适时调整相关政策。

参考文献

[1] Wagner, R. P. Understanding patent-quality mechanisms[J]. University of Pennsylvania Law Review, 2009, (157): 2135-2173.

[2] 刘洋，温珂，郭剑.基于过程管理的中国专利质量影响因素分析[J].科研管理，2012，33(12):104-109.

[3] 马翔，张春博，杨阳，等.专利代理机构对专利质量的影响研究——基于对 1997 年发明专利整个保护期的追踪[J].情报杂志，2019，38(02):88-94+175.

从科技成果到发明专利，我国高校如何严把质量关？

常旭华

自我国实施创新驱动发展战略以来，中央和地方政府出台了大量的科技成果转化促进政策，从下放职务科技成果所有权、重奖科研人员、减免科技成果转化税收、简化国有无形资产评估等方面着手，力图彻底扭转我国高校科技成果转化不力的局面。这些利好政策的实施前提是高校科技成果具备一定的可转化价值，能够实现产业化并创造显著的经济社会效益。然而，实际情况并非如此，高校成果质量相对较高，专利质量普遍偏低已是不争事实。部分专家甚至认为这是我国科技成果转化不力的最根本原因，要求提升专利质量的呼声也日益强烈。的确，如果任由高价值成果转变为低价值专利，并进入技术转移通道，不仅造成科技成果流失，还可能诱发高校成果转化市场“劣币驱逐良币”的恶性循环。基于此，在以专利转移为主的高校科技成果转化过程中，首先要严格管控从科技成果到发明专利的转换过程。

从国外高校经验看，科研人员披露的科技成果并不必然形成发明专利，其中需要经历两关：①高校 TTO(Technology Transfer Office)开展的专利申请价值评估和市场价值评估，以斯坦福大学、麻省理工学院等著名大学为例，只有约50%的科技成果披露获得专利申请的机会；②为可能具备商业价值的科技成果申请 12 个月的临时保护，TTO 可利用这段时间寻找潜在商业合作伙伴，若失败也可放弃正式的专利申请(临时申请可以不包括权利要求，不审查不公开，不必担心技术信息过多外泄)。通过这两个环节的控制，美国高校严格控制了科技成果到专利的转换过程。反观我国，尽管国家层面多次开展专利质量提升工程，但高校院所组织层面尚未制定从科技成果到发明专利的管控机制。究其原因，以数量为核心的绩效评价体系导向使得科技计划主管部门、高校院所及科研人员

作者简介：常旭华，上海市产业创新生态系统研究中心研究员，同济大学上海国际知识产权学院副教授。

在专利申请方面结成利益共同体，都不愿承担因质量控制带来的数量衰减后果。

笔者认为，高校院所应切实承担起发明专利质量监管职责，设置他证和自证相结合的科技成果质量审查机制。具体而言，一是根据发明专利授权率、科技成果转化数量等历史数据设置抽查率，随机抽查科研人员的成果披露，及时剔除不符合专利申请条件的科技成果，对抽查发现质量较高的成果予以高价值标签，重点开展专利申请工作，对未抽查到的科技成果则给予未审查标签，对外明示成果质量存在不确定性。二是鼓励科研人员主动向 TTO 提出质量评估申请，自证科技成果的高转化价值。三是高校院所应充分授予 TTO 专利申请管理权限，没有 TTO 的批准，任何专利申请费用不得通过单位财务报销。在这种信号机制下，高校院所早期的成果质量审查人力成本会很高；但随着质量审查信号的加强，科研人员披露低价值科技成果的可获得利益将逐渐变小，审查成本会随之降低，最终达到平衡。

通过以上的信号机制，高校院所对内发出了专利质量控制信号，可迫使科研人员不再主观故意申请低价值专利，间接提高了科研人员披露高价值发明的意愿，以及可以享受到的 TTO 专业服务；对外发出了科技成果质量保证信号，有利于提高科技成果交易价格，极大改善高校院所的成果转化声誉，促进科技成果转化事业的良性发展。

科技成果混合所有制改革应关注权利配置问题

常旭华　陈　强

近年来，关于财政资助科研项目形成的科技成果权利配置制度有待进一步优化业已达成共识。我国一方面通过“科技成果转化三部曲”继续完善中国版“拜杜规则”，通过“取消审批和备案”强化单位实施科技成果转化的法人自主权，通过《关于实行以增加知识价值为导向分配政策的若干意见》构建对科研人员的中长期激励机制；另一方面正着手修订《专利法》，部分地方政府也已出台了《北京市促进科技成果转化条例(草案送审稿)》〔2019〕，探索职务科技成果混合所有制改革。因此，关于财政资助科技成果的权利配置，如何从权益平衡视角出发，构建国家、单位、个人的权利配置体系，解决科技成果转化各利益攸关方的动力机制问题，是新一轮科技体制机制改革的重中之重。

一、职务科技成果有哪些权利?

我国财政资助科研项目形成的发明创造大都以专利形式体现，首先需要满足《专利法》相关规定。因此，从发明创造本身看，首先需要优先明确“单位—个人”之间的权利关系，具体权利形式包括以下四类。

所有权/持有权。第 6 条:(1)申请被批准后，全民所有制单位申请的，专利权归该单位持有;(2)集体所有制单位或者个人申请的，专利权归该单位或者个人所有;(3)专利权的所有人和持有人统称专利权人。

转让审批权。第 10 条:全民所有制单位转让专利申请权或者专利权的，必须经上级主管机关批准。

实施权。第 14 条:国务院有关主管部门和省、自治区、直辖市人民政府根据

作者简介:常旭华，上海市产业创新生态系统研究中心研究员，同济大学上海国际知识产权学院副教授;陈强，上海市产业创新生态系统研究中心执行主任、同济大学经济与管理学院教授。

国家计划，有权决定本系统内或者所管辖的全民所有制单位持有的重要发明创造专利允许指定的单位实施。

奖励和报酬权。第 16 条：被授予专利权的单位应当对职务发明创造的发明人或者设计人给予奖励；发明创造专利实施后，根据其推广应用的范围和取得的经济效益，对发明人或者设计人给予合理的报酬。

其次，鉴于财政资助的特殊性，需要考虑"国家—单位"之间的权利关系。2002 年，科技部和财政部联合下发了《关于国家科研计划项目研究成果知识产权管理的若干规定》，借鉴了《拜杜法》的核心原则，规定"科研项目研究成果及其形成的知识产权，除涉及国家安全、国家利益和重大社会公共利益的以外，国家授予科研项目承担单位"。2007 年，《科学技术进步法》在立法层面确认了这一核心规则。因此，从发明创造的资金来源看，我国建立了以国资监管为核心手段的介入权制度和发明报告制度。

以备案和审批为核心的介入权。《事业单位国有资产管理暂行办法》规定高校院所等事业单位的专利权受到财政部国有资产的控制，未经批准不得自行处置。

发明报告。利用财政资金设立的科技项目的承担者应当按照规定及时提交相关科技报告，并将科技成果和相关知识产权信息汇交到科技成果信息系统。

值得一提的是，2019 年财政部发布关于《事业单位国有资产管理暂行办法》，由单位自主决定是否开展国有资产评估，因此，当转化对象是全资国有企业时介入权已被实质性取消。

二、如何实施职务科技成果混合所有制改革？

与有形财产天然的排他性不同，科技成果大都属于无形资产，其所有权与衍生权利不存在天然的合一性，这就给平衡机制设计带来了优化空间。关于财政资助科研项目的科技成果权利配置需要充分平衡国家、单位、个人之间的权益。

首先，我国是以"财政资助"作为权利调整的主线，赋权秩序应为政府资助机构→单位→个人，项目承担单位自动获得所有权，个人可由单位有条件授权，资助机构不可直接赋权给个人，否则会显著损害单位权益，不利于单位的组织权威和结构稳定。

其次，在介入权制度上，我国应效仿美国经验，要求财政资助发明申请专利时必须标注资助信息，明示政府享有权利，专利获得授权后应第一时间授予资助机构非独占、不可撤销、不可转让的无偿许可权，并在国家知识产权局登记备案。

再次，强化科技成果以许可方式对外扩散的政策导向，进一步细化《〈中华人民共和国促进科技成果转化法〉若干规定》关于“不再审批和备案”的实施细则，将审批和备案管理权限下放给项目承担单位，由单位对科研人员转让长期使用权或所有权开展审批管理。

最后，建立符合科技成果转化规律的国有资产管理办法，取消对事业单位财政资助发明、科技成果作价入股形成的股权投资的“国有资产/资本保值增值”要求，突出对“维护国家安全和社会公共利益”、“本国产业优先”等方面的核查。

围绕表 1 的“国家—单位—个人”权利配置体系，需要构建相应的制衡机制。具体如下。

表 1　国家—单位—个人三者之间的权利配置体系

权利类别	权利主体	具体内容
所有权自动授予（国家→单位）	单位	利用财政资金资助形成的发明，除涉及国家安全、国家利益和重大社会公共利益的外，授权项目承担单位依法取得
所有权二次分配（单位→个人）	个人	项目承担单位可授权科研人员持有科研成果长期使用权或所有权
知情权和监督权	国家	① 政府资助机构可要求项目承担单位申请发明专利时标注项目资助信息； ② 实施符合科技成果转化规律的评估方式，核查财政资助发明的转移转化是否符合国家安全、国家利益、社会公共利益及是否有利于本国产业发展
政府介入权	国家	政府资助机构：(1)自动获得不可转让、不可撤销的无偿使用权；(2)可以许可第三方有偿实施财政资助发明的权利
强制许可权	国家	维护国家利益和国家安全，履行相关国际协定
单位介入权	单位	项目承担单位：科研人员转让持有的长期使用权或所有权，须获得单位批准
收益权、使用权、处置权	单位	项目承担单位依法享有财政资助发明的收益权、使用权、处置权
报酬权	个人	高校、科研院所必须按规定与科研人员共享成果转移转化收益

· 国家：通过强制许可和介入权制衡项目承担单位的所有权和个人的“所有权或长期使用权”，避免其浪费或滥用所有权损害国家利益、国家安全或社会公共利益。

- 单位:赋予个人“长期使用权或所有权”时,保留权属转让审批权,以保护其正常科研活动的权利利用和经济利益分配。
- 个人:拥有最高比例的科技成果所有权以及衍生出的收益权、使用权、报酬权。

须再次重申的是,科技成果转化是一个多主体参与、多目标共存的复杂经济和技术过程。在程序上,“国家—单位—个人”的权利配置应用场景应当仅限于“科技成果作价入股”,且不应主动启动,必须由科研团队或个人申请触发。此外,科研项目承担单位应当充分考虑实际情况的复杂性,构建符合实际需要的权利配置体系。

财政资助科技成果权属制度改革的“不同意见”

常旭华

为充分发挥高校院所科技创新源头供给作用，促进科技成果转化，自改革开放以来，我国不断推进高校院所职务科技成果的产权制度改革。过去 40 年中，我国始终围绕“国家—单位”和“单位—个人”两条主线进行产权配置，核心条款为《科技进步法》第 20 条和《专利法》第 6 条。然而，国家上位法修订过程相对漫长（如《专利法》修正草案尚处于征求意见阶段，《科技进步法》仍处在征求意见阶段），关于高校院所应当先行开展职务科技成果产权制度改革的呼声日益强烈，并且得到了李克强总理和国务院的支持。然而，当四川、北京真的根据中央精神颁布实施了相关地方性法规时，社会各界却出现了不少“不同意见”。

公共政策的制定是一个不断妥协、取得最大公约数的过程，永远不可能做到完美。回顾发达国家财政资助权属制度改革，即便著名的《拜杜法》颁布已 40 周年，仍有学者提出各种质疑。本文尝试总结发达国家科技成果权属制度受到的批评与质疑，回答我国权属改革的正当性和合理性问题。

一、美国科技成果权属制度的“不同意见”

1945—1980 年，美国关于财政资助科研项目形成的科技成果总体执行的是“谁资助，谁拥有”原则，由联邦政府资助部门依申请向社会开放。这一制度设计以社会公平为核心，通过免费开放充分维护了纳税人利益，避免了“双重纳税”。然而，从实际情况看，这一制度却受到了广泛质疑，包括：①申请规则由联邦政府各部门单独制定，部门利益纠葛导致程序复杂、审批时间长，尤其涉及多部门联合资助的科研成果，“反公地悲剧”现象突出，企业需要应付多个部门的审核；②未顾及成果完成单位和完成人的利益，导致二者缺乏申请专利的动力。这种

作者简介：常旭华，上海市产业创新生态系统研究中心研究员，同济大学上海国际知识产权学院副教授。

无序和对发明单位和个人的忽视，直接催生了《拜杜法》的提案。

1980 年之后，美国构建了以《拜杜法》和《斯蒂文森 · 怀勒法》为核心的权属制度体系，通过政府保留介入权、单位享有所有权、发明人享有收益权的制度设计促进高校院所成果转化。然而，尽管该制度被誉为"下蛋的金鹅"，却在实施 40 年后仍不断有人质疑，焦点如下：①蹊跷板效应，照顾了发明人却忽视了纳税人，加重了纳税人"双重纳税"负担；②引诱大学偏离"基础研究"，转向可专利性的"应用基础研究或应用研究"；③受到专利规则的限制，导致科研人员延迟公开研究成果；④扭曲了科研人员从事科研活动和商业活动的精力分配。

二、德国科技成果权属制度的"不同意见"

2002 年之前，德国根据《基本法》确立"学术自由"和"教授优先权"制度，从事财政资助科研项目取得的发明法定归属于发明人，即"教授特权"制度；同时赋予高校教师公务员身份，规定其有科技成果转化义务。然而，实践中很少有教师愿意舍弃稳定的工作收入和环境，转而从事风险性较高的成果转化工作。这一制度设计只是遵循了欧洲"教授治校"的历史传统，并未考虑高校成果可能带来的巨大经济价值和社会驱动效应。

2002 年之后，德国学习美国《拜杜法》，通过修订《高校框架法》和《雇员发明法》落实拜杜规则；然而，由于制度改革不完整，面临诸多问题，包括：①如何界定雇员发明，科研人员掌握着"学术自由"的解释权，事实上难以精准界定"本职工作中任务发明"与"自由发明"；②根据《联邦公务员薪俸法》规定，"教授特权"制度下科研人员从事成果转化属于本职工作范畴，不得取酬，但在"拜杜规则"下科研人员参与成果转化不再是法定义务，是否可以取酬及薪酬性质认定尚存争议。

三、我国科技成果权属制度改革的"不同意见"

当前，关于财政资助科技成果的权属制度改革，除国务院文件外，已由省级人大通过的地方性法规有《北京市促进科技成果转化条例》《四川省促进科技成果转化条例》，地方政府规章有科改"25 条"、《关于进一步促进高校和省属科研院所创新发展政策贯彻落实的七条措施》(福建)。这些地方性法规或规章多以解决现实问题为优先目标，充分体现了本轮科技体制机制改革"放"的指导思想。然而，社会各界对此并未完全取得共识，主要的"不同意见"如下：

(1) 很容易从"公地悲剧"走向"反公地悲剧"。科技成果决策权属于"共同共有”，科技成果转化活动缺乏统一的决策者非常容易导致“反公地悲剧”。

(2) 单位和个人之间的“风险与收益更加不对等”。科研人员享受着50%甚至更高的收益比例，却无须顾虑国有资产流失风险、财务风险、审计风险、市场风险；单位话语权被严重削弱，却要顶着审计风险、税务风险以及单位内部分配不均风险，导致校领导很难有魄力和动力全面落实权属制度改革政策。

(3) 美国由“资助部门所有”转向“单位所有”最大的争议是纳税人被“双重纳税”，我国进一步将产权赋予完成人，纳税人的利益受损程度将更加严重。

(4) 与国际主流的权属制度改革方向背道而驰。纵观全球主要国家，除少部分北欧国家因缺乏实施《拜杜法》的市场环境而继续坚守“教授特权”外，财政资助科研项目形成的科技成果归单位所有已成全球共识(表1)。只有我国与众不同，立法倡导同时在单位层面和个人层面放权。

表1　全球各国实施“类拜杜规则”的时间分布

国家	“类拜杜规则”(机构拥有所有权)	发明人拥有所有权
澳大利亚	2002	
比利时	1997	
捷克	1990	
丹麦	2000	
芬兰	2007	
法国	1982	
德国	2002	
希腊	1995	
匈牙利	2006	
意大利		2001
荷兰	1995	
挪威	2002	
波兰	2000	
斯洛伐克	2000	

（续表）

国家	"类拜杜规则"（机构拥有所有权）	发明人拥有所有权
斯洛文尼亚	2006	
西班牙	1986	
瑞典		1949
瑞士	1911	
英国	1977	
日本	1999	
中国	2002	2019

（5）在未完善配套制度体系前不应贸然开展事前产权激励。北京和四川的产权制度改革均缺乏配套制度体系的支持和支撑。例如，针对北京《促进科技成果转化条例》中的"单位依法取得"，没有明确"依的什么法"，"如果所依据的法律出现变化如何处置"。产权制度改革后，成果完成人变成了部分权利主体，但却无法适用原有基于高校院所为唯一权利主体的所有优惠政策体系。

总体而言，尽管科技成果转化是老话题，但真正的体制机制改革却始于2015年，打造符合新形势需要，解决当下中国问题的公共政策体系是一个崭新命题。当前，我国市场经济制度尚不健全，科技成果转化过程中既有湍流也有暗礁，因此，制度设计尤其需要多了解不同意见，"摸着石头过河"。

我国创新创业教育发展历程及未来思考

王　倩　蔡三发

党的十九大报告指出，创新是引领发展的第一动力，要加强国家创新体系建设，鼓励更多社会主体投身创新创业。高校作为培养青年人才的重要阵地，更应积极响应党和国家的号召，实施创新创业教育，培养创新创业人才。

一、创新创业教育的起源和内涵

西方发达国家最早开始注重大学生创业意识的培养。有关创新创业教育的理论研究和实践探索最早兴起于美国。1947 年迈勒斯·梅斯(Myles. Mace)在哈佛大学商学院开设"新企业管理"课程，标志着美国高校创业教育的开始。相比之下，我国创新创业教育起步较晚，于 20 世纪 90 年代末，高校才开始了对创新创业教育的探索。

近年来，无论是学术界还是实践领域对于创新创业教育的定义和内涵都存在较大争议。例如主张创新创业教育是"关于创造一种新的伟大事业的教育实践活动"的广义说、"创造一种新的职业工作岗位的教学实践活动，促进大学生走向自主就业之路"的狭义说、"以受教育者为中心，培养受教育者事业心与开拓技能"的个体本位说、"以社会为中心，适应创新型国家发展需要和经济社会发展而产生的新的教育理念"的社会本位说。此外，同济大学原校长兼创新创业学院院长钟志华对创新创业教育的内涵有过精彩论述，认为创新创业教育是我国高等教育研究者和决策者在创新教育和创业教育理念和实践的基础上针对社会、经济发展新常态下的人才培养现状和未来发展目标而提出的具有战略性、前瞻性和创造性的教育教学理念。

作者简介：王倩，同济大学高等教育研究所硕士研究生。蔡三发，上海市产业创新生态系统研究中心副主任、同济大学发展规划部部长、高等教育研究所所长、联合国环境署—同济大学环境与可持续发展学院跨学科双聘责任教授。

二、我国创新创业教育的发展历程

自 1997 年清华大学举办首届“挑战杯”大学生创业计划大赛，拉开了我国高校开展创新创业教育的序幕以来，创新创业教育在我国已经有 20 余年的历史。期间，国家出台了一系列政策文件为我国创新创业教育的发展提供指导。按照颁布时间先后，梳理创新创业教育相关政策文件，见表 1。我国创新创业教育的发展历程大致可以划分为三个阶段：萌芽阶段（1999—2002 年）、试点阶段（2002—2008 年）和全面推进阶段（2009 年至今）。

表 1　我国创新创业教育政策文件

年份	政策文件名称	文本内容	阶段
1998 教育部和国务院	《面向 21 世纪教育振兴行动计划》	“高等学校要跟踪国际学术发展前沿，成为知识创新和高层次创造性人才培养的基地。”“加强对教师和学生的创业教育，鼓励他们自主创办高新技术企业。”	萌芽阶段（1998—2002 年）
1999 国务院	《中共中央国务院关于深化教育改革全面推进素质教育的决定》	“实施素质教育，就是全面贯彻党的教育方针，以提高国民素质为根本宗旨，以培养学生的创新精神和实践能力为重点。”“高等教育要重视培养大学生的创新能力、实践能力和创业精神，普遍提高大学生的人文素养和科学素质。”	
2002 教育部高教司	《创业教育试点工作座谈会纪要》	“确定了清华大学在内的 9 所高校作为‘创业教育试点’”。“创业教育是知识经济时代培养学生创新精神和创造能力的需要，是社会和经济结构调整时期人才需求变化的需要。”	试点阶段（2002—2008 年）
2003 党的十六届三中全会	《中共中央关于完善社会主义市场经济体制若干问题的决定》	“深化教育体制改革。构建现代国民教育体系和终身教育体系，建设学习型社会，全面推进素质教育，增强国民的就业能力、创新能力、创业能力，努力把人口压力转变为人力资源优势。”	
2004 劳动和社会保障部、教育部办公厅	《关于在部分高等院校开展“创办你的企业”SYB 培训课程试点通知》	“在全国 37 所大学进行以 SYB(Start Your Business)为中心内容的创业教育。”	

（续表）

年份	政策文件名称	文本内容	阶段
2006 全国科学技术大会	《坚持走中国特色自主创新道路，为建设创新型国家而努力奋斗》	“培养大批具有创新精神的优秀人才，造就有利于人才辈出的良好环境，充分发挥科技人才的积极性、主动性、创造性，是建设创新型国家的战略举措。”	试点阶段（2002—2008年）
2007 党的十七大	《党的十七大报告》	“实施扩大就业的发展战略，促进以创业带动就业”，“完善支持自主创业、自谋职业政策，加强教育观念教育，使更多劳动者成为创业者。”	
2007 教育部办公厅	《大学生职业发展与就业指导课程教学要求》	在课程内容第六部分具体规划了创业教育的教学目标和教学内容。	
2010 教育部	《关于大力推进高等学校创新创业教育和大学生自主创业工作的意见》	“全面建设创业基地。教育部会同科技部，以国家大学科技园为主要依托，重点建设一批‘高校学生科技创业基地’，并制定出台相关认定办法。”“明确创业基地功能定位。规范创业基地管理。”	全面推进阶段（2009年至今）
2010 教育部	《国家中长期教育改革和发展规划纲要（2010—2020）》	“加强就业创业教育和就业指导服务，提高人才培养质量”；“充分发挥高校在国家创新体系中的重要作用，鼓励高校在知识创新、技术创新、国防科技创新中做出贡献。”	
2012 教育部	《教育部关于全面提高高等教育质量的若干意见》	“把创新创业教育贯穿人才培养全过程。制订高校创新创业教育教学基本要求，开发创新创业类课程，纳入学分管理。”	
2012 教育部	《普通本科学校创业教育教学基本要求（试行）》	“各地各高校要按照要求，结合本地本校实际，精心组织开展创业教育教学活动，增强创业教育的针对性和实效性。”	
2012 教育部	《关于做好“本科教学工程”国家级大学生创新创业训练计划实施工作的通知》	“通过实施国家级大学生创新创业训练计划，促进高等学校转变教育思想观念，改革人才培养模式，强化创新创业能力训练，增强高校学生的创新能力和在创新基础上的创业能力，培养适应创新型国家建设需要的高水平创新人才。”	

（续表）

年份	政策文件名称	文本内容	阶段
2015 国务院 办公厅	《关于深化高等学校创新创业教育改革的实施意见》	“2015 年起全面深化高校创新创业教育改革。强化创新创业实践。完善人才培养质量标准。创新人才培养机制。到 2020 年建立健全课堂教学、自主学习、结合实践、指导帮扶、文化引领融为一体的高校创新创业教育体系。”	
2016 教育部 办公厅	《关于建设全国万名优秀创新创业导师人才库的通知》	“集聚优质共享的创新创业导师资源，切实发挥导师的教育引导和指导帮扶作用，提高创新创业教育的针对性、时代性、实效性，增强大学生的创新精神、创业意识和创新创业能力，提高人才培养质量，努力造就大众创业、万众创新的生力军。”	
2017 教育部 办公厅	《关于公布首批深化创新创业教育改革示范高校名单的通知》	“认定北京大学等 99 所高校为‘全国首批深化创新创业教育改革示范高校’”	
2017 教育部 办公厅	《关于公布第二批深化创新创业教育改革示范高校名单的通知》	“认定中国人民大学等 101 所高校为‘全国第二批深化创新创业教育改革示范高校’”“各‘示范高校’要进一步深入推进创新创业教育改革，切实发挥好示范引领作用，形成可复制可推广的创新创业教育模式和典型经验。各省级教育行政部门要认真组织学习借鉴‘示范高校’的好做法好经验，各高等学校要把创新创业教育融入人才培养体系全过程，努力增强学生的创新精神、创业意识和创新创业能力，扎实推进创新创业教育改革工作。”	全面推进阶段（2009 年至今）
2018 教育部 办公厅	《关于做好 2018 年深化创新创业教育改革示范高校建设工作的通知》	“全力打造一批创新创业教育优质课程、开展一批高质量创新创业教育师资培训、发掘一批‘青年红色筑梦之旅’优秀团队，带动全国高校创新创业教育工作取得新成效、开拓新格局、开创新未来，着力构建中国特色、世界水平的创新创业教育体系。”	

（续表）

年份	政策文件名称	文本内容	阶段
2018 国务院	《关于推动创新创业高质量发展打造“双创”升级版的意见》	强化大学生创新创业教育培训。在全国高校推广创业导师制，把创新创业教育和实践课程纳入高校必修课体系，允许大学生用创业成果申请学位论文答辩。支持高校、职业院校（含技工院校）深化产教融合，引入企业开展生产性实习实训。	全面推进阶段（2009 年至今）
2019 教育部办公厅	《教育部办公厅关于做好深化创新创业教育改革示范高校 2019 年度建设工作的通知》	“把创新创业教育贯穿人才培养全过程，深入推进创新创业教育与思想政治教育、专业教育、体育、美育、劳动教育紧密结合，打造‘五育平台’，在更高层次、更深程度、更关键环节上深入推进创新创业教育改革，全力打造创新创业教育升级版，引领带动全国高校创新创业教育工作取得新成效。”	

一是萌芽阶段：为了应对世界高等教育发展趋势及满足我国高等教育的发展需要，在 20 世纪末，我国先后颁布《面向 21 世纪教育振兴行动计划》和《中共中央国务院关于深化教育改革全面推进素质教育的决定》，标志我国将创业教育纳入国家发展战略考虑之中。但在这一阶段，国家没有出台针对创新创业教育的专门教育政策，创新创业教育实践尚未起步。

二是试点阶段：2002 年教育部高教司发布《创业教育试点工作座谈会纪要》，确定了清华大学在内的 9 所高校作为“创业教育试点”，由此拉开了创新创业教育在高校试点的实践序幕。在这一阶段，国家将创新与建设创新型国家、就业民生大事紧密联系在一起，显示出国家对于创新创业的更加重视。创新创业教育在高校中从理论走向更大范围的实践。

三是全面推进阶段：2009 年，高等教育学会在湖南召开会议，决定成立中国高等教育教育学会创新创业教育分会，标志着高校创新创业教育的发展有了专门的学会组织。此后，国家出台的高校开展创新创业教育政策文件更加具体、明确，显示出国家对于高校开展创新创业教育的高度重视和大力支持。

现阶段我国创新创业教育正如火如荼地发展，各种创新创业教育模式在不断探索中涌现，例如，清华大学深圳研究院的“大学—政府—企业”的创新创业教育生态网模式；浙江大学的“全链条式”创新创业教育体系；大连大学的“三层次、四平台”创新与创业教育模式；燕山大学的“一体两翼三结合”的创新创业教育体系。具体见表 2。由此可以看出我国创新创业教育现已初具成效。

表 2　代表性院校创新创业教育模式

院校	创新创业教育模式	内容
清华深圳研究生院	“大学—政府—企业”的创新创业教育生态网模式	学校：办学条件、师资力量、培养创新意识，打造资源共享与创新创业平台； 政府：政策、资金、场地等方面的支持； 企业：搭建平台，促进成果转化，提供服务支持。
浙江大学	“全链条式”创新创业教育体系；“五位一体”的创新创业教育路径；“六创”协同的创业教育系统	以“IBE”（Innovation-based Entrepreneurship，以创新为基础的创业）为特色，与专业教育融合、与国际教育衔接、以创新成果转化为依托的创新创业教育；以创业意识激发、创业技能提升、创业项目优化、创业融资对接、创业团队孵化等环节为核心的“全链条式”创新创业教育体系。探索通识教育、辅修学位、国际合作、模拟实践、基地孵化等“五位一体”的创新创业教育路径；构建创意、创新、创造、创业、创投、创富“六创”协同的创业教育系统。
大连大学	“三层次、四平台”创新创业教育模式	“三层次”课程建设是指，全校公共课层次、专业课层次、精英班课程层次；“四平台”实践体系建设是指工作室平台、大创项目平台、学科竞赛平台、创业实践平台。
燕山大学	“一体两翼三结合”创新创业教育体系	“一体”是指“应用型创新创业人才培养”综合体系；“两翼”是指专业知识培养体系和创新创业能力培养体系；“三结合”是指创业教育与创业实践相结合，创新创业指导服务与创新创业项目结合，政策扶持与创新创业平台建设结合。
重庆工商大学	四力导向、四轮驱动 O2O 活动链仿真的创新创业模式	以分析力、创造力、领导力和创业力等四种能力的培养为导向；以校企合作催化，基地平台孵化，学科专业孕育，科研成果转化等四轮驱动；O2O 活动仿真链包括市场进课堂，多主体驱动，多模式实验，多角色演练，多板块对接，全过程培养。
云南农业大学	“三融合、五驱动”创新创业教育模式	课内与课外融合，教学与科研融合，校内与校外融合；以创新创业理念驱动教学改革；以高原特色产业驱动学校特色创业；以创业平台建设驱动创新成果转化；以创新创业成果驱动精准扶贫；以基层创业驱动地方发展。

（续表）

院校	创新创业教育模式	内容
河南工业大学	“四位一体”创新创业模式	依靠三支队伍，为大学生创业提供专业化指导；扶持三类项目，为大学生创业提供层次化支持；统筹三个平台，为大学生创业提供分级化管理；建好三类基地，为大学生创业提供实战化训练。
内蒙古科技大学	“五位一体”创新创业教育模式	修订培养方案，丰富创新创业教育内容；健全课程体系，挖掘创新创业教育资源；改进教学方法，实施教师教学模式改革；坚持制度创新，激发学生创新创业活力；强化实践环节，增强学生创新实践体验。

三、当前我国创新创业教育存在的问题

尽管多年来我国创新创业教育上取得了较大进步，但是总体而言在各个方面仍然存在一些问题。主要表现在：创新创业教育理念滞后、课程缺乏体系、教学方式落后单一、师资力量薄弱、实践平台单一，以及社会参与力量薄弱。为促进创新创业教育的更加完善，可以利用“互联网＋”、大数据等信息技术、借助MOOC平台、借鉴国外先进教学经验和创新创业教育模式等，实施“广谱式”创新创业教育理念，构建模块化课程，采用多样化教学方式，强化师资培训和引进，加大政府支持力度，深化校企合作，建设协同育人机制，整合校内外资源，以促进资源优势互补，丰富创新创业教育模式，扩大创新创业教育对象。

四、我国创新创业教育未来发展的思考

第一，创新创业教育的内涵与特点应趋于多元化。应当进一步丰富创新创业教育的内涵，使之不仅仅局限于创新创业理念教育、创新思维培养、知识传授、能力培养、实践锻炼等，也必须包括创业精神培养和基于创新的创业探索活动。此外，不同类型大学的创新创业教育模式不应千篇一律，应该量体裁衣，量力而行。研究型、综合型、教学型、特色型以及职业技术型高校的创新创业教育侧重点都应有所不同。

第二，创新创业教育的目标应不断深化与完善。高等教育机构管理者和研究者应重新审视创新驱动发展战略环境下的人才培养标准和目标、教学内容和模式、教学方法和手段，并遵循高等教育内涵式发展规律，从全球视野和时代高

度，全面加强我国高等教育机构人才培养的顶层设计，把创新创业精神、态度、技能和知识系统融入学科、专业和课程设计与教学之中，切实履行我国高等教育机构的历史使命，把培养新时代中国特色社会主义建设事业的创新创业型人才作为高等教育强国建设的核心目标。

第三，创新创业教育的方向应是产学研协同创新与构建创新生态系统。创新创业教育应立足产业应用和学术前沿，需要通过企业、政府、高校之间相互配合，将资源有机整合在一起，促进科技成果的转化应用，真正实现科技与教育的结合。要协同各个创新主体和创新要素，构建创新创业教育的创新生态系统，推动创新创业教育的协调发展。

第四，创新创业教育的思路应不断丰富与拓展。随着共享经济的发展，将其引入到创新创业教育之中，能够打破高校各自为战的局面，真正做到“协同”与“合作”，从而进一步激活创新创业教育资源的优化配置，激发以大数据为基础的创新创业教育共享平台的建设。随着制造与服务的融合，要探索构建基于制造与服务融合的创新创业教育体系，促进创新创业教育的不断创新与发展。随着人工智能、大数据等新兴技术的发展与普及应用，要更好运用科技创新来推动创新创业教育的发展。

参考文献

[1] 钟志华，周斌，蔡三发，许涛.高校创新创业教育组织机构类型与内涵发展[J].中国高等教育，2018(22)：15-17.

[2] 高晓杰，曹胜利.创新创业教育——培养新时代事业的开拓者——中国高等教育学会创新创业教育研讨会综述[J].中国高教研究，2007(07).

[3] 王革，刘乔斐.高等学校一种新的教育理念——《中国大学创新创业教育发展报告》述评[J].中国高教研究，2009(9)：56-57.

[4] 高扬，付冬娟，邵雨.我国创新创业教育政策历史演变、合理性分析及建议[J].创新与创业教育，2015，6(06)：18-22.

[5] 黎青青，王珍珍.创新创业教育综述：内涵、模式、问题与解决路径[J].创新与创业教育，2019，10(01)：14-18.

推动工程教育改革，发展全球工程领导力

许 涛

以“一带一路”建设为平台的人类命运共同体实践需要大量的跨领域、跨行业、跨学科的全球化人才，尤其是具有全球工程领导力和工程创新创业能力的人才。但在中国参与全球治理、中国企业“走出去”的过程中，却时常受制于全球化人才短缺。因此，我国高等教育机构应以服务“一带一路”建设和人类命运共同体实践为契机，根据“一带一路”建设和人类命运共同体实践的要求，切实担负起工程创新人才培养的重要使命，加快推进工程教育改革，培养具有全球工程领导力的工程创新人才参与并引领“一带一路”建设和人类命运共同体实践活动。为此，应丰富、完善我国工程教育改革的实质和内容，并通过以下改革措施，实现全球工程领导力发展目标。

一、面向世界，面向未来，借鉴全球一流大学工程科技人才培养目标定位

历史表明，工程实践是推动人类创新发展的重要力量，直接影响着国家和民族的强盛。纵观国际一流大学的办学经验，可以看出，不管是剑桥、哈佛，还是牛津、麻省理工，这些世界顶尖大学都把培养能为人类发展进步做出突出贡献的一流人才、把培养未来的世界领袖作为人才培养的根本目标，都站在全球的视角、站在建设未来人类命运共同体的高度，去思考、去定位人才培养的理念和目标，都把培养具有领导力的未来社会引领者、开创者、建设者作为一个共同的任务和方向。

有研究表明，领导力、创新能力和解决重大挑战的能力被认为是“下一代工程师”的核心能力。首先提出工程领导力教育理念的美国工程院（NAE）和美国

作者简介：许涛，上海市产业创新生态系统研究中心研究员，同济大学创新创业学院副教授，教育部创新创业教育指导委员会副秘书长。

自然科学基金委员会(NSF)在《2020 的工程师:新世纪工程的愿景》报告指出,工程领导力是工程人才进行工程技术创新、应对工程挑战、解决重大工程问题、影响公共政策制定和产业管理的关键要素。这一理念很快成为美国麻省理工学院和斯坦福大学工程教育改革的重要理念和目标,也成为 21 世纪全球高等教育发展中日益重要的新兴领域。目前,全球工程教育研究和实践领域把工程领导力界定为:适应顾客和社会的需求,在技术发明的支持下,针对新产品、新流程、新项目、新材料、新模型、新软件和新系统,进行观念创新、设计创新或生产创新的技术领导力以及工程技术人才的创业能力。

在激烈的全球竞争中,世界各国都认识到工程教育改革的重要作用,不断提高对工程人才的要求,并将工程领导力作为工程人才培养的重要内容和目标。欧美一流大学认为,工程领导力之所以重要,是因为工程人才首先要在技术、经济、环境、伦理冲突时进行协调与管理;其次,工程人才要在不同文化背景的组织或团队中有效工作;此外,工程人才的个人发展及其所在组织或团队的发展离不开与公共政策制定以及产业管理的相互作用。然而,目前国内大学的工程人才培养,往往还是更多地去关注现在、关注就业,而对世界、对人类、对未来的关注度还不够,这样培养出来的学生,缺乏影响和引领未来全球事务的精神、意识、勇气和能力,也缺乏相应的国际竞争力和全球领导力。

二、立足"一带一路"建设和人类命运共同体实践,培养、发展我国工程科技人才全球意识、全球视野和全球思维

以"一带一路"为实践平台的人类命运共同体建设离不开大量具有全球意识、全球视野和全球领导力的工程人才。在联合国教科文组织发起的两次世界高等教育大会上,国际社会一致认为高等教育必须在教学内容和目标中体现全球维度,将全球发展融入教育教学和人才培养中。在美国,全球意识、全球视野和全球思维是一种基本教育哲学,渗透到美国工程教育改革与发展的历程中。美国工程教育要培养的,不仅是行业企业的领导者,而且是全球领导者。美国工程教育所关注的问题,不仅是行业企业问题,更强调全球问题。同时,美国高等教育机构长期以来注重全球影响力和领导力。而全球意识、全球视野和全球思维是全球领导力的基本要求。

"一带一路"建设和人类命运共同体实践对世界各国而言既是共同的发展机遇,也意味着共同的挑战,比如贫困、生态恶化、环境危机、恐怖主义等。面对这

些挑战,没有哪个国家可能够单独解决,需要世界各国在人类命运共同体实践中,共同肩负责任,迎接挑战,解决问题。正如联合国教科文组织在2015年发布的《反思教育》报告中提出世界各国教育要发展公民的可持续发展意识和全球意识,共同应对全球挑战。工程人才是推动"一带一路"建设的主体,工程人才的表现会直接影响工程的质量和进度。密歇根大学名誉校长詹姆士·杜德士达(James J. Duderstadt)在影响深远的"变革世界中的工程:未来美国工程实践、研究和教育路径"(Engineering for a Changing World: A Roadmap to the Future of American Engineering Practice, Research, and Education)研究报告中强调工程人才决定工程项目的成败。以"一带一路"为实践平台的人类命运共同体建设超越国家的单方利益,因此,我国过程教育改革需要站在全球人类社会发展的高度,培养具有全球意识、全球视野和全球思维的人类命运共同体建设人才,确保"一带一路"倡议和人类命运共同体实践的成功。

三、完善我国工程教育改革和新工科建设,开展全球工程领导力教育

经过40余年的改革开放,我国成为世界第二大经济体,经济保持中高速增长,对世界的外溢影响日益扩大。然而,人类一直面临着全球性的问题和挑战。贫困人口大量存在,地球资源日益减少,人口老龄化问题显现,全球气候变化异常,极端天气和自然灾害频发,环境污染严重,恐怖主义滋生,尤其是笼罩在全球范围的经济衰退。这些问题的解决需要工程人才卓越的创新精神和领导力。英国皇家工程院在"培养21世纪的工程师——工业界的视角"报告中指出,作为未来承担重任的工科毕业生,需要具备在未来领导工业界走向成功的创造性、创新性和领导力。欧盟针对工程教育改革发布的"欧盟专题报告——提升欧洲的工程教育"报告中明确将领导力作为工程人才的核心竞争力。中国工程院在"走向创新——创新型工程科技人才培养研究"报告中强调,领导力是创新型工程人才的重要素质。以"一带一路"为实践平台的人类命运共同体建设表明我国正在由一个地区性发展中大国稳步迈向全球影响力和领导力日益提高的负责任的世界大国,需要我国走出国门的工程人才发挥影响力和领导力,并参与到重大工程建设决策中,但长期以来,我国工程教育一直把工程人才定位为专门技术人才,很少有机会参与工程决策和工程领导。

工业界对于具备全球工程领导力的人才需求强烈。"2013年全球展望"调查显示,全球领导力缺失在全球迫切需要解决的问题中排名第四。世界权威咨

询机构埃森哲针对影响中国企业全球化发展的因素的调查显示，全球领导力不足是阻碍公司不能取得全球成功的关键因素。放眼全球产业竞争，一批杰出的中国企业家正通过技术创新、海外并购，从产业链的低端向高端发起冲击，开始重塑全球产业竞争态势。而随着“一带一路”建设和人类命运共同体实践的持续深入，我国工程教育改革和新工科建设要具备战略眼光和全球视野，要有家国情怀，也要有全球意识，既要站在强国建设和民族复兴的高度，也要站在“一带一路”和人类命运共同体建设的高度，在“面向经济主战场、面向世界科技前沿、面向国家重大需求”进行工程教育改革，培养适应并引领新工业革命和人工智能时代的工程科技创新人才的同时，还要深刻认识到“一带一路”不仅是经济建设，也是全球发展模式和全球治理、推进经济全球化可持续发展的重要途径，从而把培养全球工程领导力作为工程教育改革的应有之义，丰富、完善我国工程教育改革的实质和内容，为“一带一路”建设和人类命运共同体实践培养未来工程领袖和产业精英。

高校科研项目预算绩效管理：如何提质增效？

| 葛钰杰　朱志良

2018 年我国研究与试验发展（R&D）经费支出为 19 657 亿元，比上年增长 11.6%。其中，全国高校科研经费支出达到 1 457.9 亿元，比上年增长 15.2%。高校作为教育强国和科技强国建设的战略支撑力量，是我国基础研究主力军、原始创新主战场和创新人才培育主阵地，高校基础研究取得历史性成就，创新能力持续提升，国际影响力显著增强。但与新时代建设要求相比，高等学校基础研究重大原创成果和领军人才偏少，条件能力建设仍需提升，发展环境有待进一步优化。

2018 年 11 月，《中共中央、国务院关于全面实施预算绩效管理的意见》发布。如何建立高校科研项目预算绩效管理的科学机制，更好地服务于国家创新体系建设和拔尖创新性人才的培养，是各级政府和高校需要共同面对的重要课题。

一、高校科研项目预算绩效管理发展现状

2003 年，中共中央发布《关于完善社会主义市场经济体制若干问题的决定》，首次公开提出预算绩效概念，随后《中华人民共和国预算法》（2014 修正）、《中共中央、国务院关于全面实施预算绩效管理的意见》等一系列法律法规和政策推出，表明了政府的态度和决心，要大力推动预算管理改革和绩效管理体系建设。发布的《关于扩大高校和科研院所科研相关自主权的若干意见》（国科发政〔2019〕260 号），进一步强调了实行科研项目绩效管理的原则和步骤，并规定将绩效评价结果作为单位多项考评、资源分配的重要依据。

当前，多数高校的预算绩效管理体系仍然处于探索阶段，尚未真正建立起预算绩效管理体系。科研项目大多仅仅依靠合同约束，相关的中期考核和验收在

作者简介：葛钰杰，同济大学财务处预算管理科副科长、会计师；朱志良，同济大学财务处处长、同济大学环境科学与工程学院教授。

公众及科研人员心中的实际认同度并不高。对于预算绩效评价的结果应用，基本处于规划和研讨阶段，距离实际推广、发挥真正效用还有很长的路要走。近年来，业界开始尝试采用有关的分析框架来架构高校预算绩效管理体系，例如层次分析法、专家调查法等，但还是停留在现有的适合企业的分析框架中，对高校和科研项目的特点考虑不足，适应性不强。

二、高校科研项目预算绩效管理体系建设的目标定位

《中共中央、国务院关于全面实施预算绩效管理的意见》明确要求，力争用3～5 年时间，基本建成全方位、全过程、全覆盖的预算绩效管理体系，对全面实施预算绩效管理做出了顶层设计和重大部署，习近平总书记在十九大报告中再次强调建立全方位、全过程、全覆盖的预算绩效管理体系，全面实施预算绩效管理，国家关于预算绩效管理的大方向和总目标已定，后续主要是如何落实和推进。笔者认为，高校科研项目预算绩效管理体系构建中，应明确目标定位，并重视以下几个方面。

1. 严格按照党中央、国务院的统一部署执行

以科研项目预算绩效目标为导向，结合预算执行过程跟踪、绩效评价结果反馈，找准方向、明确目标、用对方法，确保贯彻落实党中央、国务院决策部署落地不跑偏、不走样，有特色、不特殊。

2. 预算绩效管理建设的关键是做好科学的顶层设计

一方面要按照“预算编制有目标、预算执行有监控、预算完成有评价、评价结果有反馈、反馈结果有应用”的普遍原则，另一方面，必须充分考虑科研项目的特点，积极开展分类管理及试点，抓紧研究制定适合各类科研项目实际，符合科研规律的针对性、可操作方案，扎实提升科研项目的预算绩效管理水平。

3. 应明确科研项目预算绩效管理的各层级权利义务

以绩效目标实现为导向，以绩效评价为手段，以结果应用为保障，建立以科研项目管理为中心的上下协调、部门联动、层层抓落实的工作责任制，要健全预算绩效管理操作规范和实施细则，将科研项目预算绩效管理责任分解落实到具体科研管理单位、明确到具体科研项目负责人，确保每一笔资金花得安全、用得高效，做到“花钱必问效、无效必问责”。

三、高校科研项目预算绩效管理体系建设的近期工作重点

按照党的“十九大”报告提出的建立全方位、全过程、全覆盖的预算绩效管理体系的要求，结合我国高校科研管理工作的实际，笔者认为，近期应关注以下重点工作。

1. 应遵循“科学性”“系统性”“创新性”“渐进性”和“合法性”原则

按照党中央、国务院有关预算绩效管理的战略思路及顶层设计，结合高等院校科研工作实际，考虑国内外预算绩效管理中已有的经验及教训，要建立一个行之有效的科研项目预算绩效管理体系，需要遵循上述原则。要抓紧制定高校科研项目预算绩效管理的原则性意见，研究科研项目全面实施预算绩效管理的时间表和路线图，制定预算绩效管理工作的规范，宏观上实现预算和绩效管理一体化，具体落实中能注意分类管理、稳步推进，切实提高科研项目预算绩效管理水平和政策实施效果，为提高科研投入产出绩效提供真正的支持。

2. 应明确高校预算绩效工作组织架构

高校科研项目预算绩效管理是一项全局性、系统性的工作，需要校主要领导牵头，成立一个相关部门分工负责、上下协调、部门联动的预算绩效工作小组，并让相关科研人员参与进来。工作小组要尊重科研规律，从源头上理顺关系，完善科研项目管理流程，做到分工明确、职责清晰、公开透明、高效运转。

3. 加强科研项目绩效管理机制与绩效评价结果的应用研究

建立合理的跟踪反馈工作机制，通过预算过程管理、绩效考核跟踪等方式及时了解各科研预算项目的执行情况、研究进度与资金执行的配合情况；定期召开工作会议，对科研项目预算绩效工作中发现的问题及得失进行分析和总结，不断优化预算绩效评价体系，提高评价的有效性和合理性，强化绩效激励约束作用，推动高校科研项目预算管理水平提升。

4. 加强以分类管理为重点的科研项目预算绩效考核评价体系建设，保障预算绩效评价、预算绩效结果应用工作的顺利开展

由于科研类型不同，高校科研项目预算绩效目标的设定是个难题，所以在绩效评估结果的应用中也一定要注意分类管理，尊重科研工作规律。例如，对于基础研究，很难预计科研产出，应该对科研人员充分信任，绩效目标设定应该相对宏观、宽松，应该鼓励科研人员潜心科学研究，把冷板凳慢慢坐热，不能急于求成；对于目标明确的技术攻关类科研项目，应该明确指标目标，实行目标管理，过

程跟踪主要是看科研人员的自身投入程度；对于文科类、基础数学等科研项目，预算中应充分考虑人力资本投入的重要性，大幅度提高人员经费预算比例，确保科研人员把精力投入到研究工作中去。与此同时，科研项目预算绩效管理中，作为高校，还应该重视包括科研辅助队伍、科研助理、科研平台等配套支持体系的能力建设，把它作为预算绩效管理建设的重要组成部分。只有这样，才能真正人尽其才，真正提升科研项目预算管理的综合绩效，实现资源配置的最优化。

除了合格评估与水平评估，还应该有学科可持续发展度评估

蔡三发　任士雷

提起学科评估，一般会想起教育部学位与研究生发展中心开展的学科水平评估，该项评估从 2002 年至今已经开展了四轮，影响力巨大，其评估结果一直深受高校和社会各界的关注。学位中心开展的学科评估是以第三方方式开展的非行政性、服务性评估项目，坚持“自愿申请、免费参评”原则，各单位具有博士或硕士学位授予权的一级学科，均可申请参评，并非强制性项目。而真正的政府强制性学科评估是合格评估，2014 年国务院学位委员会、教育部印发《学位授权点合格评估办法》，明确提出“学位授权点合格评估是我国学位授权审核制度的重要组成部分，每 6 年进行一轮，获得学位授权满 6 年的学术学位授权点和专业学位授权点，均须进行合格评估。”同时，还要求“新增学位授权点获得学位授权满 3 年后，须接受专项合格评估。”通过合格评估与专项合格评估，较好地保障了我国学位与研究生教育质量，一批被评为“不合格”的学科被撤销了学位授权点。

以上两项评估，合格评估偏重于学科条件的达标评估，水平评估偏重于学科强弱的对比评估，其实都是从某个维度来评估学科的状态。按照教育评估应该提倡多维评估的共识，从可持续发展度方面来评估学科具有相当的意义与价值。学科可持续发展度是坚持可持续发展的原则，通过调整学科自身结构、推进学科交叉融合、增强社会服务能力等一系列措施，不断促进学科的创新和持续发展，最终实现学科可持续发展目标的一系列能力。

2018 年 9 月，教育部部长陈宝生在上海召开的“双一流”建设现场推进会上明确指出“双一流”的 7 个特征与标准分别是可靠的、合格的、真实的、有特色的、有竞争力的、有产出的和可持续的，进一步说明了可持续发展度的重要性。通过

作者简介：蔡三发，上海市产业创新生态系统研究中心副主任、同济大学发展规划部部长、高等教育研究所所长、联合国环境署—同济大学环境与可持续发展学院跨学科双聘责任教授；任士雷，同济大学高等教育研究所硕士研究生。

学科可持续发展度评估，可以更好预测学科的未来发展态势，更好了解学科的发展规律、变化周期以及可持续发展所需的要素，从而有效指导学科未来的战略发展，助力学科尤其是一流学科的可持续发展，促进学科发展更好地服务于国家、地方发展战略，形成良性的发展循环。因此，可持续发展度评估是偏重于学科未来可持续发展能力的评估，开展此项评估对于学科创新与学科发展意义重大。

由于学科可持续发展度的特殊性和复杂性，学科可持续发展度评估指标体系构建要以准确反映学科具有的可持续发展条件和能力为目标，能够全面涵盖学科的历史积累、发展现状和发展潜力特征。建议可以从以下几个方面入手来开展学科可持续发展度评估。

1. 学科队伍可持续发展度

学科队伍是学科发展的主要人力资源，学科可持续发展度在很大程度上受学术团队构成可持续性（带头人、骨干、青年教师等梯队的搭配合理）情况的影响。通过建设年龄结构、学缘结构、性别结构合理的学术梯队，形成顺畅的学术共同体运作机制，可以使得学科保持持久的活力，保障学科得到可持续的良性发展。

2. 人才培养可持续发展度

人才培养是大学的一个重要职能，也是学科建设的中心任务，良好的学科人才培养应该是一个系统的生态工程，它包括完善的培养方案，优化的课程结构，前沿的教学内容，先进的教学方式等。人才培养生态体系的完备性和培养方案、培养方式、培养路径的有效性等都是有力地支撑学科人才培养和学科可持续发展度的关键参量。

3. 科学研究可持续发展度

科学研究是学科发展的动力来源，学科研究方向的主流性、前沿性、交叉性共同决定了学科发展的高度和未来。例如，前瞻性的、主流性的学科方向可以使得学科发展引领该学科的发展前沿，始终生机勃勃，具有良好的可持续发展度。学科交叉融合为教学和科研提供了新的交流合作形式，通过不同学科的交叉融合，可以促进不同学科之间人才和资源的交流，开创协同创新的新局面，发现跨学科研究的新方向，提高学科的可持续发展度。此外，学科服务经济社会发展需求的能力是学科可持续发展度的影响因素。

4. 支撑条件可持续发展度

学科发展的支撑条件包括管理机制、科研平台和国际交流合作等。管理机制是学科发展的环境和土壤，纵观国际上的一流学科都是在强有力的良性管理机制下形成和发展的，学科管理机制需要不断优化、完善才足以成为学科可持续发展的坚实支撑。科研平台是人才、资金、项目等的全面整合，是学科可持续发展度的基础资源。同时，学科发展与国际交流与合作水平息息相关，高等教育国际化趋势已经将国际维度融入大学人才培养、科学研究和服务职能的全过程，加强国际交流合作是高等教育国际化背景下学科可持续发展的必由之路。

“富大学”与“穷大学”：我国高校衍生企业的发展与壮大

| 常旭华

高等院校作为国家创新体系的重要组成部分，是实现科学新突破的重要载体；相应地，高校科技成果转化是我国加快建成创新型国家的重要推动力量。根据《促进科技成果转化法》的规定，高校科技成果转化包括技术许可、转让、作价入股三种形式，其外在表现为技术转移和衍生企业。尤其在国家支持校办产业发展、“大众创新、万众创业”等政策感召下，自 20 世纪 90 年代开始，经过近 30 年的发展，我国高校结合自身学科特色和职能定位，发挥其雄厚的人才、知识、科技、校友、社会网络、政府资源优势，大力发展衍生企业，由此也诞生了一大批高校集团公司和上市公司，“富大学”与“穷大学”的差距越来越大。

一、我国高校衍生企业现状

高校衍生企业是指由师生创立的以转化和产业化大学科学技术成果为基本特征的科技企业。随着知识经济的兴起，我国大学充分认识到第三职能“服务社会”的重要性，逐渐从相对封闭的“象牙塔”发展成为社会经济活动的积极参与者，通过产学研合作的方式主动介入市场，提升相关产业的科技水平。

从高校系上市公司数据看，沪深两市我国大学及其控股的企业集团参股的上市公司有近百家，其中大学及其控股企业集团任第一大股东的上市公司有 39 家，其中清华大学 9 家，北京大学 4 家(二者占比 1/3)，而多数“985 工程”大学只有 1 家上市公司，甚至必须借壳上市(如浙江大学的浙大网新、山东大学的山大华特等)，地方高校中仅苏州大学(苏大维格)、南京工程学院(康尼机电)、天津工业大学(津膜科技)、成都中医药大学(泰合健康)拥有上市公司，“富大学”与

作者简介：常旭华，上海市产业创新生态系统研究中心研究员，同济大学上海国际知识产权学院副教授。

“穷大学”在上市公司数量上体现出巨大差异。

从高校系一般衍生企业数据看，以我国 41 所部属高校为例，各所大学构建了庞大而复杂的衍生企业网络。截止 2018 年 12 月，统计到三级子公司层面，41 所高校累计参股/控股 14 455 家企业。其中，清华大学 4 187 家、北京大学 1 139 家，而最少的河海大学仅 25 家、南开大学仅 24 家，“富大学”与“穷大学”在一般衍生企业数量上差距高达 174 倍。衍生企业数量排名前 10 的大学如表 1 所列。

表 1　我国衍生企业数量排名前 10 位的大学名单

大学	第一级	第二级	第三级	合计
清华大学	56	737	3 494	4 287
北京大学	45	250	844	1 139
华中科技大学	66	225	446	737
浙江大学	18	262	430	710
武汉大学	48	333	285	666
同济大学	56	212	303	571
上海交通大学	27	164	317	549
东北大学	34	149	277	460
复旦大学	34	135	188	439
中山大学	37	80	290	407

注:大学衍生企业层级关系复杂，如清华大学股权深度最深约 13 级。为保障数据统一性，本研究只统计到第三级。

此外，高校衍生企业所折射出的“富大学”与“穷大学”可根据艾瑞深校友会网 2019 年中国最具财富创造力大学排行榜得到验证。除深圳大学外，创富排名靠前的高校也是衍生企业数量最多的高校，二者趋同效应明显。其中，北京大学校友创富能力最强，总财富高达 8 485 亿元，清华大学 7 366 亿元，而榜单的第 100 名北京邮电大学仅有 148 亿元。

二、富大学和穷大学的差异来源

“富大学”与“穷大学”的差距是如何产生的呢？笔者认为:大学声誉、政治关联、优势学科是三大核心影响要素。

从大学声誉层面看，1993 年全国高校科技产业工作会议召开后，我国高校积极响应“发展高科技、实现产业化”的号召，校办企业纷纷登陆 A 股市场，2000 年之前有 11 家(占比 28%)上市。在此过程中，历史悠久、在国内外享有较高学术声誉的高校占有天时地利，充分挖掘校名这一高校最宝贵的无形资产，迅速与普通高校拉开差距。

从政治关联层面看，衍生企业通过母体高校与政府部门建立联系，更容易获得中长期贷款便利、产业项目支持、税收减免等经济回报。其中，母体高校行政级别的高低在一定程度上决定了高校衍生企业所能建立的政治关联级别的高低。“富大学”校长和书记大部分是副部级领导，其衍生企业相对可以获得更多资源支持，较少受到信贷歧视，经济纠纷也远低于行业平均水平。

从优势学科层面看，衍生企业可以便捷地与母体高校优势学科建立紧密联系，通过技术转移不断增强自身技术能力。“富大学”依托特定领域的强势学科优势，创办了一大批院系公司。如中南大学的冶金工程全国第一，下属上市公司博云新材(002297)以粉末冶金为主营业务，华中科技大学以机械工程闻名，造就了华中数控(300161)；而绝大多数“穷大学”缺乏名列前茅的优势学科，自然难以支撑衍生企业的发展壮大。

三、对策建议

当前，我国“富大学”与“穷大学”格局已经形成，马太效应显著。笔者提出以下建议。

一是“富大学”应正视衍生企业的风险性。衍生企业数量过于庞杂，股权网络复杂，并不一定有利于大学的可持续发展。近年来，校办企业、衍生企业已成为反腐重灾区，基建工程腐败、科研经费违规占用、科技成果转化关联交易屡见不鲜。教育部《高等学校所属企业体制改革的指导意见》的出台也正是对这一风险问题进行回应和改革。

二是“富大学”和“穷大学”都应回归衍生企业的设立初衷，首先是为师生提供实践、实习场所；其次是发挥“技术撬动”和“示范引领”效应，在特定的技术前瞻性领域，社会资本尚不具备直接介入的风险承受能力和技术承接能力时，通过人员输出、技术输出、直接入股等方式创办衍生企业，实现新技术的快速社会化传播。

商学院发展亟须自我突破

| 尤建新

面对大变局的挑战，中国管理理论或管理实践有许多非常有意义的话题，专家们在各种场合发表了众多高见。对于这些话题，无论怎么讨论，最终还是要付诸实践的。这些个真知灼见如何体现在我们所处的商学院呢？根据方华教授布置的任务，选择了今天分享的题目，就是“商学院自己必须得实现自我突破”。为什么要选这样一个话题？因为大变局下，商业生态已经发生巨变。

一、商业生态发生巨变

互联网、大数据带来的是一个市场生态的急剧变化，对人们的生活方式和行为产生巨大影响因，这是商学院面临的一个挑战。当今，无论是研究过大数据，还是没有研究过大数据，都在谈论大数据这个话题。这说明，互联网、大数据已经对我们的思想以及思维方式带来影响和改变。这一切所基于的是数字化时代的到来。比如：工业 4.0 基于的是制造业数字化，新零售基于的是零售业数字化，共享经济基于的是服务业数字化，金融科技基于的是金融业数字化，等等。与此同时，我们每个人在不知不觉中已经成为“物联网”的移动端，成为大数据“用户”和“供应(商)”。

每个人不仅享受着大数据，但同时也被大数据所困扰。比如，大多数人们并不想出卖自己的数据，但在不自不觉中自己的数据已经被别人占用了。本该属于隐私权的保护，但更多的却是无奈。许多的商业争端和兼并重组，背后隐含着数据争夺和数据垄断的阴影。这个话题有太多的案例，不再展开。

面对多变的世界，商学院在做什么呢？很遗憾，不少商学院还在自己的小圈子里沾沾自喜，无视外部的巨变。看看商学院的朋友圈，可以看到：为了多一篇顶级期刊的文章而欢呼，为了排名向前一步而雀跃，陈旧老套的 KPI 已经成为

作者简介：尤建新，上海市产业创新生态系统研究中心总顾问，同济大学经济与管理学院教授。

师生们健康发展的紧箍咒，不仅偏离了大学“学术独立，思想自由”的轨道，也严重脱离了时代对商学院的进步需求。所以，商业生态已经巨变，商学院不能够独善其身，必须与时俱进。怎么做呢？商学院必须通过“升维”看清大变局的复杂势态，处变不惊，引领变革。

二、商学院必须“升维”

“人、财、物、时间”是商学院研究和教学内容中基于的主要维度，“数字化”时代下，须增加一个维度“数”。

早些年就有人提出了“数字”经济的问题，经济圈甚至法学界(数字带来了部分法理方面改变)已经关注了这方面的研究需求和发展空间。那么，商学院呢？是追随在企业实践的后面跑呢？还是理论先行，以前瞻性的研究成果给予实践指导？或者政产学研合作，并驾齐驱？

无论怎么选择，商学院必须基于全球社会、经济、科技发展大环境下服务于国家战略和地方发展需求，突破原有的思维空间，规划好自己的发展，重新构建有助于商学院健康、可持续发展的 KPI。

“升维”是为了对大变局有更高、更全面的认识，而操作层面上还得通过“降维”消除发展中的“森严壁垒”。

三、商学院还必须“降维”

大学一直在呼吁拓宽专业，打破学科壁垒，人才培养要宽口径、全面发展。从跨界发展到破界直至无界，可以称为是一个“降维”的过程。商学院在这方面应该是可以有所作为的，因为经常是两个门类或多个学科隶属于一个学院之中。但是，现实中却是学科、专业越分越细。商学院一旦跨出经济与管理学门类，就会发现更加寸步难行了。

问题出在哪里？教育部在制定学科专业目录和专业标准的过程中，或者学校的实际操作中，其实都未能体现出对跨专业的鼓励。

大学宣传的是鼓励学生全面发展，很遗憾，实际操作中许多制度是有悖于全面发展的。所以，打破学科专业壁垒仅仅局限于呼吁，实际上往往是学科专业围墙高筑，难以跨越雷池一步。比如：无论是教授还是学生，发表了一篇学术成果，就存在一个学校和学院的认可问题(KPI 考核，谁都躲不过去)。SCI 期刊，文科不认；SSCI 期刊，理工科不认；大学的科研处、文科处各自列出了期刊清单，并割裂学科管辖，把学院管得严严实实的，商学院也在其中。我相信，这些清单中肯定也少不了商学院专家们的杰出贡献。

因此，大变局下商学院必须率先突破学科、专业的束缚，根据人才发展的需要变革学科、专业培养计划，以及教师的成长空间，进而促进人才全面发展。显然，“降维”在理论上容易交流和理解，实践上有许多障碍尚需不懈努力去争取突破和跨越。

四、突破是为了商学院健康、可持续发展

借用一下大学里曾经的一个悖论：管理学院（商学院）连自己都很难管好，却是学校中招生规模最大的学院，教的还竟然是管理。

这当然是对商学院的误解，真是隔行如隔山。商学院经常会回应说，这不是商学院的无能，商学院发展中的许多问题来自政府主管部门和学校的“紧箍咒”和障碍，变数太多。

那么，换个场景也许会有启发。商学院经常会面对许多 MBA/EMBA 学员的吐槽，这些吐槽总体是怪罪于市场竞争生态不良。于是，商学院经常是这样教导学员们的：同样在你们吐槽的种种困难下，仍然有许多优秀的企业脱颖而出，所以不要抱怨，要多从自己身上找问题。回到商学院自己的类似场景下，商学院是不是更应该以身作则收回“吐槽”，不畏艰难，把研究成果和课堂上讲的理论与方法用于商学院自身的变革和进步呢？在明晰商学院的愿景和定位基础上，以变制变，突破束缚，进而实现商学院的健康、可持续发展！

关于商学院自我突破中的知行合一问题，已有另文探讨（见《管理科学学报》2019 年第 5 期《管理理论发展应不忘初衷并超越当下》），这里就不再赘述。

国际标杆

建设“共享经济全球中心”，英国怎么做的？

| 赵程程

2008 年 10 月，为应对国际金融危机、防范经济受到重大冲击，英国启动“数字英国”战略项目。其中，建成“共享经济全球中心”(Global Center for the Sharing Economy)，是“数字英国”战略的重要部署。该计划重点关注共享空间(personal and commercial space)、共享出行(transport)、共享个人时间与技能(time and skill)。

一、基本内容

围绕建设“共享经济全球中心”，英国政府颁布实施了一系列扶持政策，可归纳为一般性扶持政策和细分行业政策。一般性扶持政策主要涵盖鼓励创新、信任和认证、政府采购、风险防范、简化税制、数字融合、行业代表七个方面(表 1)。

表 1　一般性扶持政策及后续项目

扶持方向	扶持方式	支持部门		后续支持项目或行为
		公有部门	私有部门	
鼓励创新	成立共享经济创新实验室，即共享经济企业孵化器和研究中心	Nesta(政府创新基金)和“Innovate UK”(英国技术战略委员会的“创新英国”项目)	共享经济平台企业牵头	共享经济资金竞争项目
	试点城市—利兹城市区域	地方政府鼓励“基于移动账户的综合交通系统”、“居民技能和专业知识的共享、闲置的空间和设备的共享”	—	探索用汽车俱乐部取代地方议会车队，开辟更多的停车场
	试点城市—大曼彻斯特	地方政府鼓励“个人时间与技能的共享”	社区中心和微型企业	曼彻斯特卫生和社会保健整体改革方案
	建立数据收集和统计制度	创新实验室、国家统计局、国际会计准则委员会	—	共享经济测度的可行性分析项目

作者简介：赵程程，上海市产业创新生态系统研究中心研究员、上海工程技术大学管理学院讲师。

(续表)

扶持方向	扶持方式	支持部门		后续支持项目或行为
		公有部门	私有部门	
信任和认证	开放政府身份核实系统和犯罪记录系统	个人身份验证系统(GOV.UK Verify)向私营部门开放服务	—	政府改善和加快申请刑事记录检查的程序;确保申请程序数字化,网络化;通过应用程序编程接口(API)将个人身份验证系统纳入共享经济平台等第三方平台
政府采购	将共享经济纳入政府采购框架	将共享出行、共享短租纳入政府采购框架;将闲置的政府办公资源通过平台共享	—	"Space for Growth计划"
风险防范	支持保险公司开发适应共享经济的保险服务	鼓励多方协商共享经济保险覆盖范围,建立共享经济贸易机构	英国保险经纪人协会	英国保险商协会发布世界第一份共享经济保险指南
简化税制	拟定共享经济税收指导,并开发税务计算APP,帮助共享经济参与者简单便捷计算应缴纳税额	英国税务和海关总署(HMRC)和英国财政部(HM Treasury)	—	利用网络媒体(YouTube,Twitter)加大共享经济纳税宣传
数字融合	鼓励老年人通过共享经济平台获得更多服务和提供更多的闲置资源	政府数字服务部	—	通过英国数字包容性策动(the Go ON UK digital inclusion initiative)帮助更多老龄人上网
共享经济行业代表	鼓励共享经济企业应该联合起来建立一个贸易机构,并建立一个统一的共享平台企业认证标记	—	共享经济平台企业牵头	成立共享经济行业协会SEUK

资料来源:笔者根据材料整理。

细分行业政策主要针对空间共享、出行共享、个人时间与技能共享三个方面一一提出具体要求。空间共享领域，聚焦房屋的空间人员比、房屋消防安全责任划分、商业性质的停车位共享要求。政府为鼓励房东将闲置房屋共享，给予房东税收优惠，即租金每年不超过 4 250 英镑，即可享受免税待遇。出行共享领域，伦敦交通局在 2015 年宣布网约车的合法运营身份。个人时间与技能共享领域，政府要求共享平台企业应支付技能/时间提供者基本工资，并明确共享平台企业的法律地位和责任——平台企业对技能/时间提供者间是监管需求较弱的新型服务关系，而非雇佣关系。

二、实施特点

尽管从参与人数、市场规模、独角兽企业等指标来看，英国难以与美国相提并论。但英国政府十分重视共享经济，试图将英国打造成“共享经济全球中心”，实现本国经济“超车”。具体实施特点总结如下。

抓住共享经济“节约、挖潜”的本质，鼓励 P2P 共享行为。通过对 2017 年共享经济行为的调研统计，更多的英国人关注个人与个人(简称 P2P)的时间、任务、物品的交换。其中，44%的受访者购买过二手物品；22%的受访者借助第三方平台卖手工艺品(图 1)。P2P 模式的借贷和融资领域聚集了英国最强的共享经济企业。这一领域比较出色的企业有 Funding Circle、Seeders 等，其中，2018 年 Funding Circle 成为全球第一家允许融资资金超过 10 亿英镑的股权融资网络平台。

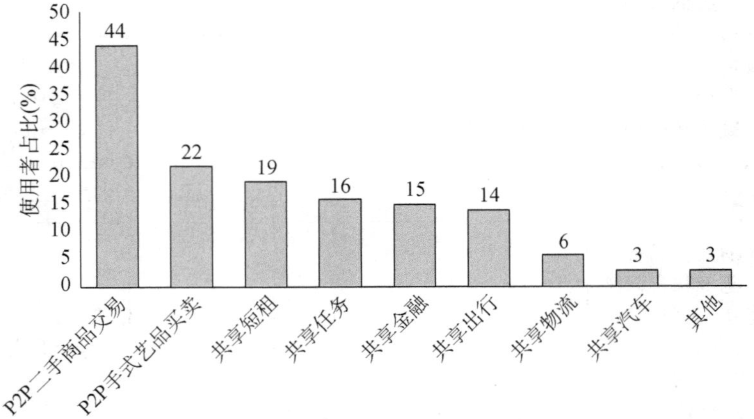

图 1　英国共享经济市场活动

数据来源：英国共享经济行业协会(SEUK)，2017

“试点＋协会”是英国打造“共享经济全球中心”的主要手段。一方面，成立英国共享经济行业协会（Sharing Economy UK，SEUK），用以规范及监管共享平台企业。该协会是一家与政府紧密联系的机构，采用会员制，是一个规范及监管共享经济的第三方组织。该协会的目标有：一是倡导共享经济。借助传统和新兴媒体，大力宣传共享经济的好处，使共享经济成为主流商业模式，推动英国成为全球共享经济的中心。二是制定标准。会员企业通过一份行为准则，从维护共享经济企业信誉、实行员工培训和保障消费者交易安全等方面入手，为共享经济企业树立需要遵从的标准和行为准则。三是寻找对策。通过支持研究项目、总结企业成功实践等，解决共享经济企业遇到的共同挑战和难题。

另一方面，政府设立“共享城市”试点，重点支持交通、住宿和社会保障领域的共享尝试。英国政府认识到共享经济能够以创新方法帮助城市解决社会和经济挑战、推动当地发展，因此决定2015—2016年在利兹市和大曼彻斯特区设立两个实验区，重点支持交通、住宿和社会保障领域的共享尝试。

将共享经济纳入政府采购框架，同时将政府资产参与共享。英国政府更新其采购框架，让共享经济也成为政府采购的选项之一，如从2015年始，英国政府官员履行公务时，可以选择共享经济中的住宿和出行服务。与此同时，英国政府增加政府办公资源的共享程度，如从2015年开始，英国税务及海关总署开展了一个实验项目，通过一个数字平台实现其闲置的文具、办公用品、家具和IT设备的共享。

政府向平台企业开放身份核实系统和犯罪记录系统。信用系统是共享经济网上交易进行的基石，英国政府正在与银行、移动网络运营商等协商，逐步对包括共享经济平台企业在内的私人经济部门，开放身份核实系统（GOV. UK. Verify）与提供犯罪记录查询服务（Disclosure and Barring Service），大大缩减了查询的手续和费用。

三、启示

制度供给的主体是政府，监管供给的主体是政府相关职能部门。我国共享经济早期受到大量资本的追捧，发展迅猛，政府较难从中捕捉到问题并迅速作出合理的反应，因此早期政府监管略显滞后。英国在建设共享经济全球中心的经历，给予我们几点启示。

去伪存真，明确共享经济行业范畴。共享的本质是节约，挖潜，即拿过剩的资源做节约的利用，满足需求，从而让物质更加可循环、可持续。依此定义，共享单车、共享汽车、共享充电宝、共享雨伞等是伪共享，实为租赁经济。这类租赁经济容易导致物品的激增、产能的过剩、资本的浪费，给城市空间治理带来挑战。政府治理共享经济的首先要分清哪些是共享经济，哪些是租赁经济。本质不同，治理方式也不尽相同。

抓小放大，打造开放公平的大环境，规范参与主体的小行为。在“大环境”建设方面，亟须在政府和企业间建立有效的数据共享机制。一方面，政府部门“手握”大量个人与国家安全的公共数据，但这些数据开放度较低，不利于共享经济企业的创新。尤其是涉及个人安全的相关信息，若政企不能有效共享，将大大降低企业服务的安全性。另一方面，平台企业掌握大量参与者行为、用户安全的数据，如果不能与政府有效共享，一旦发生重大突发事件，势必阻碍政府、企业、与用户的沟通，降低政府协同管理水平和应急响应能力。共享经济破困，需要加强政企数据共享力度，先解决“不知道跟谁对接、怎么对接”的问题，再突破“不愿”“不敢”“不能”的难题。在“小行为”规范方面，必须审慎共享经济带来的问题，统一与传统行业的监管标准，加强平台企业运营的规则，明晰参与主体的责任与义务。

防治结合，事前预防、事中调节、事后干预。早期共享经济监管是以解决问题为导向，即“问题显现—监管规制”。基于问题解决逻辑的监管规制容易落入滞后性陷阱之中。共享经济的高频创新性，必然会引发市场各种新问题、新挑战。这对监管部门提出新要求。政府监管不仅从力度上强化监管，也应从模式上进行创新，即通过制度与法律建构防止结合的治理体系，规制强调事前预防，监管强调事中调节，惩治强调事后干预。

日本 AI 国家战略：深根基础研究、深化国际产学研合作

| 赵程程

人工智能(AI)作为一项颠覆性技术，极有可能对社会、经济、法律等带来新的冲击和广泛的影响。美国、英国、德国等创新型国家纷纷将 AI 纳入国家发展战略。同样，日本在国家层面建立了完整的 AI 国家战略，并将 2017 年确定为人工智能元年。2017 年 3 月，日本政府发布《人工智能技术战略》报告，明确了人工智能产业化发展所制定的路线，包括三个阶段：在各领域发展数据驱动人工智能技术应用(2020 年完成一、二阶段过渡)；在多领域开发人工智能技术的公共事业(2025—2030 年完成二、三阶段过渡)；连通各领域建立人工智能生态系统。2019 年 AIST(产业技术综合研究所)细化了 AI 研发重点与研发关系。

一、日本 AI 研发架构

日本 AI 研发战略从架构上分为 3 层，即基础层、技术层和应用层(表 1)。基础层主要是为人工智能技术(含算法)提供计算能力以及数据资源的模型研究和数据处理工具。2019 年日本将下一代类脑架构和数据知识集成纳入 AI 基础研发的核心内容。技术层是整个人工智能的核心，该层在基础层的基础上开发或优化算法，并通过海量识别训练和机器学习建模，开发面向不同应用领域的技术，如语音识别、图像识别、文本挖掘技术等。应用层是将人工智能技术与应用场景结合起来，实现商业化落地，主要应用包括网络服务、专业化服务、分布设计、机器人、智能制造、自动驾驶汽车、智能政府等多个领域。日本聚集国内外先进人工智能领域的顶尖研究人员，搭建先进人工智能基础研究商业化平台，推广日本 AI 技术和加强 AI 人才培养，保持日本先进的制造业竞争力。

作者简介：赵程程，上海市产业创新生态系统研究中心研究员、上海工程技术大学管理学院讲师。

表 1　日本 AI 研发重点与主要内容

研发重点		具体内容或应用
基础层	下一代类脑架构 AI	大脑皮层模型(深度学习)
		海马体模型
		基底节模型
	数据知识集成 AI	超高速推理
		概率关系数据库
		贝叶斯网络
技术层	自然语言处理	—
	文本挖掘	—
	算法优化	—
	预测	—
	图像识别	—
	语音识别	—
应用层	网络/Web 服务(网络监控、非法访问监测)	通信与移动电话服务
		互联网服务提供商
		电子商务市场
	专业化服务(诊断辅助 AI、可疑行为侦测)	医疗或护理服务
		金融和保险服务
		安保服务
	分布与设计(市场营销辅助、需求预测系统等)	商品和服务规划
		大规模设计支持
		分布管理
	机器人、制造和自动驾驶技术(对话系统、先进生产管理、风险识别与规避系统等)	人体机器人
		制造技术
		汽车(自动驾驶)
	政府与公共部门(专利/商标审查协助、预测应急响应)	日本气象局
		日本专利局
		电力交通运输

二、日本 AI 发展战略

日本政府在 2016 年 1 月颁布的《第 5 期科学技术基本计划》中提出了超智能社会 5.0 战略,认为超智能社会是继狩猎社会、农耕社会、工业社会、信息社会之后,又一新的社会形态,并将人工智能作为实现超智能社会 5.0 的核心。在 2016 年 4 月召开的第 5 次"面向未来投资官民对话会议"上,首相安倍晋三提出了设定人工智能研发目标和产业化路线图,以及组建"人工智能技术战略会议"的设想。日本政府随后正式确定设立"人工智能技术战略会议",并作为国家层面的综合管理机构,其下以总务省、文部科学生和经产省三省协作方式推进人工智能的技术研发及应用。

1. 深耕 AI 基础研究

尽管应用层面还有空间,但是目前基于深度学习的人工智能在技术上已触及天花板。由这一技术路线带来的"奇迹"在 Alphago 之后再难出现。2019 年,日本将 AI 研发重点聚焦到基础层面的研发创新,集合各领域顶尖研究员聚焦下一代类脑架构和数据知识集成 AI 基础创新。

下一代类脑架构人工 AI 研发:基于人类信息处理原理,结合先进计算神经科学技术,对人脑结构人工智能(包括人工视觉皮层、运动皮层和语音皮层)进行大规模的基础性研究。中期目标是创造一个类脑架构的 AI 原型。最终目标是建立一个类脑架构 AI 的概念验证系统,通过解决现实问题来确认人工智能系统的有效性。

数据知识集成 AI 研发:将现实中的非结构化大数据和大规模知识进行有机集成的 AI 基础性研究。该研究可以提高机器学习和贝叶斯概率建模技术的性能。中期目标是实现数据知识集成 AI 基础功能,并能评估其预测性能和识别性能。最终目标是构建数据知识集成 AI 的概念验证系统,并通过应用于城市交通、人类行为等现实问题,来评价其有效性。

2. 明晰 AI 应用领域

近几十年以来,日本的科技发展一直处于世界前列,与之相应的,在 AI 领域内日本取得的成就也不容小觑。早在 20 世纪 90 年代,包括东京大学、早稻田大学等在内的 20 多所大学就已经设立了人工智能专业。为了协调推进 AI 产业的发展,日本政府还专门成立了"人工智能战略委员会"。2018 年 6 月,日本政府在人工智能技术战略会议上出台了推动人工智能普及应用的计划,推动研发与人类对话的人工智能,以及在零售、服务、教育和医疗等行业加快人工智能的应用,以节省劳动力并提高劳动生产率。

在医疗领域，日本医疗行业利用 AI 技术帮助检测分析病情的应用场景越来越多。例如，日本东京医科大学的科研团队通过对人类尿液中相关成分含量分布图谱进行分析，依靠 AI 技术成功地对大肠癌进行了高精度的诊断。2017 年 5 月，日本富士胶片和奥林巴斯开发出在内窥镜检查中由 AI 自动判断胃癌等技术。2018 年 1 月，日本岛津制作所开发出了运用 AI 两分钟内判别癌症的技术。日本的一些医院和研究机构还计划联合打造人工智能医院，计划 2022 年之前建立 10 家样板医院，利用 AI 技术自动录入病例、影像识别及提供最佳治疗方案等。人工智能医院将有助于解决医疗人员不足和促进个性化医疗，提高日本医疗行业效率。

在交通出行领域，日本各大车企和互联网公司都积极推进 AI 技术在无人驾驶方面的应用。2018 年 8 月无人驾驶出租车在东京街头的固定线路上载客试运营。负责开展测试的日本日之丸交通出租车公司和 ZMP 自动驾驶技术公司表示，这是全球第一次为乘客提供自动驾驶出租车服务，目标是在 2020 年东京奥运会前后正式推出相关出行服务。2018 年 10 月丰田公司宣布和日本软银集团合作，在无人驾驶和共享汽车等领域拓展业务。丰田公司总裁丰田章男认为在人工智能和大数据时代，丰田将不再是一家传统汽车厂商，要转变为一家依托人工智能的移动出行服务公司。

此外，在其他多个领域，日本也一直在探索 AI 的实际应用。例如日本大阪大学开发了一项 AI 技术，可以通过监控影像中的人的姿势、步幅、手部摆动方式等走路时的特点进行个体识别，追踪或者调查罪犯。此外，AI 也被用来预测交通事故。日本的神奈川县正在开发一套预测交通事故的 AI 系统，通对各种案件的发生时间、当事人性别和年龄等数据以及地形、气象条件等信息进行深度学习，从而降低事故发生概率。这套系统将被用在 2020 东京奥运会期间的交通运营管理上。日本是个岛国，海域范围广，AI 也被用于船舶巡航识别等领域。日本国防部正在着手开发一种船舶自动识别装置，通过让 AI 学习船舶位置、速度、船艏方位等大量信息，使其自动检索出极度偏离航线或逆向航行的异常行为。

3. 深化国际产学研合作

2015 年 5 月，日本经济产业省旗下的产业技术综合研究所（The National Institute of Advanced Industrial Science and Technology，AIST）聚集日本国内外人工智能研究方面的顶尖研究者和新锐研究者设立人工智能研发中心（Artificial Intelligence Research Center，AIRC）。该中心围绕实施日本国家人工智能战略，联合工业、学术界和政府，推动建设 AI 基础研究到应用的开放式国际创新合作平台，其目的是为了实现产学研的良好互动。从 AIRC 的定位和核心任务来看，其工作的重点是促进产学研合作，难点是资源和成果的共享。AIRC 的目标是形成从基础研究到人工智能技术开发，再到实用化，然后又反馈给基础研究的良性循环。

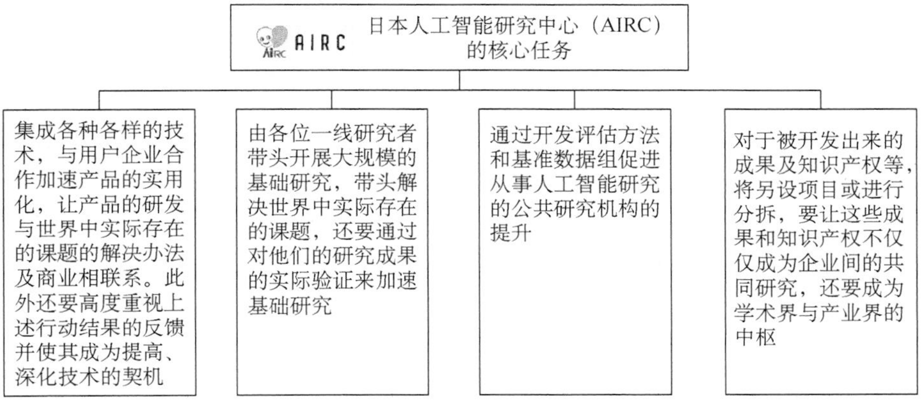

图 1　日本人工智能研究中心（AIRC）核心任务

来源：工业 4.0 研究中心综合分析

基于 AIST 与世界各地领先的研究机构的良好合作，AIRC 与众多顶尖研究机构和企业开展人工智能产学研互动合作工作。截至 2016 年 4 月初，AIRC 已有超过 250 名研究者注册。

AIRC 自身也建立了有效的协同机制，除了具体几个推进研究的团队之外，还设置了“策划团队”，与各个研究团队进行密切合作：讨论具体课题，讨论人工智能技术的可能性和适用性，讨论合适的技术组合。目前 AIRC 有两个重点研究方向，一是下一代脑型人工智能的研究，二是知识综合型人工智能的研究。AIRC 明确把制造业、智慧生活和智慧科技作为突破重点。

东京:值得关注的全球创新城市

| 陈　强　马永智

2015 年,日本东京首次进入国际智库“2thinknow”创新城市排行榜前十。2018 年,东京超越伦敦、纽约,成为首个世界排名第一的亚洲城市(图 1)。无独有偶,在世界知识产权组织 2018 年发布的全球创新指数中,东京-横滨地区凭借世界第一的 PCT 专利和科学出版物数量,摘得全球创新集群排行榜桂冠。

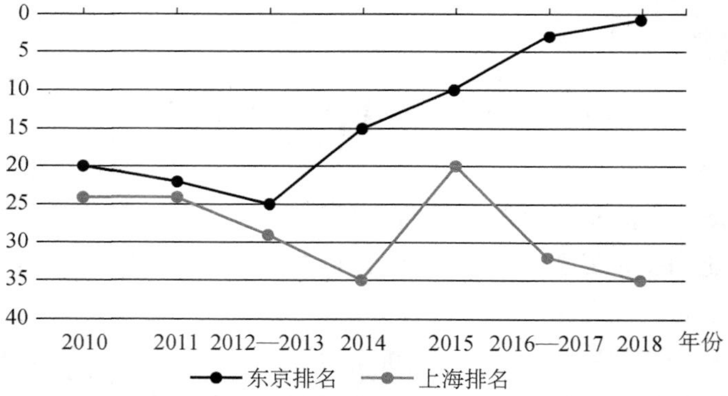

图 1　2thinknow 创新城市排行榜中的东京和上海

上海与东京在创新城市排行榜中曾处于同一梯队,但 2018 年跌落至第 35 名。来自东京的经验对上海科创中心建设可能形成有益启示。

一、积极融入国家战略

东京积极融入国家战略,将建设智能城市作为核心战略布局。在国家层面,日本将“社会 5.0”计划作为国家转型的重要部分,旨在通过网络空间与现实空间的互动,推动科技创新发展,并解决社会问题,使得日本成为世界上第一个以人

作者简介:陈强,上海市产业创新生态系统研究中心执行主任,同济大学经济与管理学院教授;马永智:同济大学经济与管理学院硕士研究生。

为本的超级智能国家(图 2)。

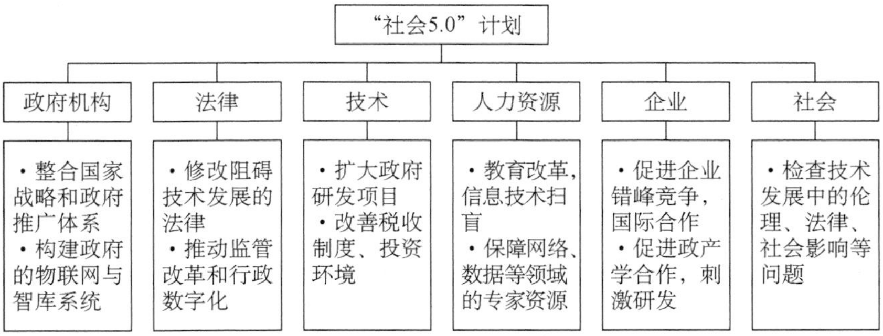

图 2　日本"社会 5.0"计划布局的六个工作方向

在城市层面,作为日本的全球创新网络节点和国家战略特区,东京推出以安全、多样、智慧为建设目标的"新东京新明天"(2017—2020 年)综合性计划,以呼应国家战略。在《东京长期展望》中,进一步明确东京要与中央政府、私营组织合作实施"FIRST"战略,赢回全球顶级城市的位置(图 3)。

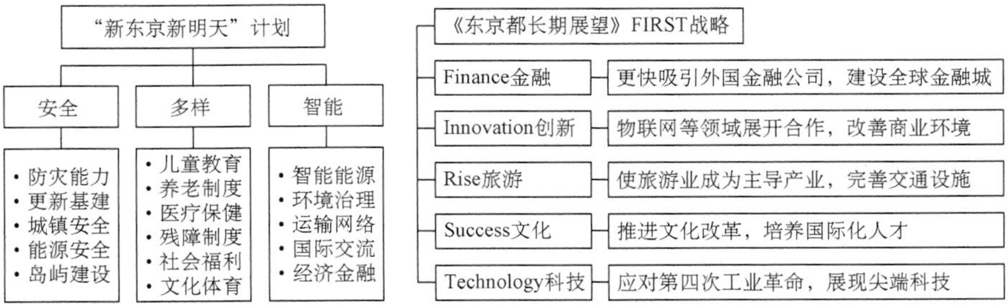

图 3　"新东京新明天"计划和《东京长期展望》的关注点

二、合作治理创新环境

东京重视与各界合作,营造良好的创新环境。东京的政产学活动不仅局限于政府提供政策,高校提供技术,企业提供资金的单一模式,在不同的项目中,政产学三方均有扮演技术生产、需求、推广者的引领身份,使政产学合作创新模式向良好的市场体系发展。东京拥有中小制造企业聚集的特殊产业模式,政府通过多种方式给予中小制造业财务、管理及技术支持,以此激励创新。市内七成制造企业拥有自主知识产权,依靠技术和理念创新提升企业价值,在对城市环境破坏最小的情况下，跻身于国际市场。此外，东京政府鼓励民间组建中小企业联合体，合作解决经营和技术难题，企业间资源的有效结合营造出多元、高效的创新环境。政府重视数据的开放与共享，政府所掌握的数据以机器可读的标准化格式披露，供国际研究学者和企业家使用。近年来，政府还多次举办开放数据应用大赛，通过公私合作，解决区域经济社会发展中的问题。

三、吸引和集聚全球创新资源

为了吸引更多的国外优秀企业，东京政府采取了在必要范围内放宽管制的策略。东京特区内的外国企业可以获得政府在财政、服务、手续审核以及生活方面的各种支持。对于信息技术等高科技行业，政府会额外通过举办商业大赛活动吸引国际创业企业，促使其与本土中小企业联合开展业务(图 4)。东京还利用完善的城市基础设施降低商业成本，吸引国际投资者。累计超过 2 500 公里的东京城市轨道交通网络，连通各工业区与金融中心，将平均通勤时间控制在一小时左右，市内 20 多个国际型办公区域建设项目，为新入驻企业提供良好的工作环境。此外，政府还积极利用城市文化与环境吸引国外投资者，近年推出多轮城市层面的旅游文化与环境保护活动。这些举措使得东京近十年的外国游客数增长3 倍，吸引超过 2 400 家外国企业总部落户东京。

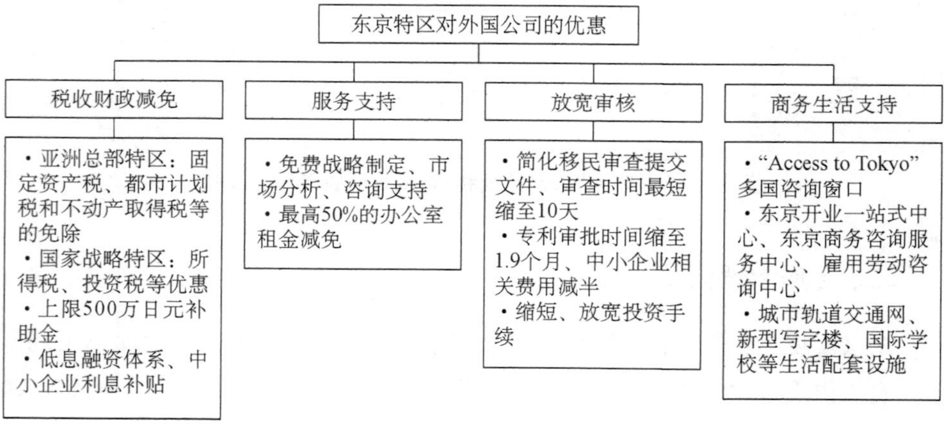

图 4　东京特区对外国公司的支持措施

四、独特的技术崇拜文化

东京传承了日本的忧患意识与维新思想，以及对机器人和自动化技术的文化迷恋。大部分东京本土企业拥有独特的技术崇拜文化。有别于社交网络、共享经济企业主要着眼于庞大的消费者群体，聚焦于商业模式创新，东京的诸多科技制造企业专注于科学发现和技术发明，不断构建并完善产品及服务架构，以获得消费者的青睐。东京企业每年的研发投入占城市总研发投入的六成，高质量的技术专利成为创新和经济发展的源源动力。

综上可见，东京正以智能城市为发展目标，结合各界力量治理创新环境，吸引优秀国际创新企业，通过科技变革来增强创新力和领导力，抓住智能技术热潮和举办奥运会的双重机遇，从而迈入全球创新城市的前列。

从“国家战略特区”到“亚洲总部特区”，看东京都市圈多策并举应对挑战

| 赵程程　王佳璐

日本是世界上最早提出“都市圈”概念，并且对都市圈进行统一规划和跨区域联合治理的国家，在都市圈发展与治理方面积累了非常丰富的经验。这其中，以东京都为主要核心城市的“东京都市圈”最具代表性。东京都市圈的形成与成熟离不开其特殊的地理区位以及政治、经济和文化中心的历史地位，也离不开大规模的副中心、新城建设以及联结多中心的发达而便利的交通设施网络，但最重要的制度性因素在于日本政府自上而下地“建纲立制”和主动引导下的结构调整和政策配套，也与区域性行政制度紧密相关。

一、国家战略特区：打造全球最佳商务环境，形成国际商务基地

国家战略特区主要以展望2020年东京奥运会和残奥会，打造全球最佳商务环境，吸引来自世界各地的资金、人才、企业等为主要目标，同时通过在制药等领域开展创业、创新，打造具有国际竞争力的新引擎（表1）。国家政府、地方政府、民间团体在东京地区国家战略特别区域会议上，制定区域计划方案，经国家战略特别区域咨询会获得内阁总理大臣的认可，最终予以发布实施。东京都自2014年5月被指定为特区之后，在城市再生、医疗、创业、雇用、女性发展等各个领域，开展新的规制改革。

作者简介：赵程程，上海市产业创新生态系统研究中心研究员、上海工程技术大学管理学院讲师；王佳璐，同济大学经济与管理学院硕士研究生。

表 1　东京“国家战略特区”的主要内容

领域	举措	详细内容	实施案例
城市再生领域	城市计划法	针对 32 个城市再生项目，提前积极制定城市发展计划，在获得区域会议通过后立即启动，提升项目运作速度	东京站前的大型地下巴士总站、虎之门、品川站周围的新站建设
	区域管理相关道路法	道路占用许可标准的放宽，为推动经济发展、商业繁荣，充分使用道路空间开展各类活动	丸之内地区、新宿副都心、大崎站周边道路、蒲田站周边道路、自由之丘站周边道路、日本桥地区、池袋站东口道路
医疗领域	医师资格制度相关的双边协定特例	特区内的医疗机构，不限国籍，外国医师可以为所有患者提供诊疗服务	圣路加国际大学圣路加国际医院、圣路加体检中心也有外籍医师，从 2016 年 9 月 1 日起开始向外籍患者提供诊疗服务
创业	东京开业一站式中心	为外资企业以及创业企业提供法人设立所需的章程认证、登记、税务、养老社会保险、入境管理等手续类一整套相关服务	JETRO 总部
	东京圈雇用劳动咨询中心	使外资企业以及新开业的企业等顺利发展，提供了解日本雇用规则信息等一系列服务	JETRO 总部
	促进创业人才进入日本	在入国管理局开始审查之前，东京都先对项目计划等进行确认，作为特例给予外籍创业者 6 个月的在留资格。外籍创业人士可以在这 6 个月的时间里，在日本国内开展各项准备工作	—
旅游	民宿	原则上，住宿服务不足一个月的设施适用旅馆业法，根据规定需要设置前台等。根据本特例，住宿服务即便不足一个月，只要满足国家战略特别区域法施行令所规定的条件，允许不适用旅馆业法	2015 年末东京都大田区通过了旅馆业法特例相关条例，作为日本全国首例从 2016 年 1 月末开始启动
无人驾驶	促进先进的无人驾驶技术实用化	缓解东京的交通拥堵现象、减少交通事故、为交通弱者提供出行工具等方面发挥作用，成为解决诸多社会问题的突破口	东京入口羽田机场周围等地区

资料来源：《国家战略特区》①。

① 国家战略特区[R]，投资东京，2017.

二、亚洲总部特区：打造“宜商、宜居”环境吸引外商投资研发中心

日本政府 2011 年提出要打造亚洲总部特区的政策，目的是吸引海外公司的亚洲总部入驻东京市区，将东京打造成亚洲的金融科技中心（表 2）。东京都市圈作为国际战略综合特别区域之一，开展了以进一步积聚亚洲地区的业务统括基地、研究开发基地，在 6 个区域推进外资招商项目。对落户特区的外资企业，以税制优惠为主，配备放宽规制、财政和金融援助的服务项目。同时，多处机构设置了英语的一站式咨询窗口，营造了从商务到生活多方面“宜商、宜居”的软环境。到 2018 年底，已经有 400 家世界级跨国公司入驻。

表 2　东京“亚洲总部特区”的主要内容

<table>
<tr><th>领域</th><th>业务</th></tr>
<tr><td rowspan="4">招商及商务交流</td><td>外国企业的发掘与招商事业</td></tr>
<tr><td>税制优惠（扣除所得税、扣除投资税额、特别折旧）</td></tr>
<tr><td>加快入境审批、精简提交文件、放宽取得在留资格的条件限制等</td></tr>
<tr><td>形成 MICE 基地（提高从羽田机场到 MICE 会场的旅客方便性）</td></tr>
<tr><td rowspan="2">商务援助</td><td>由东京商务咨询低利融资制度服务提供的商务支援</td></tr>
<tr><td>低利融资制度</td></tr>
<tr><td rowspan="6">生活环境整备</td><td>由东京商务咨询服务提供的生活支援</td></tr>
<tr><td>可使用外语接受诊疗的医院整备</td></tr>
<tr><td>可使用英语等上课的学校的整备</td></tr>
<tr><td>使用多种语言提供生活信息</td></tr>
<tr><td>受灾时也可继续开展业务的具备耐震功能、独立型发电系统等功能的写字楼整备</td></tr>
<tr><td>具备服务式公寓和 MICE 相关设施等先进商务支援功能的写字楼等整备</td></tr>
</table>

资料来源：《亚洲总部特区》①。

① 亚洲总部特区[R]，投资东京，2017.

三、“安全”“多元”“智慧”城市：东京 2040 行动计划

2017 年，东京都厅发布新四年综合计划《东京 2040 行动计划》。该项计划预计在 2017 财年投入 1.42 万亿日元，四年总投入 5.61 万亿日元，将东京打造成为“安全”“多元”“智慧”的“新东京”。

“安全城市”即建立一个更有安全保障、更具活力的城市。东京都厅针对东京电线杆林立，木质结构房屋多等现状提出提升东京城市抗震、防火、防洪等应对各类灾害的城市建设预案，提升东京的抗灾能力，为东京人民提供更为安全的生活环境。主要的工作内容包括：推进电线杆拆除工作，建立抗震防火的城市，加强社区防灾，推进暴雨防灾对策，维护更新城市基础建设，加强防恐措施，多摩地区和东京群岛的社区发展等方面的具体推进和维护措施。

“多元城市”旨在建设一个全民乐享生活的城市，满足东京各类人群的生活所需，提升生活水平。“多元城市”建设涉及育龄人群、儿童、老人、残障人士、女性以及学生等各类人群，主要工作内容包括：提供婚育保障，鼓励儿童日托建设；特殊疗养院和养老院建设，保障老人退休安居；推进健康服务，鼓励健康生活；提升鼓励残障人士就业，提供生活保障；形成东京工作模式，推进生活工作两平衡；促进女性的社会积极作用；提升老年公民就业率；融入全球设计，推进城市发展；强化语言和基础学术技能教育，完善奖学金体系。

“智慧城市”是指将东京建设成为不断进步，对外开放，引导国际环境政策的国际经济金融中心的目标（表 3）。设立了智慧能源城市、贯彻节约精神等 9 项目标，并对各个目标设计相应小目标和时间节点，规划了相关的措施。

表 3 “智慧城市”的主要内容

一级目标	二级目标	具体举措
智慧能源城市	· 2020 年实现城市设施 LED 灯使用率近 100% · 2030 年实现东京能源消耗较 2000 年降低 38%	1. 以城市设施为榜样，推进家庭、建筑、工厂采用 LED 灯 2. 推进生态住宅和企业节能以及城市设施向 0 能耗建筑转变 3. 研究无二氧化碳排放的氢能源

(续表)

一级目标	二级目标	具体举措
坚定贯彻节约精神	• 2030 年粮食损失减半 • 2020 年建立"东京风格减少粮食损失" • 2020 年无免费塑料袋	1. 起草"东京风格减少粮食损失"系列减少粮食损失和浪费的规定 2. 有效利用临近保质期的应急食品 3. 鼓励商家停止提供免费塑料袋
接近自然的舒适城市	• 2019 年前完成 6 处近竞赛场馆的"凉爽"地区建设 • 2020 年前规划 433 公顷公园和绿地建设 • 2020 年前保护 400 公顷私有绿地	1. 加强高温治理办法,创造"凉爽地区" 2. 增加公园和行道树,以鲜花绿植装点城市 3. 保护东京珍稀绿植 4. 创造人与生物共享的和谐环境
成为国际金融城市	• 2020 年前由政府引进 40 家外国金融公司 • 2020 年前由政府引进 40 家外国物联网或相似领域的公司	1. 家属吸引外国金融科技、物联网等相似领域企业,协助拟定商业计划以及与本土企业建立连接 2. 努力为外国企业和他们的员工创造舒适的环境 3. 绿色债券问题和先进的环境政策
支持中小企业	• 2020 年政府扶持下中小企业向成长行业扩张案例达 700 个 • 2020 年政府扶持下中小企业向海外市场扩张案例达 1 500 个	1. 扶持有想法的中小企业与行业领先技术相连 2. 利用物联网以及其他创新技术活化企业 3. 支持初创企业发展国际业务 4. 向国内外宣传东京传统工艺和农产品,推广东京品牌
世界旅游胜地——东京	• 2020 年实现每年 2 500 万国际游客来访东京,每年 1 500 万国际游客再次来到东京,实现每年 2.7 万亿外国旅客收入	1. 与奇特国际旅游地合作,互相宣传 2. 为国际旅客提供更为舒适的环境 3. 宣传旅游资源吸引外国人的兴趣

（续表）

一级目标	二级目标	具体举措
提升艺术和文化	• 2020年所有自治市实现东京奥运会文化项目 • 2020年成至少五个区域的艺术文化中心	1. 举办东京敞篷车活动，集聚不同流派的艺术家 2. 与乡镇地方政府和私营部门合作提升城市魅力
建立海陆空交通网络	• 2020年前推进三环高速路建设释放90%运输量 • 2020年建立大型游艇停泊站 • 2020年提升羽田机场功能 • 2016年研究引进新的铁路网络	1. 强化含主干道在内的道路网络 2. 建立世界最大游艇可用停泊站 3. 扩张羽田机场运输能力，保障安全降噪 4. 管理研究可能的铁路运输建设路线
多功能城市开发	—	包括池袋区、新宿区等十个城市的建设支持东京发展

美国STEM教育的政府推动和社会参与

| 尚 玮 陈 强

STEM是科学(Science)、技术(Technology)、工程(Engineering)、数学(Mathematics)的简称。进入知识经济时代后,STEM教育不仅成为美国"国家经济的发动机",还是"技术创新的驱动力",对于美国而言,STEM教育已成为一项由联邦政府自上而下发动的带有政治色彩的国家战略规划。

联邦政府是美国STEM教育的主导力量,为了提升高校、企业、非营利机构等社会力量的参与度,联邦政府做出了不懈的努力。

一、联邦政府的全力推动

政策方面,自1986年《本科的科学、数学和工程教育》颁布起,美国联邦政府出台一系列报告和法案(表1),提高全社会对STEM教育的关注度,并号召各社会力量参与到STEM教育中来。2018年12月,特朗普政府颁布了最新版的STEM教育五年战略——"北极星计划",该计划明确提出"发展和丰富战略伙伴关系"是实现未来五年战略目标的四大途径之一,联邦政府将作为STEM教育战略的主导方,带动各州政府并号召全社会力量共同推进STEM教育的发展,建立STEM教育生态系统。

表1 美国加强STEM教育的相关政策

出台年份	政策名称	主要内容
1986	《本科的科学、数学和工程教育》	首次明确提出"科学、数学、工程和技术教育集成"的纲领性建议,因而被视为STEM集成的开端

作者简介:尚玮,同济大学高等教育研究所硕士研究生;陈强,上海市产业创新生态系统研究中心执行主任,同济大学经济与管理学院教授。

（续表）

出台年份	政策名称	主要内容
1996	《塑造未来：透视科学、数学、工程和技术的本科教育》	针对新的形势和问题，对学校、地方政府、工商界及基金会提出了明确的政策建议
2005	《驾驭风暴：美国动员起来为更加辉煌的未来》	揭示了美国面临的紧迫问题，并提出具体对策，以确保美国继续在科学与工程方面占据领先地位
2006	《美国竞争力计划：在创新中领导世界》	核心是加大对研究和教育的投入，促进研究开发、创新和教育的发展，以提高国家竞争力
2007	《国家竞争力法》	批准从 2008—2010 年间为联邦层面的 STEM 研究和教育计划投资 433 亿美元，同时要求增加美国国家科学基金，重点放在奖学金、K-12 阶段 STEM 师资培训和大学阶段 STEM 研究计划上
2009	《美国创新战略》	提出通过“创新教育运动”指引公共和私营部门联合以加强科学、技术、工程和数学教育
2011	《美国创新战略：确保我们的经济增长与繁荣》	政府财政预算 37 亿美元投入 STEM 项目，包括 10 亿用于提高 K-12 STEM 教育
2013	《联邦政府关于科学、技术、工程和数学（STEM）教育战略规划（2013—2018 年）》	继续强调了 STEM 教育对美国科学发现和创新的重要性，并对其进行了解释：①未来越来越多的工作会与 STEM 相关；②在 PISA 测试中，美国的 K-12 教育水平排在国际中等位置，科学排在第 13 位，数学排在第 18 位；③STEM 教育进步对构建公正和宽容的社会至关重要
2016	《STEM 2026：STEM 教育创新愿景》	对实践社区、活动设计、教育经验、学习空间、学习测量、社会文化环境等六大方面提出了愿景规划，指出 STEM 教育未来十年的发展方向以及存在的挑战
2018	《制定成功路线：美国的 STEM 教育战略》	提到了新的五年战略的愿景：所有的美国公民都将终身受益于高质量的 STEM 教育，而美国将成为 STEM 扫盲、创新和就业的全球领导者，提出了未来五年每个美国人都应掌握基本的 STEM 概念、弥补以往欠缺的学生进行 STEM 有效学习、鼓励学生从事 STEM 职业三大战略目标

经费方面，联邦政府的 STEM 教育的经费政策主要体现两个方面，一是联邦政府以立法形式规定的常规经费投入，二是年度总统财政预算中对特殊项目的灵活增补等，自 2014 年起，联邦政府每年的 STEM 教育财政预算都达到 30 亿左右，同时，各州政府的经费投入也在持续增加。

管理机构方面，早在 2010 年，奥巴马政府就成立了专门的 STEM 教育委员会(CoSTEM)，负责协调联邦 STEM 教育项目和活动，保证 STEM 教育活动的正常有序开展。

二、社会各界的积极参与

通过政府的有力引导，美国的社会层面做出了积极响应。美国的高校、企业、非营利机构等社会团体和组织彼此之间联系密切，并成立了各类协会，共同商讨教育问题，在促进 STEM 教育方面发挥着重要作用(表 2)。

表 2　美国参与 STEM 教育的主要机构

类型	机构名称
高校与学术机构	加州大学(UC)、加州大学伯克利分校(UC Berkeley)、马里兰大学(University of Maryland)、密歇根大学(University of Michigan)、堪萨斯大学(University of Kansas)、普渡大学(Purdue University)、美国国家科学院(NAS)、美国国家工程院(NAE)
公司企业	微软(Microsoft Corporation)、英特尔(Intel Corporation)、谷歌(Google)、3M(3M Company)、罗克韦尔自动化公司(Rockwell Automation)、贝克特尔(Bechtel)、波音公司(The Boeing Company)、洛克希德马丁公司(LMT)
非营利机构	美国国家科学基金会(NSF)、美国科学促进会(AAAS)、美国教师联合会(AFT)、美国天文学会(AAS)、美国工程教育协会(ASEE)、美国国防工业协会(NDIA)、美国建筑协会(AIA)、美国气象学会(AMS)
专门机构	STEM 教育联盟(STEM Education Coalition)、项目引路(Project Lead The Way)、变革方程(Change The Equation)、STEAM 项目视频网(Project STEAM TV)、STEAM 创意工坊(STEAM Fab)、伯克利 STEM 学院(Berkeley STEM Academy)

高校方面，美国各高校积极采取相关措施推动 STEM 教育的开展。首先，高校为 STEM 教育提供资金支持。例如，马里兰大学(University of Maryland)设立了迈耶霍夫奖学金(Meyerhoff Scholar Program)，资助有志于攻读 STEM 研究生学位的少数族裔学生；哈维穆德学院(Harvey Mudd College)则大力资助

女性 STEM 本科生，仅用了 3 年时间，就显著提升了女性研究生的比例。其次，在 STEM 研究生导师遴选时，重点考察导师是否具备教育家"教书育人"的情怀、科学家"著作等身"的坚韧、工程师"经世济国"的技能、改革者"团队协同"的气魄，以保障 STEM 研究生接受高水平导师的指导。再者，在制定课程时，美国大学 STEM 课程须具有人文性、基础性、跨学科性、前沿性、实践性、研讨性、研究性等特征，为 STEM 学生提供优质的课程。此外，在平台建设方面，美国大学着力构建工程实训中心、虚拟仿真平台、校外联合实践基地和实习中心等 STEM 教育平台。譬如，普渡大学（Purdue University）的"生物学导论"课采取了同伴领导的团队学习模式和工作坊协作方式，并将电子教材、交互式多媒体课件、虚拟仿真软件、网络实验室以及视频资料等整合于在线学习环境之中。

企业方面，美国的企业主动承担起推动 STEM 教育发展的责任。进入知识时代后，美国企业认识到，如果没有高素质的人力资源，企业的生存与发展将无从谈起。目前，企业参与 STEM 教育的方式不一，有的联合成立公益机构，一百多位企业 CEO 携手发起"变革方程"（Change the Equation），旨在推动中小学的 STEM 教育；有的提供科研平台与实践基地，埃克森美孚与斯坦福大学等多所名校合作，为 STEM 研究生的实习和研究提供了一流的教学实践基地。波士顿的多家本地企业则与东北大学（Northeastern University）密切合作，涉及系统集成、金融服务、医疗卫生、生物技术等众多领域，为 STEM 研究生提供为期 1～1.5 年的带薪实习。

非营利机构与其他专门机构方面，美国国家科学基金会（NSF）、美国科学促进会（AAAS）、全国 STEM 中学联盟（National Consortium of Secondary STEM Schools，NCSSS）等机构，为推动国家 STEM 教育发展也做出了卓越贡献。NCESS 的宗旨就是"让学生成为科学、技术、工程、数学方面的领军人物"，该机构致力于推动 STEM 教育的发展，成员以初中为主，还包括一些顶级高中，同时还有一些暑期项目、基金会，在具体的工作中，NCSSS 主要通过为成员单位的师生提供服务、建立合作、传达 STEM 教育通知、发起教育改革等活动，促进中学 STEM 教育的发展。

基于现实发展和未来竞争需要，我国 STEM 相关领域的教育水平亟待提高。通过分析和借鉴美国 STEM 教育的相关政策、管理制度和社会参与情况，可以借他山之石以攻玉，提升我国 STEM 相关领域的教育质量，推动优秀人才的培养，为我国经济的发展提供源源不断的强大动能。

共享经济难题频出，各国政府有何药方？

| 赵程程

共享经济作为一种新兴经济业态，促进了供需匹配，释放了经济活力，但对经济社会带来了巨大的冲击，与现有政府管制的冲突也日益凸显。在政策导向方面，中国与美国（联邦及“开明”州政府）在鼓励这类新兴经济业态的同时，也谨慎对待新兴经济体快速发展带来的治理挑战。在战略举措方面，中国中央政府与英国相同，高度重视共享经济，从国家层面出台网约车、共享单车的治理办法；英国政府更是提出打造全球共享经济中心的宏伟目标。

一、政策导向

1. 中、美：鼓励创新、包容审慎、政府引导、立法规制

中美政府在对共享经济的发展基调和治理模式十分相似。美国联邦政府对共享经济持有积极的态度，认为共享经济可以促进美国经济增长，呼吁地方政府规制不应成为其发展的阻碍（AN FTC STAFF REPORT，2016）。加利福尼亚州、科罗拉多州、哥伦比亚特区三地的立法和监管机构承认以 Uber 为代表的网约车服务的合法性，将其纳入监管，是因为它们认识到网约车的创新技术和商业模式带来经济、社会管理和消费者福利等诸多方面的明显好处。创新对传统业态和监管造成的冲击，应当通过监管本身的积极调整予以回应，而不应当固守原有规范，扼杀创新。监管法规根据市场和技术发展应时而变，保持开放和包容姿态，不拘泥于传统，这是三地立法和监管规则的共同特点。

同样地，2017 年，我国政府明确了以“鼓励创新、包容审慎”为核心的共享经济发展原则和政策导向。以我国政府治理网约车为例，2016 年《网络预约出租汽车经营服务管理暂行办法》出台后，各地纷纷严格落实中央文件精神，制定出相应的实施细则。就促进网约车这一共享经济新业态发展的力度，可以分为以

作者简介：赵程程，上海市产业创新生态系统研究中心研究员、上海工程技术大学管理学院讲师。

北京、上海等为代表的"严管派"，深圳、广州、成都等为代表的"宽松派"。无论是"严管派"还是"宽松派"，都体现了地方政府以政府引导，立法规制的方式，审慎发展共享经济。

2. 英国：勇于变革、包容开放、政府引导、协会协同

英国政府对共享经济情有独钟，支持力度大、政策宽松度高，着力打造"共享经济全球中心"(Debbie Wosskow，2014)。英国释放了大量鼓励政策推动共享经济发展。围绕"共享经济全球中心"，英国扶持政策分为一般性扶持政策和细分行业政策。一般性扶持政策主要包括七个方面的内容，如表1所列。

表1 英国共享经济一般性扶持政策及后续项目

扶持方向	扶持方式	支持部门		后续支持项目或行为
		公有部门	私有部门	
鼓励创新	成立共享经济创新实验室，即共享经济企业孵化器和研究中心	Nesta（政府创新基金）和"Innovate UK"(英国技术战略委员会的"创新英国"项目)	共享经济平台企业牵头	共享经济资金竞争项目
	试点城市——利兹城市区域	地方政府鼓励"基于移动账户的综合交通系统"、"居民技能和专业知识的共享、闲置的空间和设备的共享"	—	探索用汽车俱乐部取代地方议会车队，开辟更多的停车场
	试点城市——大曼彻斯特	地方政府鼓励"个人时间与技能的共享"	社区中心和微型企业	曼彻斯特卫生和社会保健整体改革方案
	建立数据收集和统计制度	创新实验室、国家统计局、国际会计准则委员会	—	共享经济测度的可行性分析项目
信任和认证	开放政府身份核实系统和犯罪记录系统	个人身份验证系统（GOV. UK Verify)向私营部门开放服务	—	政府改善和加快申请刑事记录检查的程序；确保申请程序数字化，网络化；通过应用程序编程接口（API）将个人身份验证系统纳入共享经济平台等第三方平台
政府采购	将共享经济纳入政府采购框架	将共享出行、共享短租纳入政府采购框架；将闲置的政府办公资源通过平台共享。	—	"Space for Growth 计划"

（续表）

扶持方向	扶持方式	支持部门		后续支持项目或行为
		公有部门	私有部门	
风险防范	支持保险公司开发适应共享经济的保险服务	鼓励多方协商共享经济保险覆盖范围，建立共享经济贸易机构	英国保险经纪人协会	英国保险商协会发布世界第一份共享经济保险指南
简化税制	拟定共享经济税收指导，并开发税务计算 APP，帮助共享经济参与者简单便捷计算应缴纳税额。	英国税务和海关总署(HMRC)和英国财政部(HM Treasury)	—	利用网络媒体(YouTube，Twitter)加大共享经济纳税宣传
数字融合	鼓励老年人通过共享经济平台获得更多服务和提供更多的闲置资源。	政府数字服务部	—	通过英国数字包容性策动(the Go ON UK digital inclusion initiative)帮助更多老龄人上网
共享经济行业代表	鼓励共享经济企业应该联合起来建立一个贸易机构，并建立一个统一的共享平台企业认证标记。	—	共享经济平台企业牵头	成立共享经济行业协会 SEUK

资料来源：笔者根据材料整理。

细分行业政策主要针对空间共享、出行共享、个人时间与技能共享三个方面一一提出具体要求。空间共享领域，聚焦房屋的空间人员比、房屋消防安全责任划分、商业性质的停车位共享要求。政府为鼓励房东将闲置房屋共享，给予房东税收优惠，即租金每年不超过 4 250 英镑，即可享受免税待遇。出行共享领域，伦敦交通局在 2015 年宣布网约车的合法运营身份。个人时间与技能共享领域，政府要求共享平台企业应支付技能/时间提供者基本工资，并明确共享平台企业的法律地位和责任——平台企业对技能/时间提供者间是监管需求较弱的新型服务关系，而非雇佣关系。

“政府＋协会”共治是英国打造“共享经济全球中心”的主要手段。一方面，成立英国共享经济行业协会(Sharing Economy UK，SEUK)，用以规范及监管共享平台企业。另一方面，政府设立“共享城市”试点，重点支持交通、住宿和社会保障领域的共享尝试。同时政府放宽法律，为共享经济提供最包容的法律环境。

3. 德国：联邦政府谨慎推进、汽车企业创新共享

共享经济的出现不仅带来了全新的商业机遇，也给市场规则带来了新的挑战，德国政府已经意识到这个问题并开始着手通过立法等引导共享经济的发展。“2015年德国消费者大会”以共享经济作为主题。德国联邦总理府负责人在大会上表示，在支持共享经济发展方面，德国政府当前着眼两方面：一是保障分享的公平性，二是保证共享经济的发展遵守消费者保护规定。具体来说，德国政府计划起草关于汽车共享的法案，各联邦州计划把用作汽车共享的车辆与其他车辆区别对待，并为前者设置免费的停车空间。

二、战略举措

英国通过其数字市场战略，希望抓住共享经济机遇，在数字经济时代弯道超车；美国利用其先发优势，宏观战略上呵护共享经济发展；中国积极探索，战略上为共享经济发展保驾护航。具体举措如下。

1. 英国：积极部署，协同治理

尽管从参与人数、市场规模、独角兽企业等指标来看，英国难以与美国相提并论。但英国政府十分重视共享经济，试图通过政府支持，实现经济“超车”，将英国打造成“共享经济全球中心”。综合英国政府推出的相关政策，具体特点总结如下。

一是多层次分行业的政策体系，以实现“共享经济全球中心”。英国政府出台的政策系统且有层次，努力全面解决共享经济发展中遇到的困难和障碍。这其中既有针对整个共享经济的顶层设计，从试点城市、数据采集、政府采购等方面，也有从细分行业急需解决问题的具体政策。同期，英国政府从2015年起开始编制预算，启动积极，对共享经济中的新技术、新模式和新领域给予资金支持。

二是“试点＋协会”共治是英国打造“共享经济全球中心”的主要手段。一方面，成立英国共享经济行业协会（Sharing Economy UK, SEUK），用以规范及监管共享平台企业。另一方面，政府设立“共享城市”试点，重点支持交通、住宿和社会保障领域的共享尝试。同时政府放宽法律，为共享经济提供最包容的法律环境。

三是政府大力推动共享经济，鼓励传统经济自我革新。在传统经济与共享

经济发生冲突指示，英国政府并不一味保护传统行业，反而提出共享经济是技术进步、资源稀缺和商业模式创新等因素融合驱动下未来经济发展大趋势，传统企业应该抓住机会，实现自我革新。可见，面对产业发展机遇，英国政府扫清壁垒，大力鼓励共享经济发展，政策制定带有明显的导向性。

2. 美国：顺“市”所为、平稳应对

与英国不同，美国政府从战略上更加“温和”。联邦政府层面，仅美国贸易委员会向外界传达对共享经济的基调——“以一种不会妨碍创新却能保护消费者的方式，监管这类新的商业模式”。美国这种“温和”的战略是以其市场发展作为基础支持。当今在世界前列的共享经济企业中大多为美国公司，政府其温和的战略定位也是“顺市所为”，即从积极推动到温和呵护。

一是对方参与共同论证。美国主要由联邦贸易委员会来分析共享经济。从2015年起，联邦贸易委员会定期举办研讨会，主要邀请美国知名学府相关领域的专家，听取学者对共享经济看法。除了联邦层面调查外，美国地方政府层面，由美国国家城市联盟自我开展对共享经济运行状况的调查，积极探讨共享经济在各城市的发展状况。

二是地方立法，试探性推进发展。就联邦层面而言，美国并没有对共享经济统一立法，也没有出台相应的政策明确监管内容，仅是表明支持共享经济。落地到各州，地方而言，由于各自发展情况不同，法律条例也不尽相同。在克罗多拉州州长签署法案授权了出行分享类服务的运行；加利福尼亚的公共事务委员会通过了一个法律框架，使出行共享类公司可以在该州境内合法运营，而到各市政府、奥斯丁、西雅图、华盛顿等也出台政策明确允许共享平台运营；奥斯丁和旧金山市政府还允许房屋共享类平台运作。在经济需求的推动下，美国各地政府的表现更为务实，表明态度，试探性推动发展。

3. 中国：各地创新试政“共享出行”，积极推进共享经济

与英国类似，中国政府提出共享经济是“互联网＋”经济的重要组成部分，重点关注网约车、共享单车。2016年7月，“隐忍”两年之久的网约车新规——《网络预约出租汽车经营服务管理暂行办法》终于宣告“出山”，认定网约车的合法身份。各地监管部分也依据新规，积极着手制定相应的实施细则。《暂行办法》出台后，各地纷纷严格落实中央文件精神，制定出相应的实施细则。就促进网约车这一共享经济新业态发展的力度，可以分为以北京、上海等为代表的“严管派”，深圳、广州、成都等为代表的“宽松派”。

不同于网约车，一夜之间席卷全城的共享单车侵蚀了有限的城市公共资源，共享单车乱停放等问题成为城市治理的首要难题。上海作为共享单车投放量第二的城市，2016 年宝山区政府秉着“先行先试”的精神，与摩拜单车达成战略合作，出台《宝山区支持引导摩拜单车更好为居民出行服务的六条具体措施》，组建“慢行交通工作联席会议”。成都政府创新试政，定期考核共享单车用以规范行业。2018 年成都出台《成都市共享单车运营管理服务规范（试行）》和《成都市共享单车服务质量信誉考核办法（试行）》并运行，根据考核结果减少单车企业投放份额或责令其退出市场。深圳交警联合各共享平台运营商，组建并创设了全国交警系统中首个“共享交通联合调度指挥中心”，通过政企合作、协同共治，逐步规范相关行业内部车辆管理，提升平台运营服务水平，引导共享交通驾驶人文明出行，安全驾驶。

创业生态系统构建，丹麦有何妙招？

| 刘 笑

丹麦是各国际权威经济组织或机构评选的从事商务和投资活动的最佳场所，是潜力巨大的创业之国。在全球创业发展协会(GEDI)发布的2018年《全球创业指数》报告中，丹麦在所选取的137个国家/地区中位居第6位。在世界银行发布的《2018全球营商环境》报告，丹麦位居全球“最佳营商环境国家”第3位，欧洲地区名列第1。高质量的筛选平台、主动的政府对接机制以及布局全球网络节点共同构建了优势鲜明的区域创业生态体系。

一、搭建面向全球的创业赛事平台，筛选高质量项目

在丹麦，国内创业者可直接通过virk.dk平台进行公司注册等一系列创业活动，一体化的平台充分满足了国内创业者的需求。为进一步发现非欧盟以外国家具有高影响力的创业项目，丹麦政府搭建了面向全球创业者的Start-up Danmark平台。国外申请者可将自己的商业计划书上传到该网站上，然后由至少3名经验丰富的专家顾问依据商业模式、研究基础、市场潜力、提供就业、计划质量等五个维度对其商业计划书进行审核，审核通过者可直接获得有效期2年的居住和工作许可签证，之后可以每次申请延长3年；审核未通过者则可在收到秘书组审核意见后继续进行修改和完善，并且保证其在初次提交商业计划做出大幅修改，以便再次进入评估审核程序。

二、构建了企业全生命周期下的政府主动对接机制，从供给侧提升服务的有效性

一是企业创业前，政府一线公务员专门进行政策讲解。创业者所在区域的市政当局均是由政策知识丰富的一线公务员队伍组成，他们不仅会专门对有创

作者简介：刘笑，上海市产业创新生态系统研究中心研究员、上海工程技术大学管理学院讲师。

业需求的个人进行政策讲解、行业市场形势分析等,而且也会直接了解创业者对当前政策的需求面,以便在未来的政策制定中进行完善。

二是企业初创期,政府多方并举促进企业发展壮大。丹麦商务局为每个获批中央商业注册号码(CVR 号码)的企业专门提供一个政府编制的数字邮箱,及时传达政府的相关优惠政策,保证了重要信息的时效性。同时依据公司团队、产品和研发路线图状况,政府相关市场部门 Vaekstguiden 为其做产品定位和竞争力分析,为企业未来发展提供精准建议。除此之外,政府也鼓励成熟型大公司为成长型小公司提供"陪练计划",帮助小公司提升产品专业化和国际化程度。

三是在企业成熟期,为其设立市场开发基金,增强企业的发展潜力。区别于早期创业基金的设立,市场开发基金是丹麦政府专门为具有特殊优势和潜力的中小型公司将新产品推向市场设置的政府补贴基金,帮助企业更快速地进入市场。当公司已经开发出具有重大商业潜力的创新产品原型时,在不确定产品是否可以得到市场认可或者需要通过潜在客户测试产品原型时,中小企业则可申请市场开发基金完成产品测试并调整原型以增强产品的商业潜力。同时针对市政当局需要解决的有关医疗保健、气候环境等紧迫性社会问题,丹麦政府通过创新政策采购行为向可以提供创新性解决方案的中小企业优先提供市场开发基金。

三、主动布局,积极融入全球创业网络系统

一是在区域层面设立商业发展中心。丹麦共设置了 5 个区域商业发展中心,分别分布在丹麦的东中西南北区域,该中心均由地方政府组成,性质为非营利组织,以独立的商业基金会组织身份架起了政府与企业之间的中介桥梁,旨在通过激活庞大的专家系统网络,为就近的企业和创业者提供有关资本和融资、战略与管理、创新与技术、出口与国际化、资源获取与营销等免费咨询服务。

二是主动在欧洲企业网络系统中设置节点。欧洲企业网络系统成立于 2008 年,在 60 多个国家/地区的 600 多个合作伙伴中拥有 3 000 多名专家,是全球最大的支持中小企业发展国际业务的网络系统。丹麦政府主动布局,在欧洲企业网络系统中设置了 6 个节点,旨在通过欧洲最大的商业数据库,寻求具有出色增长潜力的国际合作伙伴,获得在其他国家或地区进行商事活动的知识产权咨询和建议。

四、相关启示建议

1. 进一步推进政府精细化管理，提升服务质量

当前，政府不断优化创业服务，例如搭建了“一网通办”政府服务平台，有效提升了创业服务的效率和质量，但在服务推进过程中的主动性还不够，未来可考虑一是为每个企业设置政府监管下的数字邮箱，及时保证政策、通知等各方面消息的及时传达，在统计不同企业对政策咨询的基础上，组建以一线公务员为核心的政策讲解团队，深入企业进行政策宣讲、答疑与服务提供，提高政策的知晓度与执行度；二是设立年度政企对话论坛，建立畅通的政企平等对话平台，直击企业需求，改善政务服务流程，提升政务满意度。

2. 构建覆盖企业生命周期后端的政府资金资助

当前创业政策的着力点多聚焦在创业前端资助，缺乏对中小企业从产品原型到产品上市前市场拓展的资金扶持，而这一阶段中小企业，尤其是对与高新技术、前沿领域探索相关的中小企业来说“试错成本”高，事关企业之后的发展状态。因此，未来可考虑在上海未来重点发展的、具有领跑潜力的且试错成本比较高的产业领域，例如生物医药产业领域、人工智能和集成电路产业设置市场拓展基金池，对已经开发出具有重大商业潜力的创新产品原型公司，为其提供产品原型测试基金，以帮助其了解并增强市场潜力。

3. 着力突破边界效应，构建全球创业网络

上海建设具有全球影响力的科技创新中心，应着力突破行政边界视角的局限性，进一步扩大开放合作。一是要进一步消除区域行政边界的壁垒，从政府层面加强长三角一体化跨区域创业顶层战略的设计，可考虑分别在长三角关键城市布局区域商业发展中心，不仅保证相关跨区域创业政策的制定和落实，而且为就近企业快速提供创业服务和支持，促进了长三角优秀创业资源的充分联动。二是要主动布局，积极融入全球创业网络系统。可考虑进一步扩大创业大赛的影响力，提升创业大赛的品牌效应，面向全球筛选高质量创业项目，同时通过大会与其他国家/地区建立合作网络关系，在全球布局网络节点，积极融入全球创业网络系统。

德国《国家工业战略 2030》解读

| 尤筱玥

2019 年 11 月 29 日，德国联邦经济和能源部部长彼得·阿尔特迈尔(Peter Altmaier)在柏林发布了《国家工业战略 2030：对德国和欧洲工业政策的指导方针》(Industriestrategie 2030: Leitlinien für eine deutsche und europäische Industriepolitik)。该文件于 2019 年 2 月 5 日初次发布草案，并历经与企业、工会、科学和政治近十个月的对话修订成为《国家工业战略 2030》最终版，其中包含了维护和发展德国工业的未来繁荣和就业的综合概念，通过针对性地扶持重点工业领域、提高工业产值，保证和提高德国工业在欧洲以及全球范围的竞争力。

《国家工业战略 2030》最终版确定为四个部分：工业政策——社会市场经济的基本构成；提高工业竞争力的政策；欧洲工业政策的基石；工业政策对话和监测。内容涉及完善德国作为工业强国的法律框架；加强对包括 AI 技术在内的新兴技术的关注和促进私有资本进行研发投入；重点关注其他国家积极的工业战略、贸易保护主义威胁和传统贸易关系改变，其中中国的经济及体制竞争再次作为威胁被提及；指出九大"关键产业"，包括钢铁铜铝工业、化工工业、机械与装备制造业、汽车及零部件制造、光学与医学仪器制造、绿色环保科技部门、国防工业、航空航天工业以及增材制造(3D 打印)；增加国家权限，对本国企业进行针对性支持，增强德国在全球经济和科技中的竞争力等。《国家工业战略 2030》将与经济参与者一起，为确保和恢复经济和技术能力、竞争力和工业领导地位做出贡献。

一、提高工业竞争力的政策

(1) 改善德国工业的政策环境(Industriestandort Deutschland-Rahmenbedingungen verbessern)。包括减少企业税收负担；限制社会保险支

作者简介：尤筱玥，同济大学中德工程学院助理教授。

出；提高劳动市场灵活度；动员专业人才；保持电力成本竞争力并防止碳泄漏；扩大基础设施建设；保障原材料供应并推进循环经济；消除官僚主义；使竞争法规更现代化。

(2) 加强新技术、调动私有资本(Neue Technologien stärken — privates Kapital mobilisieren)。包括开发和应用技术、加大对风险资本的支持、提高数字化水平、促进未来产业的流动性、支持低碳工业生产的新技术、将二氧化碳收集和存储/利用(CO_2 capture and storage/utilization, CCS/CCU)技术推向成熟；进一步发展生物经济(Bioökonomie)；推动轻型结构生产。

(3) 维护技术主权(Technologische Souveränität wahren)，确保关键技术领域的自决权。包括优化保护技术主权的手段以及扩展网络安全。《国家工业战略 2030》强调德国需要更多而不是更少的市场经济来保持其经济部门未来的生存能力，但同时界定了国家干预行为可以视为合理的甚至可能是必要的情况，以避免国家经济和全民族繁荣陷入严重的不利之中，即仅当市场力量无法保持其创新能力和竞争力时，国家才有责任进行介入。该战略让德国政府今后可以通过动用国家资金收购本地企业股份的方式，阻止来自非欧盟国家和地区的企业收购一些特定领域的德企。

二、欧洲工业政策的基石

鉴于欧洲单一市场的巨大成就以及与欧盟合作伙伴在工业政策上的共同利益，必须在欧洲范围内思考和理解德国的工业政策。因此，德国工业的基本框架条件将基于欧洲的水平来决定。

(1) 进一步发展国内市场。国内市场是欧盟工业的关键竞争优势，需要通过行业相关的服务和国内数字市场的深化来消除仍然存在的商品和资本贸易障碍，从而加强欧盟行业框架条件。德国联邦经济和能源部将更多关注中小企业的诉求，并确保按照 1∶1 的比例执行欧洲法律。

(2) 加强基于规则的交易。德国将致力于维护开放的国际市场和以规则为基础的全球贸易，包括始终如一地支持欧洲委员会为加强和使 WTO 现代化而做出的努力；加大多边或双边贸易；以国际采购机制(international procurement instrument, IPI)为杠杆，提高欧洲委员会在非欧盟国家开放采购市场的谈判地位。

(3) 推动欧盟竞争法规优化。欧盟在进行竞争审查时，不仅应关注欧盟内部市场，还应分析全球竞争情况，尤其应注意来自第三国受国家控制或补贴的企业。鉴于现今全球平台和数据经济的发展，对大型、市场领先企业制定明确的游戏规则。

(4) 适当更新欧盟补贴法；促进欧盟“共同利益重要项目”；推进“欧洲制造”技术，制定一项单独的欧洲为欧盟技术提供资金的战略；打造欧盟工业政策框架。

《国家工业战略2030》明确提出了德国工业战略的目标：到2030年，逐步将制造业增加值在德国和欧盟的增加值总额(gross value added，GVA)中所占的比重分别扩大到25%和20%。在国家的干预程度上，必须坚定不移地遵循市场原则与比较优势原则，坚持自由、开放的国际市场原则，只有当干预对于实现经济目标是必要、恰当的情况下，才可以实施。

《国家工业战略2030》体现了德国对传统强势领域的重视，中国可以从以下方面借鉴。

(1) 维持核心领域的强势地位，不能错误地将产业区分为“肮脏的旧产业”和“清洁的新产业”。在面对数字化、国际化等变革的同时经受住所有主要领域的全球竞争，特别是在关键技术和突破性创新方面。

(2) 保持一个闭环的工业增值链，将有助于各个环节保持自己的竞争优势，并对外界的竞争更具抵抗力。我国当前面临较为突出的产业价值链断裂和转移问题，可以借鉴德国的价值链评估机制进行风险评估，发掘断裂和转移的根源性问题并逐一解决，打造闭环式价值链和增值链。

(3) 寻找市场经济与产业政策的平衡点。《国家工业战略2030》明确表达了市场经济在德国的主导地位，政策干预仅存在于有限的必要时刻，并且不能干预企业的具体决策，对市场的自由、开放式竞争提供充分空间。这对中国在进一步修改和制定产业政策的框架条件时提供了基础。

(4) 国际合作与反垄断问题。平台经济提高了商品的可用性和商品价格的透明度，从而推动商品与服务流的国际化，促进更多的竞争出现。相反，少数公司的垄断则会导致市场萎缩。中国目前已有一批世界级的大企业，有一部分甚至在国内市场已形成相对垄断地位，未来如何把握反垄断的尺度，以及如果通过国际合作形成良性竞争，可借鉴德国的思考。

锂电池与诺贝尔奖:牛津大学的是非及其启示

| 任声策

2019 年 10 月 9 日，瑞典皇家科学院宣布将 2019 年的诺贝尔化学奖授予美国约翰 · B. 古迪纳夫(John B. Goodenough)、英国斯坦利 · 威廷汉(Stanley Whittingham)以及日本的吉野彰(Akira Yoshino)三位科学家，以表彰他们在锂电池领域的原始创新贡献。其中，年届 97 岁的 John Goodenough 教授因在锂电池研究方面的贡献，已连续多年被提名诺贝尔奖，是年龄最大的诺贝尔奖获得者，他使得锂离子电池开发成为可能，这一突破使得便携电子设备普及(例如智能手机)，催生了移动互联时代。

根据公开信息，三位诺贝尔奖对锂电池的贡献大致如下：1976 年，Stanley Whittingham 在离开斯坦福大学博士后岗位加入埃克森公司(Exxon)经历五年的保密研究之后，成功制成了世界上第一块可充电的锂离子电池，他们采用硫化钛作为正极材料，金属锂作为负极材料，通过锂离子在电池正、负极之间穿梭往来形成电流，充电时锂离子从正极移动到负极，放电则回到正极，如此循环，埃克森公司以此申请了世界上第一个锂电池的发明专利，但是这个锂离子电池存在诸多问题，无法商业化。后来 Goodenough 团队 1980 年发现了锂电池正极材料钴酸锂，1982 年进一步发现了锰酸锂，在此基础上，当时在旭化成工作的 Akira Yoshino 采用钴酸锂作为正极、石墨材料作为负极开发了锂离子电池模型，1991 年日本索尼公司以此为基础推出第一款商用锂电池，1997 年 Goodenough 团队又发现了磷酸铁锂。2005 年，3M 公司获得关于 NiCoMn 三元正极材料基础专利。技术不断优化的锂离子电池具有高能量密度、高安全性优势，迅速超越其他充电电池，在十几年的时间里彻底占领了消费电子市场，并扩展到了电动汽车等领域。

作者简介：任声策，上海市产业创新生态系统研究中心研究员，同济大学上海国际知识产权学院教授。

诺奖信息公布以来,有关 Goodenough 的长期研究经历和坚持精神、锂电池技术的发展和产业化过程引起了广泛关注。公开信息显示,牛津大学是 Goodenough 教授研发锂电池的重要贡献地。2010 年,牛津大学在其化学实验室外挂了一个锂电池纪念牌。作为一个标杆式的创新型大学,牛津大学在 Goodenough 教授开展锂电池研究过程中,做对了什么?做错了什么?对我国大学和研究机构建设创新生态系统而言有何启示?这在当下我国强调加快创新型国家建设中值得研究学习。

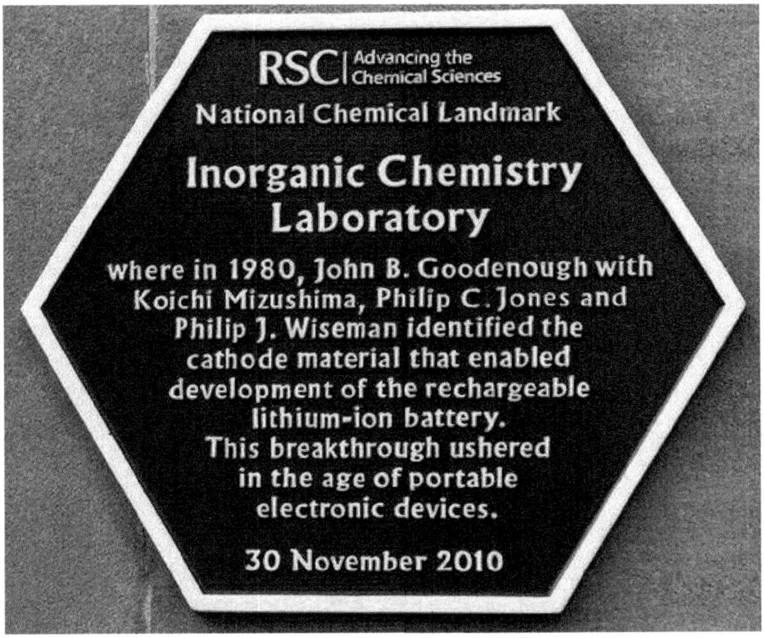

图 1　牛津大学发现钴酸锂的实验室外竖起的纪念碑

一、牛津大学做对了什么?

首先,牛津大学选对了人。他们选择 Goodenough 担任无机化学实验室主任,虽然牛津大学选人的背后逻辑未知,但这个选择存在突破传统的创新性,事后看来他们的创新性选择是正确的。Goodenough 生于 1922 年,1943 年获得耶鲁大学数学系学士学位后参军,1952 年在芝加哥大学获得物理学博士学位。1952—1976 年,他在 MIT 工作,主要进行材料物理方面的研究,研究中涉及锂离子。1976 年，已年近 55 岁的他进入牛津大学，担任无机化学实验室主任，这位只修过两门化学课程的物理学博士，正式开启了在电化学领域的事业。

其次，Goodenough 选择了正确的研究方向，牛津大学显然给予了持续支持，最终获得了成功。Goodenough 选择研究充电电池，事实上是当时的社会重大需求，毕竟充电电池的重要意义在当时正广受关注。1973 年，第四次中东战争打响，石油输出国组织（OPEC）宣布石油禁运，石油危机席卷美国、英国和日本等发达国家，意识到了摆脱石油依赖的迫切需求，纷纷开始动用国家力量投入电池的研究。当时，全球的化学家们普遍认为石油正在消耗殆尽，研发电池的热情空前高涨。Goodenough 团队在 1980 年发现采用氧化物钴酸锂材料能很好改善锂电极结晶问题，两年后的 1982 年他们发现了更稳定、更便宜的材料——锰酸锂。后来日本的 Akira Yoshino 进一步创新并推动了锂电池的商业化。

二、牛津大学做错了什么？

牛津大学作为创新型大学产生过大量的原始创新，是许多高校学习的标杆，但在 Goodenough 教授开展锂电池研究过程中的表现并不完美。

首先，对于重要领军人才的用人机制缺乏灵活性。牛津大学在 Goodenough 到退休年龄时让其退休，这使得具有强烈继续研究意愿的学者被迫寻找新的研究平台。据相关报道，牛津大学按照教授 65 岁强制退休政策，促使一心想继续开展锂电池研究的 Goodenough 在 1986 年离开牛津，开始在德州大学奥斯汀分校担任教授，继续从事能源材料的研究。1997 年，在德州大学的 Goodenough 团队发现新的锂离子材料——磷酸铁锂。这一发现大大促进了锂电池的普及。如果牛津大学保留 Goodenough 团队，这一成果或许更早出现，牛津也会增加一位诺贝尔奖获得者，虽然这对牛津可能并不重要，但对其他研究机构而言意义将很大。值得强调的是，离开牛津 30 年后的 Goodenough 和其团队至今仍在继续研究，期望取得固体电池新突破。

其次是在对知识产权管理中出现了明显的问题。Goodenough 在牛津的原创成果并没有申请专利保护，有关信息显示牛津不支持申请专利，导致 Goodenough 未能从这项重要发明中获得收益，损失巨大。根据相关信息，可能的原因是当时锂电池技术易爆炸，牛津也对锂电池商业化信心不足。事实上，锂电池的专利之争贯穿锂电池的发展过程，Goodenough 在德州大学也因保护不力被日本 NTT 公司访问学者窃取技术并在 1995 年申请了日本专利。1996 年德州大学代表 Goodenough 实验室向美国申请了专利,并在 1997 年 10 月被批准,这项专利是磷酸铁锂电池的第一个基础专利,此后 Goodenough 又继续发明锂电池基础专利。但是此后因锂电池市场的兴起相关专利纠纷不断,Goodenough 从自己的创新成果和专利中获益极少。现在,三位诺贝尔奖获得者均拥有数十项专利,但只有在旭化成工作的 Akira Yoshino 获得了巨大的商业利益。

三、对我国高校创新生态系统建设的启示

当前,贯彻落实实现社会主义现代化和中华民族伟大复兴总任务、中国特色社会主义事业“五位一体”总体布局、“四个全面”战略布局,加快建设创新型国家,加快上海建设具有全球影响力的科技创新中心,均需要加快一流大学和一流学科建设,实现高等教育内涵式发展,迫切需要全面提升高校创新能力、发挥高校引领创新的先导作用,需要不断改善高校创新生态。通过牛津大学在 Goodenough 和锂电池原始创新不断发展过程中的是与非可以给我国高校完善创新生态系统提供了有价值的启示:

一是正确选择研究领军人才。选择人才不应因循守旧,按照传统方式有可能排除了一些能在突破性原始创新中获得成绩的候选人。鉴于未来技术融合特征更加明显,高校需要能够降低学科壁垒,研究构建新型的研究人才选拔和培养机制。

二是持续支持研究人员围绕正确的重要研究方向攻坚。重大研究问题往往来自重大社会需求,对有能力并在持续开展重大问题研究的团队需要持续支持,重大成就常常是多年坚持的结果。

三是保持制度的适当灵活性。特别是对重要人才采取用人制度上的灵活性,充分尊重关键研究人员意愿,需要研究如何保持制度的刚性和柔性并重。

四是加强知识产权管理。知识产权对高校和研究者本人而言都有保护作用,也有很强的激励作用,高校需要形成科学的创新成果保护机制,避免不必要的损失,这一点说起来容易,做起来并不容易。

世界一流大学科研人员评价方式之加州大学伯克利分校

| 吕　娜　钟之阳

加州大学伯克利分校是众所周知的世界一流的研究型大学，在 US news 发布的 2019 年全球大学的整体排名中排名第四，并且在许多学科领域中一直名列前五名。这所高校的卓越与其一流的师资队伍是分不开的。截至 2019 年 10 月，加州大学伯克利分校教授、研究人员及毕业生中共有 107 位诺贝尔奖得主（全球第三）、14 位菲尔兹奖得主（全球第四）和 25 位图灵奖得主（全球第三）。加州大学伯克利分校的科研人员评价制度正是保证其人才质量的重要因素。

一、加州大学伯克利分校科研人员评价制度

加州大学伯克利分校对其科研人员管理的相关政策参照了由加州大学总校教务长及主管学术副校长颁布《学术人员手册》（Academic Personnel Manual, APM）中。加州大学 APM 包含了对其下属分校科研人员的聘任和晋升等详细流程和规定（图 1）。

1. 科研人员晋升的评价过程

科研人员的晋升基于绩效，而非自动晋升。科研人员的成就和贡献会通过晋升来奖励。科研人员在晋升终身教职时需要考虑其在自己研究领域或相关研究领域的工作情况。院系和评价委员还会将被评价者与校外同一领域应聘科研人员的学术水平相比较，判断谁更适合晋升的职位。评价活动一般由院系负责人（Department chair）发起。

（1）院系评价阶段：明确要求，确保评价过程公正和透明

这一阶段工作主要由院系主导。首先，由院系负责人通知被评价者关于评

作者简介：吕娜，同济大学高等教育研究所硕士研究生；钟之阳，上海市产业创新生态系统研究中心研究员、同济大学高等教育研究所讲师、同济大学教育现代化研究中心研究员。

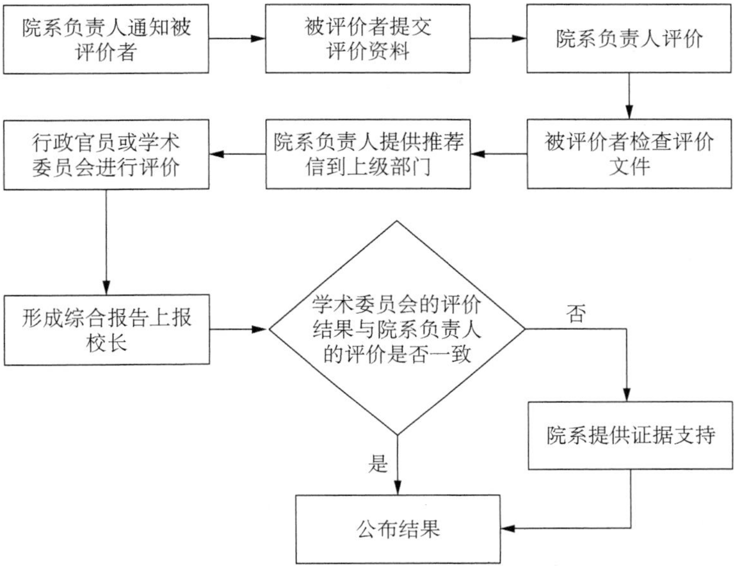

图 1　加州大学伯克利分校科研人员晋升流程

价工作的具体信息，并确保被评价者已经充分了解整个审查过程。随后，被评价者提交评价资料，院系负责人进行评价。

在这一过程中，院系负责人有义务考虑科研人员自身和学校的利益，判断院系的评价过程对于科研人员来说是否公平，以及是否符合学校的评价要求和标准。同时，院系负责人需要向合格的同行征求评价信件，所有的评价信件需要包含在人事审查档案中。同时，被评价者在这一过程中拥有检查评价文件的机会。这些文件不包括机密学术审查记录，但是可以提供机密学术审查记录的编辑副本。若被评价者有异议，可以提交书面陈述，以回应或评论档案中的材料，并将记录在人事审查档案中。

(2) 院系负责人出具推荐信：信息全面，同行评议信息严格保密

一般情况下科研人员的任命晋升或连任的评价所需要的推荐信是由院系负责人负责拟写。院系负责人待院系评价工作完成后，需要出具一份推荐信到上级部门(校长及特设的学术评价委员会)，进行进一步评价。

院系负责人的推荐信展现了对被评价者的全面评价，并有详细的论据支持信中评价的观点。推荐信除了对被评价者科研工作的介绍之外，还包括院系及校外同行对被评价者的任何不同意见。这些同行的信息被严格保密，以代码编

号形式出现。除了推荐信以外，院系负责人还需要向上级部门提供被评价者最新的简历和研究出版物或者其他学术或创造性的工作的资料副本。

(3) 校级评审阶段：支持申诉，给予被评价者充分话语权

校级评审主要由校长及特设的学术评价委员会来主导。院系的评价结果由其负责人提交给学术委员会，并最终形成综合报告。在校级评审工作中，如果学术委员会的评价结果与院系负责人的评价不一致，学术副校长将会要求院系部门出具相关理由及提供更多的信息来支持其做出的决定。另外，被评价者有权利要求校长或其他指定的行政人员出具书面的声明来解释评价结果及为何得出的此结果。

2. 科研人员评价标准

1) 科研活动产出的证据

科研人员的科研活动产出和创造性思维应在其公开发表物或被公认的原创性成果中找到证据。其中特别指明，对科研人员在科研工作或创造性活动中的公开发表物是需要进行评价的，而不是单单的列举数量，其目的在于作为证明科研人员拥有持续和有效地从事高质量、有意义的创造性活动的依据。

2) 关于评价材料的相关规定

从事理论性研究的科研人员提交的大部分评价证据应为以书籍、文章、报告为核心的出版物，并以此为衡量其科研水平和能力的证据。值得一提的是，在界定科研人员创造性工作时，不仅包括基于原始性创新或提出的新想法的学术研究，也包括发表的专业文献或完成的专业实践对教学、促进平等机会和教育多样性等方面贡献。

对于某些研究领域，如艺术、建筑、舞蹈、音乐、文学和戏剧等实践性较强学科的评价标准则与理论性学科有所区别。学校很重视艺术创作，规定在这些领域所完成的杰出的创作应该与在科技研究中所获得的成就得到相同的对待。对艺术创作的评价，根据作品的原创性、范围、丰富性、创意表达的深度等标准来确定被评价者的作品表现。同时，对于音乐、戏剧和舞蹈的艺术评价，出色的表演、创作的时间、对外指导等实践活动也是证明被评价者创造力的有力证据。

3) 以书籍、文章、报告为核心的出版物为评价证据的补充规定

共同作者研究成果：当科研人员的研究成果是以共同作者的形式发表，那么院系部门有责任尽可能明确被评价者在共同署名成果中的贡献。院系负责人除了需要对被评价者的贡献进行独立评估外，还需要了解被评价者的工作进展并

提出评价意见。

代表作制度：自2007年开始，对于第五级教授的评价或更高级的评价中推行代表作制度，要求被评价者选出自上一次评估以来完成的最重要的研究贡献，通常不超过五项。

未完成的著作：对评审时间与被评价者书籍截稿的时间发生冲突的情况，加州大学伯克利分校做出了一些人性化的规定。如果正在编辑的著作的某一章节满足以下情况时，可以列为被评价者评价材料：①被评价的成果在书籍中本质上是已经完成的实体，通常以章节的形式出现，所提供的章节在整本书中起的作用可被识别；②不涉及未完成作品的保密问题，可供院系负责人及随后的评价人员在评价过程中使用；③被评价者所上交的书籍必须明确指出哪一章节部分是在评价期完成的，然后院系负责人，对提交的成果进行定性的评估。

二、加州大学伯克利分校科研人员评价制度特点

1. 关注科研人员科研产出质量

在评价制度的第一条陈述即申明对科研人员在科研工作或创造性活动中的公开发表物的质量进行评价，而不单单的列举数量。并且同行评议中的评价原则主要是考察研究成果的创新性。此外，评价证明材料不局限于已经完成的成果，对未完成的出版物也制定了一些界定标准，可以避免研究人员由于考核压力带来的短期科研行为，有利于一些需要相对长期而专注的研究，比如基础学科和人文社科的某些领域研究。这在一定程度上避免科研功利化的倾向，有利于研究人员稳定研究方向，也保证了加州大学伯克利分校的科研产出的质量。

2. 鼓励合作研究

对于科研人员合作而形成的共同署名成果，加州大学伯克利分校并非简单地根据署名排序来界定成果的贡献，而是规定院系负责人有责任尽可能明确被评价者在共同的成果中的作用。这项规定有助于减少合作双方因利益分配而产生冲突的可能性，鼓励科研人员发挥各自所长，进行合作研究，特别是学科交叉的合作的研究，形成良好学术氛围。

3. 多元且灵活的评价标准

加州大学伯克利分校根据不同学科的特点对各类科研人员的评价有所侧重，并且有针对性地评价标准进行灵活并行之有效的调整。对于理论性较强学科的科研人员，在进行其绩效评价时主要参考学术论文、书籍及研究项目等；而

对于实践及操作性较强的学科科研人员，例如艺术创作，其评价标准弱化了在学术论文、书籍及研究项目上的严格要求，强调创作的作品的艺术性、原创性和创意性等等。这种弹性的评价标准，增强了学术研究人员从事学术创作的积极性，降低了他们的职业倦怠感。

4. 尊重被评价者的权利

在进行科研人员评价的过程中，加州大学伯克利分校能够将被评价者检查上交文件作为其中的一环，并且赋予被评价者要求评价结果能够合理解释的权利，充分体现出了对被评价者的尊重，让他们真正地参与到评价工作中，不只是被动地接受评价，使得被评价者在科研评价过程中有充分的话语权，体现了加州大学伯克利分校管理中以人为本的理念。

新经济、新产业、新模式、新技术与创新治理

科技创新治理须形成体系能力

| 陈　强

随着大数据、区块链、量子计算、人工智能等技术迭代加速，新一代信息基础设施日益成熟，科技创新和科研组织的网络化、数字化、平台化及社会化趋势逐渐增强，创新体系的“开源、外包、社交化、并行式”特征开始显现，群体式、策略化、有组织的颠覆式创新初见端倪。习近平总书记指出，“科技创新活动不断突破地域、组织、技术的界限，演化为创新体系的竞争”。显然，科技创新治理的关键在于形成能够直面全球竞争的体系能力。

科技创新治理是一项系统工程，需要实现政府、企业、高校、研究机构、社会组织、公众等主体形成共识，采取一致行动；需要实现人才、资金、平台设施、仪器设备、数据信息、政策制度、社会资本等资源的合理配置；需要实现基础研究、技术创新、成果转化、市场开发、风险投资、社会服务、政府管理等活动的有效协同，进而将这些主体、资源和活动组合成为自主高效运行，并具有一定韧性、黏度、张力、活力和弹性的有机整体，同时形成强大的体系能力，为经济社会发展提供源源不断的动力。

一、科技创新治理体系应该具有足够的“韧性”

通过构建社会主义市场经济条件下关键核心技术攻关新型举国体制，体现并落实国家重大战略意志，从而不断实现关键核心技术领域的突破；通过目标引导和资源投入，组建国家战略科技力量，以维护国家总体安全；通过创新策源地建设，打造高质量发展的核心动力引擎，继而实现科技创新能力和产业竞争力的非对称跨越赶超。因此，体系的“韧性”具体体现为敏锐的趋势识别和判断能力、高效的科学决策能力、卓越的资源配置能力、强大的组织和发动能力等方面。依托这些能力，持续推动条件建设，实现前瞻性基础研究的重大突破，并提升系统

作者简介：陈强，上海市产业创新生态系统研究中心执行主任，同济大学经济与管理学院教授。

化技术能力，保障经济社会发展持续获得高质量科技供给。

二、科技创新治理体系应该具有相当的“黏度”

通过营造良好创新生态，吸引、集聚、整合和开发利用各类创新要素，提升创新“密度”和“浓度”，来促进创新主体之间的紧密联系和深度互动，同时推动技术培训、管理咨询、培育孵化、评估交易、知识产权等科技服务类“缝隙型组织”茁壮成长，使得创新链、产业链和服务链密集交织，跨产业、跨区域、跨领域的创新活动活跃并富有成效，进而不断激活创新的磁场效应。

三、科技创新治理体系应该具有强劲的“张力”

在科技创新的内外部环境发生整体性、格局性、历史性变化的当下，能够通过更高水平的对外开放，主动嵌入全球创新网络，有组织地深度参与全球创新治理，同时强化重大科学议题设置能力，制订并维护国际科技合作的规则和秩序，从而提升在全球范围内配置和运筹创新资源的能力，进而策划和组织国际大科学计划，启动国家大科学工程，最终抢占世界科技发展前沿的关键制高点。

四、科技创新治理体系应该具有充沛的“活力”

能够开展广泛而深入的社会动员，有效化解科技创新需求侧和供给侧之间的各种症结，打通创新的“微循环”，激活基层活力，并形成灵活高效的自组织能力，有效引导大众创业，万众创新。通过科技评价制度改革，建立以质量、绩效和贡献为导向的科技评价体系，完善激励机制设计，营造良好的学术氛围和社会环境，切实提升广大科研人员的“获得感”和“成就感”，充分调动各类创新主体的积极性。

五、科技创新治理体系应该具有必要的“弹性”

通过建立科技咨询支撑行政决策的科技决策机制，进一步发挥智库和专业研究机构作用，提升重大科技决策的有效性和效率，使得目标制订、战略规划、政策设计和制度安排更具前瞻性、战略性和科学性。通过进一步完善科技监测和分析的机制、手段和工具，跟踪基础研究和前沿关键技术的发展趋势及路径，关注科技创新资源获取、分享和利用的演变趋势，为政府和创新主体提供决策支持，得以增强其应变和调适能力。

党的十九届四中全会提出了推进国家治理体系和治理能力现代化的路线图，明确了将我国的制度优势转化为治理效能的工作任务。当前，科技创新已成为推动经济社会发展和保障国家安全的核心力量。提升其治理效能，形成体系能力，虽然道阻且长，但只要坚持并发挥制度优势，行则必至。

一地鸡毛之后，谁能扛起共享经济的大旗？

| 赵程程

据《中国共享经济发展年度报告 2019》(国家信息中心)统计，2018 年我国共享经济领域直接融资额首次出现负增长，比上年下降 23.2%。曾经的独角兽明星摩拜单车被美团收购，ofo 的押金退款排队人数超过千万，从最早滴滴和快滴的烧钱大战开始的资本的烈焰烧遍了包括单车、电动自行车、充电宝、雨伞、汽车、短租房屋、按摩椅、唱吧等等各个领域，到头来都是繁花落尽、一地鸡毛。

在资本催生快速转向过热的投资中，滴滴乘客被害事件、自如甲醛超标事件等引起网友广泛关注的重大信任危机，沉重的拷问共享经济的本质要求——需要用户之间的信任机制，政府的监管同样受到考验。共享经济的高频创新性，容易引发市场各种新问题、新挑战。政府监管不仅从力度要上强化监管，也应从模式上进行创新，联合多主体、多部门建设协同创新治理体系，开展合理化管理；更需要同行业自律和有序竞争，形成和尊重统一、规范的行业标准。

据不完全统计，2018 年以来，共享经济主要领域开展了多项专项整治行动，出台了多项法规，见表 1、表 2。

表 1　2018 年主要领域开展的专项整治行动

领域	部门	行动内容
网约车	交通部、中央政法委、网信办等 10 部门	1. 进驻式联合安全专项检查 2. 平台企业整改
共享单车	北京、广州、成都等多个城市的交通、城管、街道办等部门	1. 清除废弃单车 2. 总量控制、动态监测、运营考核
网络视频	国家广播电视总局、地方广电局等	1. 清除问题账号 2. 删除相关节目及链接 3. 关停涉事账号节目上传功能 4. 平台内部责任追究

作者简介：赵程程，上海市产业创新生态系统研究中心研究员、上海工程技术大学管理学院讲师。

（续表）

领域	部门	行动内容
网络直播	中宣部、网信办、文化部、国家广播电视总局、全国“扫黄打非”工作小组办公室	1. 立案调查问题平台 2. 封禁问题主播 3. 关停问题账号
互联网新闻	网信办等	1. 清理问题自媒体账号
网络侵权	国家版权局、国家互联网信息办公室、工信部、公安局	1. 网络转载版权整治 2. 短视频版权整治 3. 其他重点领域版权整治

数据来源:《中国共享经济发展年度报告 2019》,国家信息中心。

表 2　2018 年主要领域出台的有关法规

领域	时间	部门	法规
网约车	2018.6	交通运输部	《出租车服务质量信誉考核办法》
	2018.9	交通运输部、公安部	《关于进一步加强网络预约出租车和私人小客车和乘安全管理的紧急通知》
	2018.9	交通运输部	《关于开展网约车平台公司和私人小客车和乘信息服务平台安全专项检查工作的通知》
在线外卖	2018.1	国家食品药品监督管理总局	《网络餐饮服务食品安全监督管理办法》
	2018.7	国家市场监管管理总局	《关于促进“互联网＋医疗健康”发展的意见》
互联网医疗	2018.4	国务院办公厅	《互联网诊疗管理办法(试行)》
	2018.7	国家卫健委和国家中医药管理局	《互联网医院管理办法(试行)》 《远程医疗服务管理规范(试行)》
网络内容	2018.2	中央网信办	《微博客信息服务管理规定》
	2018.8	全国“扫黄打非”办公室联合多部门	《关于加强网络直播服务管理工作的通知》

数据来源:《中国共享经济发展年度报告 2019》,国家信息中心。

经过 2018 年的市场拷问和政府监管,共享经济不能仅是商业模式的创新,需要商业模式的多元主体协同治理体系有序完善,同时也更迫切需要更多技术应用的创新来修复相互的信任危机。比如,用户可以期盼人工智能在出行、住宿、医疗等共享经济主要领域有着更为广阔的应用潜力和发展前景。基于大数据和人工智能算法，共享出行将从“人找车”变成“车找人”，为司机和乘客提供更为精准、安全的服务，改善人们出行的质量。共享出行借助大数据经验、人工智能算法提供的导航路线与车辆实际路线进行对比，判断行程是否合理，是否在安全行驶范围内并自动触发信号警示。共享房屋基于生物识别技术提升顾客身份核验精准度，利用人工智能技术开发欺诈预防服务，通过有效识别异常和欺诈模式，并对其采取行动，进而保护住户和房东的权益。基于图像识别、大数据处理、深度学习等人工智能技术，共享医疗将成为远程诊疗、全科医生辅导、医护人员培训等方面，成为医生和医疗服务的重要助手。

基于“包容审慎、鼓励创新”的政策导向，政府和行业协会需要加快推进在共享出行、共享住宿、共享医疗、共享办公等细分领域的行业性服务标准和规范，尤其是针对隐私保护、数据所有权、限制利用数据实施歧视和不公正行为等，需要有龙头企业主动承担维护市场公平和健康生态的责任。同时，由于国内共享经济普遍商业模式的盈利缺陷，往往依赖于运营中对于用户数据的收集、存储、分析、使用来获得增加值和估值溢价，在资本利益的驱动下的市场竞争可能演变成为某个领域的大数据垄断，这是指作为企业“基础设施”的大数据集中在少数企业手中，这些数据寡头企业可以控制该数据并可以对提供这些数据的主体施加影响（曾彩霞、尤建新，2017），政府和行业协会应该保持高度的警惕，一旦形成数据和互联网服务或产品市场在占有市场支配地位从而获得垄断地位相互作用，不断推进升级，最后对其他新进入者起到排出市场的效果，更加不利于该领域共享经济的健康发展。

所以，在下一个独角兽扛起大旗之前，我们应该从企业自身商业模式和技术创新应用、政府监管手段和方法、行业性服务标准和规范等方面进一步完善共享经济的创新生态，只有获得产业协同治理体系的支持的企业才能再次扛起共享经济的大旗。

参考文献

[1] 曾彩霞，尤建新.大数据垄断对相关市场竞争的挑战与规制：基于文献的研究[J].中国价格监管与反垄断，2017(06)：8-15.

共享经济破困第一步：厘清主体责任

| 赵程程

2019 年政府工作报告提出“坚持包容审慎监管，支持新业态新模式发展，促进平台经济、共享经济健康成长”。这为广泛关注也颇具争议的共享经济发展明确了政策方向。短短三年里，共享经济从快速崛起到遍地开花，乃至如今遭遇滑铁卢。一批共享单车、共享汽车、共享充电宝等诸多共享领域企业相继倒闭停业、合并收购，引发了社会对共享经济的质疑。究其根本，共享经济参与主体责任缺失是造成负面后果的主要原因。因此，共享经济破困的第一步是要厘清主体责任。共享经济的治理大体可以分为政府规制和社会组织主导的外生秩序和平台自我监管的内生秩序。外生秩序有利于形成良性竞争环境、契约执行和消费者保护等基础性制度支持的公共秩序，内生秩序有利于发挥平台企业自我进化的优势、调动起承担责任的能动性（图 1）。

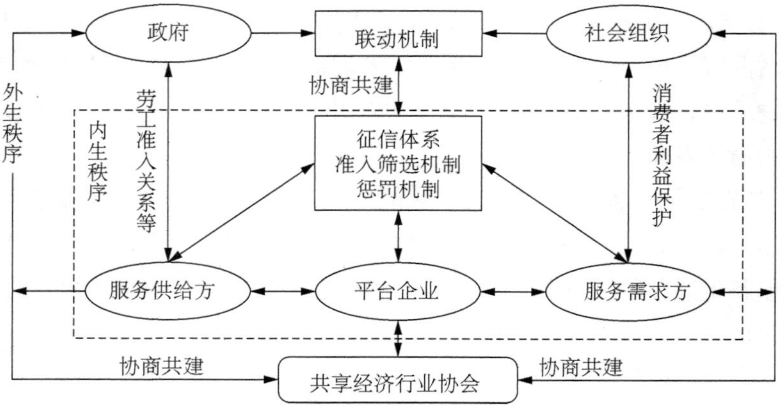

图 1　共享经济治理的外生秩序和内生秩序

作者简介：赵程程，上海市产业创新生态系统研究中心研究员、上海工程技术大学管理学院讲师。

一、政府:去伪存真、抓小放大、防治结合

政府是共享经济体系的顶层设计者,制度供给的主体是政府,监管供给的主体是政府相关职能部门。共享经济早期受到大量资本的追捧,发展迅猛,政府较难从中捕捉到问题并迅速作出合理的反应,因此早期政府监管略显滞后。共享经济的滑铁卢,是政府反思审视共享经济的最佳契机。

首先,去伪存真,明确共享经济行业范畴。共享的本质是节约,挖潜,即拿过剩的资源做节约的利用,满足需求,从而让物质更加可循环、可持续。依此定义,共享单车、共享汽车、共享充电宝、共享雨伞等是伪共享,实为租赁经济。这类租赁经济容易导致物品的激增、产能的过剩、资本的浪费,给城市空间治理带来挑战。政府治理共享经济的首先要分清哪些是共享经济,哪些是租赁经济。本质不同,治理方式也不尽相同。

其次,抓小放大,打造包容公平开放的大环境,规范参与主体的小行为。在"大环境"建设方面,亟需在政府和企业间建立有效的数据共享机制。在实践中,政府部门"手握"大量个人与国家安全的公共数据,但这些数据开放度较低,不利于共享经济企业的创新。尤其是涉及个人安全的相关信息,若政企不能有效共享,将大大降低企业服务的安全性。平台企业掌握大量参与者状况、用户安全的数据,如果不能与政府有效共享,一旦发生重大突发事件,势必阻碍政府、企业、与用户的沟通,降低政府协同管理水平和应急响应能力。共享经济破困,需要加强政企数据共享力度,先解决"不知道跟谁对接、怎么对接"的问题,再突破"不愿""不敢""不能"的难题。在"小行为"规范方面,必须审慎共享经济带来的问题,统一与传统行业的监管标准,加强平台企业运营的规则,明晰参与主体的责任与义务。

最后,防治结合,事前预防、事中调节、事后干预。早期共享经济监管是以解决问题为导向,即问题显现—进行规制—问题再显现—进行规制。基于问题解决逻辑的政府规制容易落入滞后性陷阱之中。共享经济的高频创新性,必然会引发市场各种新问题、新挑战。这对监管部门提出新要求。政府监管不仅从力度上强化监管,也应从模式上进行创新,即通过制度与法律建构规制、监管和惩治体系,规制强调事前预防,监管强调事中调节,惩治强调事后干预。

二、平台企业:对内自纠自查建立行业协会,对外建立用户征信奖惩体系

基于外部政府惩罚、社会监管等多方外生动力,与企业履行社会责任的内生

动力，共享经济平台企业对内要建立自查自纠体系，对外建立用户征信奖惩体系。对内，共享经济不同于传统行业，其企业属性无法归属于任何已有的行业协会。不妨效仿英国，建立独立的共享经济行业协会，采用会员制，用以规范及监管共享经济平台企业。一是倡导共享经济。借助传统和新兴媒体，大力宣传共享经济的好处，使共享经济成为主流商业模式。二是制定标准。会员企业通过一份行为准则，从维护共享经济企业信誉、实行员工培训和保障消费者交易安全等方面入手，为共享经济企业树立需要遵从的标准和行为准则。三是寻找对策。通过支持研究项目、总结企业成功实践等，解决共享经济企业遇到的共同挑战和难题。对外，相对政府监管，平台企业直接面对用户，掌握用户第一手行为数据，对其监管更加细化和直接。共享经济平台应在建立用户征信和奖惩体系，对用户不当行为进行惩罚，譬如限制使用权限。也可与监管职能部门共享数据，将其纳入个人征信体系。

在乘客人身财产安全方面，可强行引入保险机制，平台企业先行理赔顾客。以网约车为例，乱收费、绕路、拒载抛客是网约车另一大“顽疾”。面对乘客的投诉，网约车平台往往敷衍了之。美国加利福尼亚州等州立法要求网约车平台为乘客购买（或企业自设）符合法律要求额度的保险。《上海网络预约出租汽车经营服务管理暂行办法》要求网约车平台公司应当对乘客的损失承担先行赔付责任。具体落实到地，或可效仿阿里巴巴电商企业先行赔付的顾客理赔机制——“极速退款”。政府可要求平台企业基于司机和乘客行为的数据来建立诚信体系，只要是比较诚信的乘客，如果不满意服务或发生纠纷，只要拍照或语音等证明材料上传系统，平台企业初步核实，迅速理赔乘客，理赔款是由平台先行垫付。实施这两项制度可以最大限度地降低乘客的维权成本，推动市场主体自我约束。

三、用户：需被监管的外生动力

如果是投资方是共享经济的内生动力，用户则是外生动力。共享经济平台企业为服务提供方（用户）和服务需求方（用户）“牵线搭桥”。若一方用户蓄意破坏，不仅影响另一方用户使用体验，更会造成企业财产损失，不利于行业形象。因此，用户必须承担社会责任行为规范，鼓励用户对不规范使用行为进行举报，协助平台企业实现行业自律。

我国实体商业供给侧改革的路径分析

郭梦珂　马军杰

一、我国实体商业供给侧改革的特点

为适应、把握、引领新常态，培育经济发展新动力，国家层面大力推进供给侧结构性改革，调整经济动力转换力度，强调减少无效供给，扩大有效供给。实体商业是国民经济健康运行的基础，其一端连接消费者，成为需求侧的组成部分，另一端连接商品、厂商、供应链，成为供给侧的组成部分，实体商业的供给侧改革是匹配消费新需求的必要环节。

实体商业供给侧改革的核心在于，实现互联网模式创新与实体商业供给侧的深度融合。其中不仅包含宏观层面供给侧改革的"降成本、补短板"等特点，同时也因其作用于实体商业，而具备了自身独特的特点。

1. 理念上是互联网发展"倒逼"实体商业供给侧改革

以大卖场为例，通过生鲜抓流量、干货抓毛利、餐饮赚房租的传统商业模式以难以为继。随着消费者愿意在互联网购买的品类不断增加，从 3C 等标准化商品扩大到食品、个人护理、母婴等敏感品类，互联网已经吞噬了实体零售的流量和毛利。在这种情况下，实体商业要生存下来必须要变革。

2. 模式上是"融合"互联网商业模式创新的供给侧改革

以浦东第一八佰伴为例，其不仅实现了商场内 Wi-Fi 信号全覆盖，同时还在中央扶梯口、观光电梯处配备了 29 台电子互动屏，为消费者提供品牌讯息、导航、优惠券打印、会员注册等功能，将线上体验转化为线下体验。

3. 技术上是体现互联网技术"创新"应用的供给侧改革

万物互联时代，大数据、云计算、物联网、人工智能、5G、边缘计算等技术的

作者简介：郭梦珂，上海市浦东新区电子商务行业协会职员；马军杰，上海市产业创新生态系统研究中心研究员，同济大学法学院讲师。

应用,已经对实体商业的运营环境产生了巨大影响。

二、我国实体商业发展遇到的现实问题

实体商业依然将在我国经济发展中占有极其重要的地位,因此,正视实体商业面临的瓶颈,对帮助其更好发展意义重大。

(一) 我国社会消费品零售额增速放缓已成为常态

据国家统计局数据显示,2018 年 1—12 月,社会消费品零售总额 380 987 亿元,比上年增长 9.0%,扣除价格因素实际增长 6.9%,增速连续第八年放缓。

(二) 以百货、商超为代表的传统零售行业面临巨大挑战

沃尔玛宣布将关闭全球 269 家沃尔玛实体店;万达百货位于宁波、青岛、沈阳、芜湖等地的近四十家店关闭;乐购山东 6 家店全部关闭;还有天虹百货、阳光百货、马莎百货等也纷纷沦陷。连 19 年来"零关店"的大润发也首次关店。在上海经营 20 年之久的上海淮海路太平洋百货,于 2017 年停止其全部营业活动。2018 年,上海永安百货、上海虹桥友谊商城进入停业调整。整个传统零售业呈现增速放缓、利润下降的趋势。

(三)"店多成市"自然形成的批发市场面临被迫面临转型

传统水产批发市场的管理难题和成本问题引来巨大压力,面临大规模整治和休市搬迁。传统五金批发市场面临制造业转型升级,客户需求日益减少,商品供应零散无序,经营服务难以维持。例如上海铜川路水产市场曾为上海规模最大的海鲜水产交易市场,因环境不堪,已全面拆除;上海老牌"五金机电一条街"北京东路因制造业转型升级需求也正在转型。

(四) 消费需求的转变给实体商业带来压力

体验型、多样化、高端化、服务化的消费新需求的出现使得原有的供给结构越来越不适应市场需求结构变化,依靠需求侧拉动不能长久维持实体经济增长。如今的实体商家渐渐注重服务体验的增强,拥抱线上线下融合,接受商业与文旅的融合,尝试沉浸式消费体验,等等。万达、第一八佰伴等商超也逐步压缩零售比例,提升餐饮娱乐、服务休闲等设施的比例。

(五) 体制机制问题给实体商业发展带来阻碍

现行的传统贸易准入许可制度,会间接地带来歧视性定价、获批就过时的现象。例如,进口化妆品、保健品等参照国内现行许可审批制度,集中在总局药化注册司化妆品处审批,由于食药监局的注册备案周期长,审批周期通常在 1 年以

上，会导致商品从上市到实体销售的时间过长，客观上不利于商业企业更新产品结构，也不利于消费者购买流行性新款商品。

三、互联网融合实体商业供给侧改革的模式分析

近年来，面对劳动力、土地、资金等生产成本要素上涨，全球范围内基于互联网的创新模式不断涌现，且多呈现线上线下融合的趋势。以万达、百联等为代表的实体企业通过融合互联网思维和技术进行不同程度的转型，以 Airbnb，盒马等为代表的互联网企业通过落地商品供应的多个环节不断改变着实体经济的运行环境。

(一) 实体商业＋接入互联网平台

模式一：入驻第三方平台。入驻平台是目前较为基础也较为广泛的实体商业与互联网的融合方案，超市、便利店等实体商家将自己的商品放在第三方平台上，通过互联网和实体两个渠道并行，扩大商品受众群体。

模式二：引入第三方互联网服务。该模式是实体商业转型的基础模式，成本相对较小，通过将互联网服务引入线下，提升消费体验。以支付宝为例，目前已经有超过百万的便利店、超市等线下商家支持支付宝支付，例如全家、沃尔玛等零售连锁品牌，肯德基、外婆家等餐饮品牌等等。

(二) 实体商业＋自建互联网平台

模式三：实体商业自建互联网平台。百联集团旗下的 i 百联全渠道电商平台是自建平台转型的典型案例，作为覆盖上海的区域垂直电商平台，其整合了百联集团旗下原百联 E 城、联华易购以及百联股份网上商城 3 家网站，依托网站、App、微信公众号矩阵为线上平台，以百联集团旗下全业态企业为线下支撑，将门店、社区、商圈与统一会员体系串联，形成自建全渠道商业生态圈。

(三) 实体商业＋全面智慧化升级改造

模式四：实体商业的全面智慧化升级改造。以万达为例，作为实体经济万达的分支业务，其早期的飞凡电商立足于以万达为核心的大型实体购物中心，借助智能终端，在 B 端全方位整合会员、数据及各类互联网开放接口，为购物中心提供更加高效的营销模式。对 C 端提供会员、积分、支付、找店、停车、排队和电影等体验式场景服务。2019 年，腾讯“智慧商圈”解决方案全新升级，其中无感停车、小程序营销、刷脸支付等数字化成果已在万达落地。

(四) 互联网企业对实体商业的反向创新模式

模式五：互联网＋采购与供应链环节模式创新。采购与供应链作为实体商

业的源头和血脉，互联网的作用在于破除信息壁垒，提升流通效率。例如，极鲜网服务全球实体生鲜批发商，其 B2B 跨境生鲜交易平台为实体生鲜经销商提供了商品货源的新渠道，通过提供全程透明的跨境供应链服务，让生鲜溯源有迹可循，让生鲜配送及时高效。

模式六：互联网＋销售与服务环节模式创新。销售与服务环节是实体商业的本质体现，互联网在该环节的创新主要体现在增强服务效能，增强消费体验。例如，波奇网为线下门店引导客流，其通过整合实体宠物店所提供的服务，使顾客得以在线了解、选择服务的类型，进行对比后在线下单，再到店面消费。1 药网造药品领域线上下单与门店自提的合作共赢模式，旗下 1 号大药房各门店配备专业人员提供专业药学咨询。

模式七：互联网＋全面融合模式创新。全方面的模式升级改造，源于互联网的创新基因，以及实体商业固有的消费本质。盒马鲜生作为新零售的标杆企业，是互联网企业的典型代表，目前已在全国开设了百余家实体门店，以互联网的思维模式打造全新的实体零售模式，其中国内首家线下门店是上海金桥广场店，面积达 4 500 平方米。盒马鲜生通过互联网手段对卖场的配送、品类、展示、支付等方面进行了多项改革探索。在分拣方面，自有悬挂链模式大大提升分拣效率。在服务方面，盒马可以满足“逛吃”的现代消费模式。在配送方面，线上线下下单，均能保证“五公里范围，半小时送达”。在品类方面，店内售卖着上百个国家超过 3 000 多种商品，生鲜产品占到 20％。在展示方面，电子价签的使用，能完成线上 App 和实体店内商品的同时变价。在支付方面，与其他生鲜商超不同，盒马鲜生不接受现金付款，只接受支付宝付款。

响应“健康中国2030战略”，互联网医疗的发展困境与突破

| 柏　杰　马军杰

2016年，中共中央国务院印发了《“健康中国2030”规划纲要》，这对于促进中国医疗卫生资源供给和服务需求的持续增长以及医疗卫生服务产业模式的不断创新具有重要作用，推动了诸如医疗联合体、分级诊疗制度、公立医院综合改革、家庭医生服务、“管办分离”和“多点执业”等新的医疗服务模式与机制的实现。中国的“互联网＋”医疗行业以技术支持行业（如可穿戴设备）和服务支持行业（如在线医疗）为主要构成部分，通过在全国范围内开展远程会诊，常见病、慢性病在线复诊，帮助公立医院建立“互联网＋”医联体平台，发展以实体医院为依托的互联网医院等。根据《中国互联网络发展状况统计报告》，2016年末，中国“互联网＋”医疗用户已达1.95亿人占全国人口14.1%。

随着“互联网＋”医疗的蓬勃发展，国家必须出台相应的法律法规规范行业发展，以法律引导行业发展的形式促进“互联网＋”医疗健康规制的发展，更好地保障人民群众的健康权益。当前“互联网＋”医疗依然存在互联网信息海量、行业缺乏标准有法律监管、大数据与个体化治疗相互矛盾等问题。2018年4月，国务院办公厅发布了《关于促进“互联网＋医疗健康”发展的意见》，提出加强互联网医疗行业监管和安全保障，通过互联网医疗落实医疗联合体、分级诊疗政策，推动优质医疗资源下沉到基层，提高医疗服务效率，降低人民就医成本，满足人民群众日益增长的医疗卫生健康需求。

然而基于对当前中国“互联网＋”医疗平台模式当中普遍性问题的分析，中国“互联网＋”医疗发展所面临的主要瓶颈有：准入制度不严谨、问责制度不健全、盈利模式不清晰，工具化趋势明显等（表1）。目前国内尚未形成清晰完善的

作者简介：柏杰，同济大学法学院硕士研究生；马军杰，上海市产业创新生态系统研究中心研究员，同济大学法学院讲师。

“互联网＋”医疗方面专门的政策法律体系，多数政策不够明确，缺乏方法论并难以落地，如何让政策落地是“互联网＋”医疗政策发展的重要一环。

表 1　中国“互联网＋”医疗发展瓶颈

发展瓶颈	具体表现
准入制度不严谨	政府放宽行业准入政策
	缺乏全国性准入制度，地方准入制度各异
问责机制有待商榷	医疗行为划定不明确
	责任划分不明确
	信息安全制度不完善
盈利模式不清晰	“互联网＋”医疗经营盈利范围狭隘
	医院与互联网＋企业存在着的利益分配矛盾
工具化趋势明显	“互联网＋”医疗企业作用局限于网上挂号信息平台
	实体医院与“互联网＋”企业难以达成实际合作

针对以上问题，我国“互联网＋”医疗行业可以从四个方面突破发展瓶颈：

一、完善“互联网＋”医疗的准入制度

为完全激发“互联网＋”医疗突破地理因素干扰的潜力，保障其全国范围内安全健康发展，建议由医师协会发展各地方相关标准建立全国统一的从业医师资格培训及考核制度，并为符合要求的医师颁布“互联网＋”行业从业资格证书，以此来完备“互联网＋”医疗人才的审核和储备工作。同时，建立全国统一行业标准有助“互联网＋”医疗真正在中国打破地域限制，达到合理分配医疗资源的作用。

二、完善“互联网＋”医疗的安全保障体系

“互联网＋”医疗与传统实体医疗的最大区别就是是否有第三方机构介入，为了避免出现医疗事故后的医生、医疗机构和第三方平台三方互相推责并更好地保证患者的生命安全权等基本权利，必须建立明确的行业准入制度以此保证行业质量并建立专门法界定三方责任，同时需要完善《电子商务法》提出的“先行赔付”制度。“互联网＋”医疗的发展需要跨越地域，实现全国联通，为此中国需

要建立国家层面法律以全国标准统一责任界定。

三、探索“互联网+”医疗的盈利模式

为了保障“互联网+”医疗行业的健康发展，确保“互联网+”医疗安全起步，确保行业可持续发展，应当探索“互联网+”医疗行业的盈利模式，保证行业盈利合法化，相关政策可以以下三点为突破口：

第一，放宽融资渠道与政策，政府应给与政策红利，允许“互联网+”医疗结合金融行业，放宽行业的融资渠道。

第二，明确并放宽“互联网+”医疗行业经营权限，政府应出台相关政策法规明确“互联网+”医疗定义与经营范围，并适当放宽。

第三，提供更多的发展模式，如引入 PPP(Public-Private Partnership，政府和社会资本合作)模式，政府作为第四方参与者进行监管与共同开发，实现“政府购买”，将行业从单一年度预算开支管理逐渐转变为中长期投资规划，吸引有实力的互联网平台进入“互联网+”医疗行业并提升行业经济效率与时间效率。

四、政府牵头建立实质性合作

政府介入实体医院与“互联网+”医疗企业缺乏实质性合作的现象，加深双方合作，扩大“互联网+”医疗企业盈利端口，实现真正的互利共赢，扩大“互联网+”医疗受众方向，切实可行的形成合作联盟。一方面，使得实体医院在“互联网+”医疗企业的信息化基础上更好的扩展服务对象；另一方面，“互联网+”医疗企业在合作中高效利用实体医院的医疗资源，找到发展口径，得以进一步服务社会，便利民众。

以基础性知识产权能力为根本，全面提升我国知识产权能力

| 任声策

当今世界处于百年未有之大变局中，新一轮科技革命和产业变革正蓄势待发，我国经济高质量发展机遇和挑战并存，知识产权便是关键挑战之一。知识产权问题已经成为我国企业提升国际竞争力的瓶颈，制约着我国经济高质量发展。虽然我国知识产权制度自改革开放以来取得了举世瞩目的成就，知识产权事业受到前所未有的重视，但不可否认，知识产权事业在我国是一项重大系统工程，不可能一蹴而就，必须矢志不渝，秉持初心，一往无前。在新时代，我国知识产权工作的关键在于不断夯实和提升知识产权能力，这是创新生态系统建设的压舱石，是我国高质量发展的发动机。

什么是知识产权能力？首先，这是一个综合知识产权各方面能力的概念，过去在讨论知识产权相关的能力中被谈及的能力包括（不限于）：知识产权综合能力、知识产权创造能力、知识产权管理能力、知识产权运用能力、知识产权公共服务能力、知识产权信息消费能力、知识产权风险防控能力、知识产权服务能力、知识产权保护能力、知识产权资产管理能力、知识产权社会服务能力、知识产权战略能力、企业知识产权能力等等，这些知识产权相关能力的概念丰富多彩，但又未成体系，需要一个概念进行整合，这为知识产权能力概念的提出奠定了坚实基础。其次，知识产权能力这个概念可以从知识产权工作涉及主体和内容角度定义，即国家、产业或区域、企业或其他机构等主体在知识产权制度建设及知识产权创造、运用、保护、管理和服务等方面的能力。

为什么在现阶段需要将知识产权工作的重心放在知识产权能力上？一是因为我国知识产权工作已经形成较好的基础体系，进一步发展需要注重内涵建设，

作者简介：任声策，上海市产业创新生态系统研究中心研究员，同济大学上海国际知识产权学院教授。

知识产权能力便是内涵建设的核心抓手。二是我国经济发展的整体要求,我国要建设现代化经济体系,经济需要高质量发展,需要建设创新型国家,因此需要聚焦创新能力提升,而知识产权能力与创新能力的关系唇齿相依,相辅相成,知识产权能力促进创新能力,创新能力能够强化知识产权能力。

那么如何不断加强知识产权能力?由上述界定可知,知识产权能力是一个能力体系,廓清这一能力体系是加强知识产权能力建设的基础,其中基础性知识产权能力是知识产权能力体系全面提升的关键。

一、提升知识产权能力:不同层次主体协同推进

首先,知识产权能力的第一个主体层次是国家,国家知识产权能力是宏观层次的知识产权能力。国家知识产权能力是整个知识产权能力体系的基础设施,上梁不正下梁歪,没有健全的国家知识产权能力体系,知识产权能力体系将缺乏根基,犹如沙滩上的楼阁。

其次,知识产权能力的第二个主体层次是区域和产业,区域知识产权能力、产业知识产权能力是中观层次的知识产权能力。区域知识产权能力和产业知识产权能力之所以重要,是因为他能够在宏观和微观层次的知识产权能力之间建立衔接,便于知识产权能力在不同区域、不同产业根据实际采取不同方式加以提升。

再次,知识产权能力的第三个主体层次是企业或其他组织及个体,这一知识产权能力是微观层次的知识产权能力。微观知识产权能力是知识产权得以创造和运用的源泉,也是知识产权保护、服务、管理产生的根本原因。

知识产权能力提升是一项系统工程,需要各个层次主体各司其职,共同、持续推进。

二、提升知识产权能力:以基础性知识产权能力为根本

首先,知识产权能力的内容范围涉及知识知识产权制度建设及知识产权创造、运用、保护、管理和服务等方面。需要注意的是,宏观、中观、微观层次知识产权能力主体在上述知识产权能力的内容范围上会体现出不同的能力内容。例如,宏观层面的知识产权能力中,知识产权创造方面的能力需要更多关注知识产权制度体系激励创造的能力,而在微观层次的知识产权能力中,知识产权创造方面的能力则更多地体现在研发创新的投入和产出能力上。

其次，知识产权能力内容也可分为静态能力和动态能力两种类型。前者是指某个时刻实际具备的知识产权能力，而在另一时刻这一能力则存在增强或减弱的可能，例如专利代理人规模所代表的专利代理服务能力。动态能力有时则被称为能力的能力，即动态能力能够催生能力的产生，例如知识产权人才培养能力，知识产权人才不仅包括从事知识产权工作的人才，还包括从事创新创业的人才，知识产权人才培养能力能够保障各类人才队伍的稳定和成长，从而使一种能力得以不断强化；再如知识产权文化建设能力，可以使知识产权能力在现有存量基础上不断提升。从这个角度而言，动态能力是知识产权能力中最根本的能力，是基础性知识产权能力。

知识产权能力提升内容广泛，需要重视知识产权基础性能力（动态能力）的作用，以知识产权基础性能力的强化推动知识产权能力的全面提升。

总之，知识产权能力的不断提升是新时代知识产权事业的关键，应成为新一轮我国知识产权强国战略的重点方向，这是完善我国创新生态系统关键之一，是实现我国经济高质量发展、建设现代化经济体系、到 2035 年基本实现社会主义现代化、到 2050 年成为社会主义现代化强国等战略目标的四梁八柱之应有内容。而知识产权能力的不断提升则需要从宏观、中观、微观三个层次上，分别在知识产权的创造、运用、保护、管理、服务及制度等分项能力上，确定优先级，有序推进知识产权能力的局部和整体的系统性提升，尤其需要更加重视并规划推进知识产权人才培养、知识产权文化等基础性知识产权能力的显著提升。

大数据时代呼唤数据质量治理*

| 尤建新

大数据、云计算和云服务、平台经济、移动互联网、低碳、人工智能等不仅带来了市场生态的急剧改变，对人们的生活方式和行为也产生巨大影响，我们每个人早已成为“物联网”的移动端，成为大数据的“用户”和“供应商”。如何界定数据产品呢？数据在被估值、交换的过程中具备了产品的特征，但如何界定数据产品，到现在为止还没有一个统一的标准解释。如果对数据产品的概念不能统一认识，就会带来一系列问题：如何为组织进行“数据赋能”？如何规避“大云平移碳 AI”下新的风险？如何在“大云平移碳 AI”下抓住发展的新机遇？面对这些问题，我们不得不认真审视大数据带来的挑战。

一、大数据时代的市场生态巨变

大数据时代已经到来，市场生态正在发生巨变简单归纳如下。

1. *数据垄断*

数据市场已经呈现，数据资源的市场属性引发了潜在的垄断问题。当我们还没有认识到数据本身也是一种产品、工具、资源或资产的时候，我们可能不会过多关注相关的解决方案，但现在我们逐步认识到这一点后，就要对此做好准备。比如，美国联邦贸易委员会委员 Pamela Jones Harbour 认为，谷歌与双击的合并是两家公司产品和服务以及用户数据的合并，尤其合并后谷歌能够垄断数据，因此应特别审查数据合并对竞争者及用户的影响，并建议应该在未来类似案例中界定一个推定的由数据组成的相关产品市场——数据市场。显然，数据的市场属性容易驱动市场集中和市场支配地位并对市场准入产生障碍。占有数据并能实施准入数据、利用工具和算法分析数据的企业掌握了竞争优势，并排斥

---

* 本文根据作者在第 21 届工博会质量创新论坛的主题发言整理而成，原文刊载于《上海质量》杂志第 10 期，有删节。

作者简介：尤建新，上海市产业创新生态系统研究中心总顾问，同济大学经济与管理学院教授。

弱势企业。

2. 数据交易机制还不够完善

数据业态的认知缺陷导致市场机制存在缺漏。首先，交易信息不通畅。对相关市场中谁拥有相关数据、数据所有权人存储数据位置以及与数据所有权人交易成本等相关信息缺乏阻碍了数据准入。其次，拒绝交易和许可。签订数据排他性合同会以一种封锁原材料的形式对数据准入造成障碍。第三，数据交易价格和交易条件不确定。缺乏数据所有权的制度安排、标准化缺漏、成本核算和市场价值估值不确定。

3. 数据保护和隐私保护的法律缺失

当前，法律法规建设滞后于大数据的发展，因此在隐私保护和大数据发展之间找到平衡是当今法律法规和公共政策面临的最大挑战之一。企业利用市场支配地位降低隐私保护标准，那么隐私保护的削弱可能涉及滥用市场支配地位，应受反垄断法的规制。换句话说，数据垄断企业滥用其市场支配地位的表现之一就是弱化隐私保护。国内外学者就隐私对企业利用数据赋能竞争力以及合规成本的影响开展了探索和研究，认为企业对隐私保护不足会降低企业竞争力并构成违法（这一认知的前提是公司法、消费者权益保护法、数据保护法以及反垄断法等有前瞻性的研究和完善）。

4. 数据所有权不明晰

数据的交叉和复杂性混淆了所有权界限。刚才谈到了用户数据到底属于谁，从法律界人士以及境外案例可以看到，数据属于用户是一致的认识。但是，实践中怎么做到呢？目前还缺少有力的抓手。数据作为一种重要的资源和生产要素，其使用权、排他权和处置权等各种权利在个人、企业和政府等主体之间的不同配置将会对其使用效率产生很大的影响。数据所有权和传统物权中的所有权是有区别的，所以也有人建议将数据“所有权”替换为数据“管理权”或具有排他效应的数据“控制权”。另外，数据主权是中国学者关注的一个重点，认为中国需要以“数据主权”为核心诉求，推动建立“共享共治、自有安全”的全球网络新秩序，以取代美国单一霸权主导下的网络空间秩序。

5. 对数据资源的市场价值和交互效应的认知不足，研究严重滞后

数据垄断已经开始挑战市场生态的健康发展，并对数据质量构成严重威胁。由于数据垄断者控制了数据，且数据质量缺乏严格的、权威性的统一标准，新的数据准入者对从数据垄断者手中获得的数据质量无法进行准确的测量和评估。

如果政府对数据垄断者要求强制共享数据，垄断者可以通过清洗、加工以及传输障碍等来改变传输数据的质量，由此既满足了政府的要求，又可以通过数据的瑕疵来打压对手。这样的话，就造成了不公平竞争，准入数据就失去意义。所以，构建数据质量治理体系是市场生态建设的一项艰巨任务，因为大数据具有动态性、实时性的特征，快速的变化提升了对数据质量测量和评估难度。

二、数据准入和数据质量研究

这是新时代新的课题，也是一个新的挑战。大数据时代，数据质量的价值毋庸置疑，因而数据准入和数据质量管控已经日益成为相关企业的生命线。在大数据支持下，企业可以预测市场未来发展方向和动态，可以发现新的消费需求空间等。如果数据不充分或存在瑕疵，那么分析结果就会出现偏差，误导投资和产品研发方向。

目前亟需关注并研究的数据准入和数据质量问题包括：数据准入的公平性问题，即垄断与垄断规制研究；数据质量的评判标准问题，大数据多数处于非结构化状态，提升了标准化和质量管控（宏观和微观）难度。对于垄断规制问题，已经开启了一系列的研究，包括以下几点。

（1）培育健康市场竞争生态：数据垄断规制与数据共享机制研究。互联网行业面临的数据垄断、数据交易机制不完善已成为数据准入主要障碍，提高了潜在市场进入者的准入壁垒，严重影响了市场有效竞争。特别是，互联网数据寡头跨界融合背景下，数据市场建设不足将成为数据赋能产业升级的关键障碍之一。

（2）数据供需结构优化及保障：数据价值开发与数据主体隐私权利益协调机制研究。随着互联网数据寡头杀熟、价格歧视等行为频发，导致个人和国家对数据价值、数据安全以及隐私保护的认知趋于成熟，尤其是欧盟《通用数据保护条例》的生效将个人隐私保护在全球推到新高度之后，数据准入法律环境、数据准入法律成本和数据使用合规成本都出现了巨大改变，必须重新审视。

（3）域外瓶颈和关键问题：数据准入国际合作机制研究。各国政府已充分意识到数据在国家创新发展和竞争力提升中的重要地位，纷纷构建了有助于本国企业发展的数据治理体系，强化数据主权以应对美国数据霸权的威胁。未来，数据资源和数据主权的博弈、对信息资源及其相关技术进行单边控制以保护本土企业的发展将会成为各国政策制定的主要考量因素，包括数据传输国际合作机制的建设。其中，标准化水平和话语权对于竞争力影响极大。

(4) 法律法规与公共政策的策动与绩效评价:制度性保障机制研究。数据,作为一个新时代的新概念,不仅扮演着资源和工具的角色,更代表着一个个人的私权、一个组织的产权乃至一个国家的主权。欧美等发达国家已经领先十年开始了相关的研究,在保护公民个人私权、维护公平公正的市场竞争以及保障本国企业权益方面有着丰富的经验和成果。这方面的觉悟和制度性建设存在的差距,是我们在创新驱动和产业升级发展过程中面临的最大风险,也是创新生态建设亟需弥补的短板。

关于数据质量,国外从 20 世纪 90 年代已经开启这方面的研究。比如,以 Richard Wang 为首的 MIT 数据质量管理团队在 1996 年将数据质量界定为数据的可用性,并建议对数据质量评估应依赖于数据消费者。美国国家统计局 2001 年对数据质量的界定提出了三个原则:数据是产品,对于消费者来说,既有成本,也有价值;作为产品,数据有质量,数据质量来自于数据生成的过程;数据质量有赖于不同因素,包括数据使用的目的、数据使用者,以及使用的时间和商业环境。显然,欧美在这方面的探索已经有 20 多年历史。

虽然对于数据质量仍然没有一致的定义,但在界定其评判标准时正逐步趋向五个维度:可获得性、可用性、可靠性、相关性、可陈述性。其中:可获得性应该包含可准入性和时效性,即可以通过界面准时获得和更新大数据;可用性是指数据的可信度,比如大数据来源是否可信;可靠性又分为大数据的准确性、一致性和完整性等;可陈述性是指大数据的可读性和结构化,是否清晰可理解。在不同的商业环境下,评判数据质量的要素将有所不同。比如,对于社交媒介数据来说,时效性和准确性是最重要的质量特征。但是直接界定数据准确性是比较困难的,还要依赖于其他信息来评估原始数据。因此,可信性就成了一个重要的质量维度。但是社交媒介数据多数是非结构化的,于是一致性和完整性就很难适用于评估数据质量。

三、展望未来

一是在宏观和微观层面上都必须要管理创新。首先,大数据带来了新的市场生态和不确定性,带来了风险。规避或减少风险,并确保市场生态的健康发展和数据质量,就需要管理创新。其次,互联网、大数据打破了原有的产业边界,拓宽了企业发展的空间,同时也增加了市场发展的不确定性,加剧了管理的复杂性:企业出现组织和人力资源的结构性“再障”;政府出现知识断片、法律和制度盲区；科研滞后于实践，而且往往因数据价值和市场意识淡薄，一不小心成为踩陷阱的“当事人”。

二是要研究和构建数据质量治理体系，这是当务之急。在这方面，首先要学习和借鉴欧美发达国家的法律法规建设成果，持续健全市场生态，包括创新生态、竞争生态。其次要学习和借鉴欧美发达国家的理论与实践经验，逐步明晰数据质量概念，制订数据质量标准。

构建数据质量治理体系的顶层设计和布局必须建立在充分研究的基础上，因此积极推进大数据研究中的数据质量和数据质量治理体系研究，夯实数据市场基础设施建设，是新时代的急迫需求，更是维护数据主权的责任担当。

最后强调一点：大数据不是洪水猛兽，是资源，是数据质量治理体系的重要基础，也是新市场基础设施的重要构成。

加快合作机制建设，改善数据跨境生态

| 曾彩霞　尤建新

自阿尔夫·托夫勒在《第三次浪潮》中首次提出大数据概念之后，大数据是除资本、土地和劳动力之外的又一重要资源已成为共识，被称为新"石油"。为此，各国纷纷制定相关政策以刺激本国数字经济的发展，其中影响最广泛的当属欧盟《通用数字保护条例》（简称 GDPR）。欧盟试图通过优先强力保护个人数据，构建制度屏障和主权壁垒来限制已在数据市场占有支配地位的域外企业发展，通过对数据治理享有域外效力来影响欧盟以外的全球数字市场，为欧盟境内企业发展谋求新的机会。由于在经济全球化和国际商贸往来频繁的当下，各跨国企业在开展国际业务时势必会碰触到对用户数据的收集和使用，而且数据的收集和使用已经不仅限于互联网行业，传统产业也逐渐开始大量收集用户数据。在这种情况下，以数据主权的名义限制数据流动的立法可能会成为各国政府保护本土企业发展的新工具。为了提升本国企业发展，各国可能试图通过构建数据治理体系激活本土产业创新发展的同时，阻碍他国企业准入本国数据。可以说，GDPR 是数据保护和数据治理的一个分水岭，其实施一方面引起了各国政府及公民对个人数据保护的意识和素养的提升，另一方面对数据跨境传输机制提出了新的挑战。

一、欧盟 GDPR 带来的挑战

在充分意识到大数据对数字经济发展和国际竞争力提升的重要性之后，为了抢占国际地位，欧盟出台了一系列相关政策，对全球数字产业的发展产生了不同程度的影响。出于数字经济发展目标和战略，欧盟一方面希望促进欧盟境内大数据自由流动，充分利用大数据的价值赋能欧盟数字经济的发展，另一方面希

作者简介：曾彩霞，同济大学法学院工程师、上海国际知识产权学院博士研究生；尤建新，上海市产业创新生态系统研究中心总顾问、同济大学经济与管理学院教授。

望通过对欧盟个人数据权益的保护来限制境外国家和企业对欧盟境内数据的使用,提高数据使用的合规成本,同时打破美国等国家的大数据垄断企业封锁大数据准入限制竞争的行为,以促进盟数字经济发展。

GDPR 规定,设在欧盟以外的企业如果在欧盟范围内提供服务,也需遵守 GDPR 规定,因而 GDPR 的影响范围极为广泛。GDPR 赋予欧盟对数据收集、存储、处理及使用整个过程的相关行为享有严密监管的权利,以及对违法行为享有处罚权的域外效力,从而影响欧盟外的全球数字市场。GDPR 最直接的效应就是对企业竞争力和经营成本产生影响,尤其是跨国公司。在生效之前,普华永道的一项调查显示,近 60%的美国公司表示将花费至少 100 万到 1 千万美元以满足 GDPR 的要求,近 9%的企业合规成本将超过 1 千万美元。据 OVUM 报告,近 2/3 的美国公司认为 GDPR 迫使他们重新思考对欧战略。超过 85%的美国企业认为 GDPR 将他们置于一个比欧盟企业更劣势的竞争地位。

GDPR 的实施业已产生明显的效果。在规定生效当天,谷歌和 Facebook 便因在分享用户数据方面涉嫌违规而面临诉讼。Facebook 称已经开始遵循 GDPR 的规定,并将 GDPR 下的数据保护模式用于全球用户。腾讯 QQ 宣布在 GDPR 生效之日起在欧盟境内暂时停止 QQ 国际版的旧版服务,待新版服务出来以后再继续提供服务。由于企业合规成本的提高,许多小企业更是举步维艰。

显然,欧盟通过 GDPR 实际上向欧盟之外的各国政府和企业给出了一个选择题:遵循 GDPR 规则,或离开欧盟市场。

二、美国的应对

美国一直高度关注欧盟数据保护的相关法律规定和政策,并积极采取应对方法。早在 20 年前欧盟制定《数据保护指令》时,美国为解决《数据保护指令》对美国企业数据跨境传输业务开展所带来的障碍,积极与欧盟展开了磋商和谈判,并在 2000 年签署了《安全港协议》,以确保美国企业在欧盟开展业务时不受影响。但由于《安全港协议》的实施效果不尽人意。在《协议》实施的前十年,未收到任何有关投诉。加之,2013 年爱德华·斯诺登揭露美国国家安全机构可以无节制地进入从欧盟传输到《安全港协议》中公司的数据。欧盟委员会对《安全港协议》的有效性展开了调查,并在奥地利留学生 Maximillian Schrems 起诉数据保护专员一案裁决中,认为《安全港协议》的决定不符合《数据保护指令》要求,无效掉了《安全港协议》。

由于欧盟与美国商业往来密切，许多交易必然涉及个人数据的收集和使用。根据欧盟法律规定，当个人数据传输到美国时，应该依然享有同等的保护水平。因此，在《安全港协议》无效后，美国继而积极与欧盟商讨建立新的合作机制，并在长达近两年的谈判之后，签署了《隐私盾协议》。随着《隐私盾协议》的诞生，美国公司在自愿加入《隐私盾协议》之后，可以将欧盟个人数据传输到美国，从而减少了法律合规不确定性对美国企业业务开展所产生的消极影响。

和被无效掉的《安全港协议》相比，《隐私盾协议》加强了数据控制者对个人数据保护的义务，特别加强了政府进入企业所控制数据的限制，其具体表现在以下几个方面：

第一，对企业赋予了更强的自查义务。如果企业决定申请加入《隐私盾协议》，企业首先要自查是否符合《隐私盾协议》关于数据传输的规定，然后向美国商务部提交自查报告，并公开做出承诺遵守隐私盾的规定。如果企业持续未遵守规定，将失去《隐私盾协议》所赋予的权利。

第二，增加了美国商务部监管的频率和强度。企业要加入隐私盾，企业必须接受美国联邦贸易委员会、美国交通运输部或者其他执法部门的调查和执行，以有效确保遵守了《隐私盾协议》的规定。

第三，赋予数据主体更丰富的维权渠道。当数据主体认为企业没有采用正确的方式使用自己的数据，或者没有按照规定使用自己的数据时，可以通过《隐私盾协议》提供的维权渠道进行投诉，并有权选择最方便和最适合自己的投诉方式。

从《安全港协议》的无效到《隐私盾协议》的诞生，美国一直致力于与欧盟构建一种共赢、互利的数字商业体系。《隐私盾协议》为美国企业在欧盟境内开展业务提供了一个规范的数据治理框架，减少了美国企业遭受欧盟起诉的法律和政治风险，有利于更好地经营业务。从美国对欧盟相关数据保护法律法规和政策保持高度敏感和积极应对的态度，并及时采取有效措施为本国企业营造良好的法律、市场环境可以看出，美国政府在应对他国法律制度给本国企业带来的挑战具有一定的前瞻性，通过建立国家层面的数据国际合作机制对本国企业开拓国际市场具有积极的效应，值得他国借鉴学习。

三、我国必须立即行动

相较美国，我国在这方面的应对比较滞后。政府与企业在应对欧盟 GDPR

所带来的挑战时，更多采用的是事后救济的措施，这与我国处于全球产业链的重要地位极不相称。我国在经济全球化和多边贸易发展中业已扮演着越来越重要的角色，大数据的转移和交换已经是我国企业跨国业务下的新常态，跨境数据生态亟需改善。因此，必须立即从国家层面建立合作机制，为我国企业在域外发展减少制度性障碍具有重要意义。

首先，我国应该借鉴美国政府的积极主动态度，立即与欧盟接洽，建立数据跨界流动合作框架，为中国企业在欧盟境内业务开展提供保障，减少法律风险。实际上，在美国之后，日本已经开始积极开展与欧盟的接洽，力求与欧盟签订相关的合作机制。

其次，由于建立相应的数据传输合作机制，欧盟会事先对合作国进行“数据充分保护”的审查，以确保其公民的数据在合作国能够达到与欧盟境内相同水平的保护。因此，我国应该立即建立个人数据保护制度，并强化政府在保护个人数据时的监管力度。

最后，还应加强企业对个人数据保护的能动作用，加强企业保护个人数据的自觉、自律性。政府应积极推动企业对个人数据保护的自查机制建设，并立即研究制定相关制度、设立相关部门，对企业数据保护自查水平进行持续评估。

如何评判基础研究成果价值?*

| 周文泳

基础研究是“国家科技创新体系的源头活水”,是以产生新观点、新学说、新理论与新规律等理论性成果为使命,以论文、专著、研究报告等为成果表达形式。按研究需求区分,基础研究可以分为如下两类。前瞻性基础研究是以满足国家发展战略需求为出发点,以重点解决基础研究前沿领域重大科学问题为使命,具有选题论证严格、预期成果指向性强、成果价值发现滞后周期相对较短等特点。自由探索性基础研究是以满足科学家的好奇心或兴趣为起点,以探索自然界、人类社会和思维未知领域的客观规律为使命,具有选题离散性大、预期成果不确定性强、成果价值发现滞后周期长等特点。

一、我国基础研究成果价值评判:“以刊论文”合理吗

由于存在价值发现滞后周期,导致学术界很难及时评判基础研究成果价值水平。在国内高校科研院所中,逐步出现并盛行基础研究成果价值评判中的“以刊论文”现象,且呈现越演越烈的态势。

(一) 基础研究成果价值评判中的“以刊论文”现象

为了简单量化基础研究成果价值,我国许多高校和科研院所开始出现并逐步盛行“以刊论文”现象。所谓“以刊论文”是将论文发表的学术期刊档次作为研究成果价值高低的评判依据。“以刊论文”评判标准推崇者认为:按期刊等级评判研究成果价值,具有合理性,其理由至少可以归结为如下两点。

首先,学术期刊等级划分是合理的。学术期刊档次划分,是由专门机构按学术期刊影响因子进行区分的,是一个国际上通行的期刊评价指标,具有合理性。

---

* 本文系中国工程院课题咨询研究项目〈2018-XZ-40-027〉阶段性研究成果之一。

作者简介:周文泳,上海市产业创新生态系统研究中心副主任、同济大学经济与管理学院教授、同济大学科研管理研究室副主任。

其次,按学术期刊等级衡量论文价值是合理的。以论文形式发表的基础成果研究成果,在论文发表之前,需要经过期刊委托的同行专家评议,期刊档次越高,其同行评议流程越规范,同行专家水平也越高,因此,“以刊论文”作为基础研究成果价值高低的标准是合理的。

(二)“以刊论文”升级版:“唯英文核心期刊论”现象

随着国家有关权威检索机构对我国发表的SCI论文的单位进行排序,基础研究成果价值评估中,国内高校和科研院所开始出现流行“唯SCI论”,后来演变逐步进化为“唯英文核心期刊论”。此后,许多单位评判研究成果价值高低,只按英文期刊等级进行区分,有些单位几乎把中文期刊论文忽略不计。除此之外,国内许多高校,“唯英文核心期刊论”还拓展成为教师引进、职称评聘、任期考核、绩效考核、年终奖分配等方面的决定性标准。

随着“唯英文核心期刊论”现象的盛行,我国国际检索的英文核心期刊论文数量出现了井喷式地增长,现已经成为世界上英文论文产出数量最高的国家。如在2009—2018年期间,在web of science收录的文献类型为Article、Review和Letter的全球基础学科论文中,2009年度中国大陆地区和美国、美国的发文量分别为82 904、182 997篇,2018年度分别为213 599、184 469篇。

(三)“唯英文核心期刊论”现象的质疑声

2005年3月,清华大学潘际銮院士在《中国教育报》发文指出:“目前我国教育界、学术界存在一股强大的潮流,就是以SCI录用论文数作为衡量一切工作最主要的指标”;“以SCI录用量作为评价指标是一种误导”,“破坏了扎扎实实搞研究,默默无闻潜心治学的学术环境”;“以SCI录用量来衡量是否达到世界一流是片面的”,“以SCI录用量来衡量科研成果不利于科技发展”。潘院士认为:“论文是科学成果的反映,而不是科学成果的本身,因而论文的数量与科学成果的价值和意义没有一定的逻辑关系。”

2014年9月,施一公院士在“欧美同学会　中国留学人员联谊会第三届年会”上关于中国的创新人才培养的主旨演讲中指出:“我们的大学在科研上的导向,就是指挥师生在西方杂志出版文章。我们的科研成果写成英文,发表在西方杂志,而我们的工程师反而无法学习我们的最新成果,因为这些西方杂志订阅费用十分昂贵,国内少有企业订阅;而且大部分工程师很难看懂英文文章。因此,我们的大学和研究所的科研工作实际是在为西方免费劳动,而且有时还付费在西方发表文章，等于倒贴为西方服务，这是我国大学导向的最大问题。”①

2018 年 11 月，陆大道院士直言不讳地指出：“中国科研资金、方向正被西方国家的 SCI 支配，我们的科研人员贫于创新、贫于思想！”。与此同时，陆院士还列举了对我国科技发展的 10 个方面的负面影响：“科技人才价值观被扭曲”；“‘紧跟’与照搬‘国际前沿’，学术思想固化在西方的框架与模式之中”；“科研有机体（科研院所）普遍‘超重’，内部组织涣散，缺乏创新活力”；“脱离实际，离开国家需求”；“专注的科学研究精神正在丧失，学科带头人整年疲于奔命”；“科技工作者的民族自信心受到严重损伤”，“论文挂帅已形成庞大的价值网络”，“我国科技界的人才选拔与资金投向是否受到 SCI 的间接支配”，“论文已经成为部分科教管理者手中的权力与武器”，“我们为何遗忘了‘敬业与忠诚’：科学家精神的精髓？”②。

二、基础研究成果价值评估难在哪？

在基础研究成果价值评判中，“以刊论文”和“唯英文核心期刊论文论”观点推崇者给出其合理性的理由，至少是建立在如下两个假设的基础上。一是期刊同行专家能够对基础研究成果价值做出正确判断；二是期刊影响因子评判能够有效区分该刊论文所表达的基础研究成果价值的整体水平。然而，以论文形式发表的基础研究成果中，在同行专家评审学术论文价值时，至少存在如下三个难以克服的缺陷。

首先，无法保证有基础研究成果相匹配的小同行专家。从理论上看，对以紧跟研究“热点”和“前沿”的基础研究成果而言，可以找到评判成果价值的小同行专家。然而，自由探索性基础研究选题离散性很大，尤其是对“从 0 到 1 的基础研究成果”而言，评判成果价值的真正小同行专家是很难找到的。这就导致颠覆性的基础研究原创成果的学术论文因找不到评审专家，而被国内外核心期刊拒稿现象时有发生。

其次，无法保证同行专家水平一定高于论文作者。选择以顶级科学家为评审专家，评判前瞻性基础研究成果价值，所得出的评价结论有可能是合理的。对自由探索性基础研究成果而言，由于选题、研究过程、成果表达等由作者自己完

---

① 摘自网易新闻《施一公：我们的论文给谁看？实际上都在免费为西方打工！》。

② 摘自微信公众号“演讲与人生”《院士怒批：中国科研被 SCI 支配，贫于创新、贫于思想！》。

成,对成果价值的理解和领悟方面,作者往往比评审专家更为全面、透彻和深入。尤其是对颠覆性的自由探索性基础研究原创成果而言,在作者水平往往高于评审专家的专业水平,这就会导致“外行”评“内行”情形发生。

最后,无法克服基础研究成果价值发现滞后性问题。基础研究成果价值发现具有时间上的滞后性,越是颠覆性的基础研究成果价值发现周期越长,需要经过时间的沉淀和历史的检验,其成果价值并非是同时代同行专家能够在短期内能够做出合理评判的。因此,无论是“以刊论文”,还是“唯英文核心期刊论”,实质上是无法客观评判基础研究成果价值的。

三、如何突破基础研究成果价值评判问题?

基础研究成果价值评判,不仅事关高校科研院所和一线科研人员的价值取向,也事关我国科技强国战略的实施效果。突破基础研究成果价值评判问题势在必行。

首先,需要加快代表作评价制度建设步伐。习近平总书记在全国教育大会和2018年两院院士大会上的重要讲话中明确指出:深化高校体制改革,健全立德树人落实机制,扭转不科学的教育评价导向,推行代表作评价制度,注重标志性成果的质量、贡献、影响。2018年7月18日,国务院发布的《国发〔2018〕25号》明确指出:“开展‘唯论文、唯职称、唯学历’问题集中清理”,“建立以创新质量和贡献为导向的绩效评价体系,准确评价科研成果的科学价值、技术价值、经济价值、社会价值、文化价值。”由此可见,在基础研究成果评价过程中,不仅需要有序清理“唯论文论”等现象,更需要凝聚学界共识,加快研究并出台基础研究领域的代表作评价制度。

其次,需要遵循基础研究成果的价值发现规律。在基础研究成果价值评判过程中,需要根据两类基础研究成果的性质与价值发现时间周期,分类制定价值评价标准。对前瞻性基础研究成果而言,价值评判中,可以组织真正的同行专家,比对国际同领域的研究成果,给出成果价值做出的较为客观的短期评判,并对该领域应用基础研究活动和应用研究活动的后续实质贡献和影响做出合理跟踪评判。对自由探索性基础研究成果而言,需要充分考虑价值发现滞后周期较长的特点,短期内只需验证成果本身的合规性(如规范性、可验证性等),不必急着短期内给成果价值高低做出判断,而是留给后续同领域研究者去评判。

最后,需要构建“实践检验真理”的价值发现机制。从本质上,基础研究是对自然界、人类社会和思维本质规律的探索过程。基础研究成果的价值高低主要取决于成果本身的真理性。从源头看上，基础研究成果往往来源自然现象、社会现象和思维现象，最终也是需要通过实践加以检验真伪。基础研究、应用基础研究和应用研究的成果价值高低分别取决于对应用基础研究活动、应用研究活动和实践活动的指导作用。可见，客观评判基础研究成果价值，需要构建“实践检验真理”的价值发现机制，即构建“实践活动—应用研究—应用基础研究—基础研究”的路径逐级研究成果价值发现机制。

AI 引发社会风险不容小觑

| 赵程程

人工智能已上升为上海优先发展战略，产业发展进入“快车道”。在即将举行 2019 世界人工智能新闻发布会上，上海市副市长吴清透露，上海将编制人工智能重点产业发展路线图，形成“上海方案”。上海不遗余力地推进人工智能技术应用化、市场化的同时，也要警惕 AI 技术的潜在威胁。

笔者借助知识图谱分析工具 Citespace，通过词频分析得出 AI 创新领域的知识图谱，并对人工智能创新的被引文献聚类前 10 类集群进行分析，探索出人工智能创新发展的前沿领域（见表 1）。

表 1　人工智能创新的被引文献聚类前 10 大集群摘要与分析

集群大小	标签（TFIDF）	解释	归类	均值（年）
33	（18.61）什么	AI 的内涵、概念、分类	—	2002 年
29	（17.06）技术性失业	AI 技术进步所引起的失业	次要创新生境	2009 年
29	（21.54）PEM 燃料电池故障	基于 AI 模糊和模式识别技术的混合方法对 PEM 燃料电池故障进行诊断	应用层	2007 年
26	（20.81）新投资者	在金融业人工智能化和网络化的背景下，建立新的投资者法律范式，识别和防范人工智能带来的金融威胁	主要创新生境	2004 年
25	（21.54）污染物输送	人工智能无网格方法在多孔介质中污染物传输模型的应用	应用层	2002 年

作者简介：赵程程，上海市产业创新生态系统研究中心研究员、上海工程技术大学管理学院讲师。

（续表）

集群大小	标签(TFIDF)	解释	归类	均值(年)
24	(20.61)欧洲国家	基于人工智能的非线性多分类模型预测欧洲国家研发绩效	应用层	2001 年
23	(18.9)灵活的按需移动解决方案(FMOD)	共享经济与人工智能、物联网、云计算技术的融合，一种新的灵活的按需移动(FMOD)解决方案出现，旨在通过灵活调度满足个人旅行需求	应用层	2012 年
22	(17.26)人工法律智能(ALI)	人工法律智能(ALI)作为实现基于机器学习的定量法律预测和论证挖掘的一种手段。ALI 的实施是否应算作法律或法规，以及这对它们的进一步发展意味着什么	应用层	2004 年
15	(18.29)培训、教育	AI 技术在航空航天工程教育的应用：开发智能自适应网络物理生态系统	应用层	2008 年
14	(17.95)大脑连接、神经动力学	模仿大脑连接和神经动力学，探究新型人工智能算法	基础层	2003 年

基于人工智能创新生态系统架构(耿喆，2018)，结合 AI 创新前沿图谱分析，发现 AI 技术的广泛应用引发了众多学者的担心与疑虑。AI 创新将引发法律、伦理、社会三个方面的问题。

一、AI 法律范式：身份认定、数据权属、责任承担

AI 引发的法律问题主要聚焦身份认定、数据权属、责任承担。首先，现有的法律法规无法适用于机器人(机器人是自然人？还是物?)身份认定。沙特阿拉伯授予美国汉森机器人公司生产的机器人索菲亚公民资格，但是，它是否有人权？这是现有理论难以回答的问题。已有学者 McGregor, Lorna (2019)引用国际人权法作为 AI 算法问责的法律框架。其次，数据权的归属问题。类如阿里巴巴、腾讯、苹果、谷歌等大型科技公司拥有海量用户信息，这些信息归属权如何分配、个人信息如何保护等难题有待法律保障。再次，责任承担问题。AI 辐射到生活的各个方面，由 AI 直接给人造成损害的责任承担，该如何依法量刑。学

者 Lin，Tom C. W(2015)在金融业智能化和网络化的背景下，尝试建立新的投资者法律范式，识别和防范人工智能带来的金融威胁。

二、AI 伦理控制："AI 伦理系统设计"和"AI 道德安全体系"

AI 伦理安全问题(机器学习引发的偏见、干扰金融市场、干扰选举结果)给学术界和企业界带来了巨大的挑战。目前企业界领袖倡导各界关注 AI 引发的伦理问题。加州大学伯克利分校、哈佛大学、剑桥大学、牛津大学和一些研究院都启动了相关项目以应对人工智能对伦理和安全带来的挑战。

通过对此聚类的文献分析，发现 AI 伦理控制可分为对 AI 算法的伦理控制和 AI 数据的伦理控制。在 AI 算法伦理的控制方面，Mittelstadt，Allo(2018)提出了"人工智能算法的伦理中介作用"。伦理中介应从三个方面在人工智能代理算法体现出调节效用：①调节运算信息不对称导致的不正当结果；②调节运算信息不确定性导致的不透明或不公正结果；③调节运算误差产生的偏见或歧视。在 AI 数据的伦理控制方面，Barocas(2016)认为看似排除了人类主观偏见的智能数据挖掘技术中仍然存在继承性的、隐形的偏见或臆断，这样的 AI 决策结果并非是程序员的主观选择而是智能数据处理算法的"无意识"歧视。

目前学术界尝试构建"AI 伦理系统"和"AI 道德安全体系"解决 AI 伦理问题。Bryson(2017)提出了人工智能自动系统中"AI 系统设计"标准：①普遍原则设计；②价值观设计；③安全性能设计；④慈善设计；⑤隐私与人权设计；⑥军事人道主义设计；⑦经济与法律设计。Chalmers 为避免"奇点临近论"的实现，构建"AI 道德安全体系"：①内部安全控制。智能系统内部设计上需要增设价值导向，例如良性繁殖与进化导向、和平竞争导向等，让智能体系发展过程获得与人类相似的价值观，并尊重人类创造的文明体系；②外部安全控制。发展人工智能系统应该设置虚拟空间，让智能系统在虚拟空间中完成繁衍与进化，避免智能系统进入人类生存的物理空间，以免发生相互竞争、相互残杀的不良后果。

三、AI 社会问题：技术性失业

AI 进步将引发大范围的技术性失业。根据波士顿咨询集团(BCG)和世界经济论坛 2018 发布的一项估计，未来 8 年，自动化将取代 140 万个美国人的工作岗位。另一份普华永道(PWC)近期的报告预测，到 2030 年，英国高达 40%的工作岗位即将消失。麦肯锡(McKinsey)的数据显示，未来 20 年，全球一半的工作岗位都将被取代。这些专家可能会对有风险的具体工作数量产生争论，但普遍的共识是：很多工作将被 AI 自动化取代。Andres Aguilera(2016)警告拉丁美洲国家政府，对 AI 技术创新的投入，或将导致大规模的技术性失业。其中低技能工人将成为最大受害者。

人工智能导致的诸多问题，急需政府一改以往解决导向的治理方式，要以“风险监测为主，多元主体治理”为核心。目前 AI 领先国家已经意识到 AI 快速应用推广即将引发社会、伦理等各类风险，纷纷将安全伦理、法律法规、监管治理作为 AI 战略的重要模块。上海建设 AI 高地在推进 AI 技术产品化、市场化的同时，要警惕 AI 引发的法律、伦理、社会等问题，要做事前预防，防治结合。

高质量专利保住美的洗碗机的竞争优势

| 刘　冉　邵鲁宁

作为国内最早进入洗碗机行业的企业之一，美的洗碗机近日与佛山佰斯特的专利纠纷案件引起了诸多关注。这已经不是美的洗碗机第一次遇到专利纠纷，继2018年与云米的专利大战胜利后，近日在对洗碗机代工厂商佛山百斯特的终审诉讼中依旧取得胜利。

一、高质量专利打退百斯特上诉

美的与百斯特的专利纠纷涉及的是美的拥有的“用于洗碗机的加热泵和洗碗机”专利（ZL201420204325.7），百斯特曾多次针对美的此项专利提起专利无效，但国家知识产权局经审查后均认定该专利全部有效。面对佛山百斯特的侵权行为，美的洗碗机这次选择主动维权。近日，广东省高级人民法院针对案件做出终审判决，认定被告佛山百斯特侵权，要求立即停止制造、销售、许诺销售侵犯美的ZL201420204325.7专利权的产品，销毁存库侵权产品和专用于制造侵权产品的设备及模具，并赔偿美的经济损失100万元。

事实上，自进入洗碗机领域以来，美的一直不断进行技术和产品创新，据国家知识产权局专利数据库统计，截至2019年6月底，美的在洗碗机领域专利公开量已达2 523件，其中发明专利公开量926件，在洗碗机领域专利申请量位居国内首位。高质量专利的产生需要持续性的研发投入，美的方表示公司在洗碗机技术的研发上投入2 000多万元，目前其拥有的以ZL201420204325.7为代表的专利技术属于洗碗机行业的核心技术，已申请相关专利近40多件。而佛山百斯特成立于2015年，主要以贴牌代工洗碗机产品为主，据专利数据库统计，截至目前其专利公开量只有100件左右，是典型的上游制造商。

作者简介：刘冉，同济大学经济与管理学院博士研究生；邵鲁宁，上海市产业创新生态系统研究中心副主任，同济大学经济与管理学院创新与战略系教师。

美的诉佛山百斯特专利侵权终审胜诉的背后，反映出专利对于技术主导型建立竞争优势的重要性，换句话说，对于没有核心技术专利的企业，仅仅是依靠模仿或者侵权难以在市场竞争中取胜。在知识经济时代，专利不仅是衡量创新能力的重要指标，而且构成了产业的进入壁垒，提高了产业的竞争强度，尤其是对于技术主导型企业，专利逐渐成为企业构建竞争优势的关键因素。

二、高质量专利需要各方协同促成

自 2016 年开始，国家已经在专利质量提升工程上发力。国务院印发的《“十三五”国家知识产权保护和运用规划》中，将专利质量提升工程列为几大工程之一。专利的质量高低是由一系列因素决定的：专利所承载的技术创新的进步性程度；专利申请书是否明确了真正发明的范围及其与现有技术的关系；专利审查机构是否能够保证审查的前后一致性等。

1. 专利的技术进步性程度

专利技术承载着发明人所拥有的复杂创新性知识，即使是自行研发替代技术，也需要一定的时间和资金，专利内含的知识越复杂，模仿和替代的难度就越高，使用者在短时间内无法获得替代技术，难以绕开时便只能选择申请使用该专利，此时专利的市场价值便会增加。专利本身的创造性越高，该专利技术的保护范围就越大，其质量相对而言也就越高。

2. 专利申请书的规范性

专利的规范性主要指的是专利申请文件符合专利审查要求的程度。专利申请主体应高度重视专利申请文件的质量，专利申请人要认识到专利的经济价值来自于其排他性带来的市场竞争优势，且这种排他性或者说专利权利的范围是以专利申请文件为载体确定的。高质量的专利申请文件，不仅需要撰写者对本领域的技术有全面了解还需要对文字的用词及语法的精确性、权利申请书的范围及各项文件之间的关联性的把握，必要时申请人可以寻求专利代理机构的帮助。

专利的审查过程正是基于申请文件的审查，专利说明书是否提供完整清楚、充分公开的技术方案，权利要求书是否清楚简要、恰到好处的概括了技术特征和权利范围，说明书和权利要求书反映一个专利文件撰写的水平和技术含量，也是一种技术方案能否通过审查的重要因素。其中，权利要求的界定必须要清晰、明确。当权利要求界定不清晰时会导致诸多问题。首先，在专利提交审查时，由于权利要求书的模糊性，审查人员可能会对权利要求的理解有偏差，导致专利未能通过审查；其次，专利被诉无效时，清晰的权利界定有助于专利局审查人员判断其要求的专利保护范围；最后，法院在专利侵权诉讼中处理专利权效力问题时，会参考权利要求的解释，当权利要求不确定时，会导致法院在处理专利侵权诉讼中无法确定专利权保护范围；当权利要求清楚、完整，审查人员可以确定专利权保护范围。

3. 审查过程的一致性

专利局在收到发明专利申请后会进行初步审查与实质审查，通过检索专利文献与非专利文献发掘现有技术，以决定是否授予发明专利权专利的有效性。专利局必须始终如一地评估专利申请，只授予具有达到专利授权技术质量的专利(新颖性、创造性)(Reitzig, 2005)；其次，它必须使用与最初评估一致的标准来评估那些受到无效挑战的专利。然而，审查员(最初决定是否授予专利)和无效审查部门的工作(决定授予的专利是否无效)可能拥有不同的信息，这也导致专利授权审查员和无效审查员的意见不一定不一致。专利审查质量的改变将直接影响社会授权专利的总体质量，从而影响无效请求人对诉讼收益的预期，并最终通过影响专利权人与无效请求人的博弈结果而影响到专利无效的结果。

由此可见，专利质量是专利发明人、专利申请人、专利审查者以及法院等多方利益相关者的影响，高质量专利不是政府或者企业某一方努力可以达成，需要多方共同协作。此外，政府补贴可以降低企业研发投入的成本，激发企业创新动力，但另一方面也可能会企业诱使申请大量低质专利，以获取政府补贴，从而导致我国申请专利质量的整体下降，因此，政府的专利资助政策必须转向鼓励创造高质量企业专利的创造，进一步的，还应该加大知识产权执法力度，推动知识产权保护政策的落地，不断优化知识产权保护环境，鼓励创新，打击侵权，从而更有效地推进专利质量的提升。

参考文献

[1] Reitzig, M. G. (2005). On the Effectiveness of Novelty and Inventive Step as Patentability Requirements — Structural Empirical Evidence Using Patent Indicators. SSRN WP 745568.

深化基础研究人员绩效考核制度改革

| 周文泳

2018年1月，国务院出台了《国务院关于全面加强基础科学研究的若干意见》（国发〔2018〕4号），此后，国家相关部委密集出台相关配套政策。加强基础研究，培育基础研究原创成果，现已成为全民共识。然而，长期以来逐步形成的简单量化的基层单位绩效考核制度，不仅违背了基础研究原创成果的形成规律，导致了成名前的“陈景润式”的基础研究人员的生存困难，深化基层单位绩效考核制度改革势在必行。

一、转变绩效考核观念：强化结果与质量导向

自20世纪90年代末开始，由于受到简单量化的各类排名榜误导，我国基层单位对一线基础研究人员绩效考核中，出现如下两种错误倾向。一是“误将过程当结果”，科研项目立项、论文发表等只是反映的基础研究的任务或过程，而项目产出和论文等科学价值认可才是基础研究的结果。二是“误将形式当内涵”，基础研究成果表达存在多种形式（如研究报告、专著、论文等），而衡量研究成果质量高低，不是取决于成果表达形式的差异，而是取决于成果的内涵和实质贡献。

现阶段，对基础研究人员绩效考核时，基层研究单位普遍存在受到了“误将过程当结果”和“误将形式当内涵”两种错误观念的束缚。由于不合理的绩效考核观念，误导基层研究人员将有限的时间和精力投到了追求过程和形式之中，不利于引导科研人员积极投身揭示自然规律、探索人类新知等科学实践活动。可见，基础科研单位迫切需要纠正“误将过程当结果”和“误将形式当内涵”错误观念，牢固树立以结果与质量为导向的基础研究人员绩效考核观念。

作者简介：周文泳，上海市产业创新生态系统研究中心副主任、同济大学经济与管理学院教授、同济大学科研管理研究室副主任。

二、优化绩效考核过程：健全成果价值发现机制

基础研究成果价值发现和认定往往需要一个较长的过程，这对基层单位考核科研人员绩效带来挑战。长期以来，对基础研究人员绩效考核过程中，由于基层单位成果评价能力不足，普遍盛行违背基础研究研究成果价值发现规律的绩效考核现象。一是忽视学科差异和成果差异，制定相同考核标准，考核不同学科科研人员的绩效水平；二是以“四唯”指标作为考核基础研究人员绩效的核心标准；三是代表性成果进行评价中的“外行评内行”现象。此类现象误导了基础研究人员，背离了科学研究工作的初心和使命，甚至把追求“四唯”指标当成了最高追求，浪费了基础科研人员的宝贵的青春和年华，还给国家基础科学研究事业造成巨大损失。

现阶段，为了引导基础研究人员坚定献身基础科学研究事业的理想信念、守住科研工作的初心使命，迫切需要基层单位规范绩效考核过程，尊重不同学科不同研究方向的基层研究成果差异，发挥科学共同体评价和小同行评价的专业优势，建立健全基础研究成果价值发现机制，以完善基础研究人员绩效考核机制。

三、完善绩效考核体系：做到短中长期结合

在过去一段时间以来，基层研究单位为了满足某些需要(如机构各类排名等)，逐步形成以防范基层研究人员不作为的绩效考核思路，倾向于设置若干定量指标针对基础研究人员的短期绩效考核制度。这种简单量化的短期绩效考核，违背了基础原创成果的形成规律，干扰了基础研究人员攻克科研难关的定力，恶化了基层科研人员的生存环境，导致了很多看起来高大上的基层研究单位原始创新能力不足。

现阶段，基层单位迫切需要转变传统的绩效考核观念束缚，全面贯彻落实“国发〔2018〕25号文”的文件精神，构建以信任为基础的绩效考核制度，增强一线科研人员有安全感和获得感。与此同时，基础研究单位需要构建短中长相结合的科研人员绩效考核体系。短期考核注重科研人员是否在做研究(只需要提供做研究的客观证据)，考核结果可用于淘汰滥竽充数的科研人员提供依据；中期考核注重科研人员是否有发展潜力，考核结果可为给予科研人员的后续待遇等提供依据；长期考核关注科研人员产出成果的实质贡献，考核结果可为对做出重大贡献的科研人才给予奖励和后期补偿提供依据。

随着国家宏观层面关于全面加强基础科学研究领域的政策合力逐步形成，基层单位贯彻落实国家政策逐步深入，有理由相信：基层单位能够逐步摆脱惯性思维束缚，深化基础研究人员绩效考核制度改革，打通国家基础科学研究系列政策落地的最后一公里路，增强一线基础研究人员对国家科技放管服改革政策的获得感，加快国家基础科学研究事业的建设步伐。

企业基础研究:我国的差距有多大?

| 任声策

新时代的中国经济已由高速增长阶段转向高质量发展阶段,创新是引领发展的第一动力。习近平总书记在十九大报告中强调要加快建设创新型国家、加强创新引领发展,要瞄准世界科技前沿,强化基础研究,实现前瞻性基础研究、引领性原创成果重大突破。2016 年发布的《国家创新驱动发展战略纲要》明确提出要大幅提升自主创新能力,形成面向未来发展、迎接科技革命、促进产业变革的创新布局。中国企业创新也需要进入新的阶段,需要从"跟踪、并行、领跑"并存、"跟踪"为主向"并行"、"领跑"为主转变,因而,加强应用基础研究是必然选择。《国家创新驱动发展战略纲要》在规划"壮大创新主体,引领创新发展"中指出要"明确各类创新主体在创新链不同环节的功能定位,激发主体活力,系统提升各类主体创新能力,夯实创新发展的基础。"首先是要培育世界一流创新型企业。鼓励行业领军企业构建高水平研发机构,引导领军企业联合中小企业和科研单位系统布局创新链。培育一批核心技术能力突出、集成创新能力强、引领重要产业发展的创新型企业,力争有一批企业进入全球百强创新型企业。

一、企业为什么要开展基础研究

基础研究是企业赢得长期生存和发展的关键。企业开展基础研究的主要驱动因素包括:①强化吸收能力。在开放创新时代,需要企业具有强大的吸收能力将外部知识尤其是外部隐性知识吸收、转化利用。②获得进入学术社区的"门票"。企业只有自身投入到基础研究之中,才能和高校或者其他研究机构进行更高效的交流合作,以获得最前沿知识。③获得先发优势。尽管基础研究周期

作者简介:任声策,上海市产业创新生态系统研究中心研究员,同济大学上海国际知识产权学院教授。感谢复旦大学博士研究生华志兵、上海海事大学博士研究生刘碧莹的贡献。

长、成本大、不确定性高，但是基础研究一旦成功，将会为企业带来巨大的竞争优势甚至会颠覆整个行业的生产模式。④向外界展示创新形象，从而提高企业声誉。

然而，基础研究的特征使得企业在剧烈变动的市场环境中缺乏动力和能力为此投入大量的时间、精力。企业基础研究的特征包括：一是基础研究具有公共品的属性，这意味着在某些情况下其他企业可以不用基础研究也能免费获取及应用其他企业创造出的研究成果。二是基础研究不确定性高、风险大、耗时长，并且最终结果不一定能够为企业带来经济回报，故只有具备一定规模和实力的企业才具有开展基础研究的动力和能力。对于企业而言，投入到基础研究之中会影响企业的短期收益，同时又不一定能够确保长期的回报，加之来自股东追求短期收益的压力，因此企业投入基础研究的动力普遍不强。学者 Arora 等(2018)通过分析美国龙头企业在基础研究方面的投入情况，认为美国企业对基础研究的投资意愿不断降低，主要原因包括：①企业内部基础研究的收益降低；②企业内部基础研究的成本增加。Arora 等(2018)进一步强调企业降低对应用基础研究的关注并不是基础研究已经变得不重要，而是随着外部创新主体如高校、科研院所以及专业化研究企业的成长，他们承担了更多的应用基础研究，而企业更侧重于研究成果商业化。

二、企业基础研究：我国总体较为落后

一方面，我国企业基础研究投入在企业研发投入中占比低。OECD 发布的 1998—2015 年各国企业基础研究投入及其占企业研发总投入比值的统计数据显示(图 1)，中国企业基础研究投入在 1998—2004 年呈上升趋势，并且占总投入比重有所提高，但是最高水平也仅仅是占比 1.2%，之后中国企业在基础研究方面支出以及强度不断下降，截至 2015 年，中国企业基础研究支出占企业研发总支出的比值仅为 0.1%。而美国、日本、韩国的基础研究支出不断增加，强度也呈上升趋势，美国、日本等国家企业近年来基础研究支出占企业总支出接近 6%，韩国虽然在 2014—2015 年强度有所下降，但是基础研究支出占企业研发总支出的比值仍然超过 12%。从中可以发现，中国企业不论是在基础研究投入支出还是基础研究投入强度方面，均远远低于上述国家，因此中国企业亟需加强基础研究的投入，以实现技术追赶的目标。

二是我国企业基础研究投入在国家基础研究投入中占比低。中国企业日益

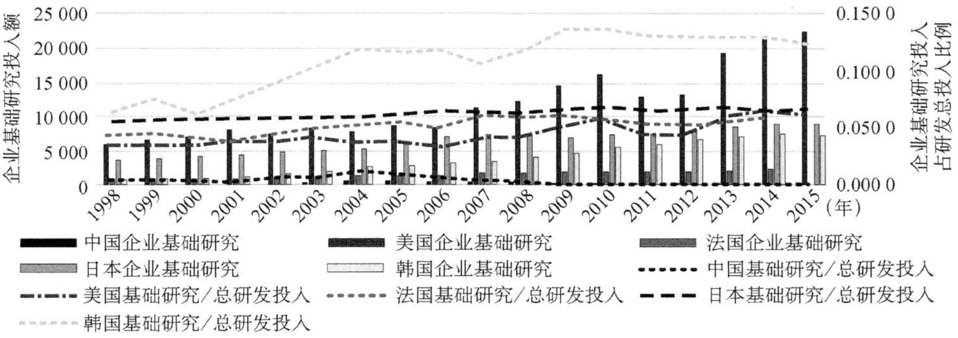

图 1　各国企业基础研究投入及其占企业研发总投入比(1998—2015 年)

资料来源:OECD 官方网站 http://stats.oecd.org/viewhtml.aspx?datasetcode=RD_ACTIVITY&lang=en

注重试验发展,并且试验发展支出所占比例逐年上升,近年来试验发展支出比例将近 97%。而基础研究支出及应用研究支出逐渐降低,2015 年,中国企业在基础研究支出占比为 0.1%,应用研究支出占比为 3.03%。中国企业在全国基础研究比重方面近年来也不断下降,2015 年,中国企业投入基础研究方面的支出占全国基础研究支出的 1.6%(图 2)。相对而言,美国企业近年来试验发展支出占比维持在 77%左右。同时美国企业在应用研究方面近年来有略微的下降,相对应的,美国企业在基础研究方面的支出占比已经从 1981 年的 2.93%增长到 2015 年的 4.25%。在承担全国基础研究比重方面,美国企业的投入存在波动,具体表现在 1981—1991 年呈上升趋势,1991—2007 年呈现下降的趋势,但从

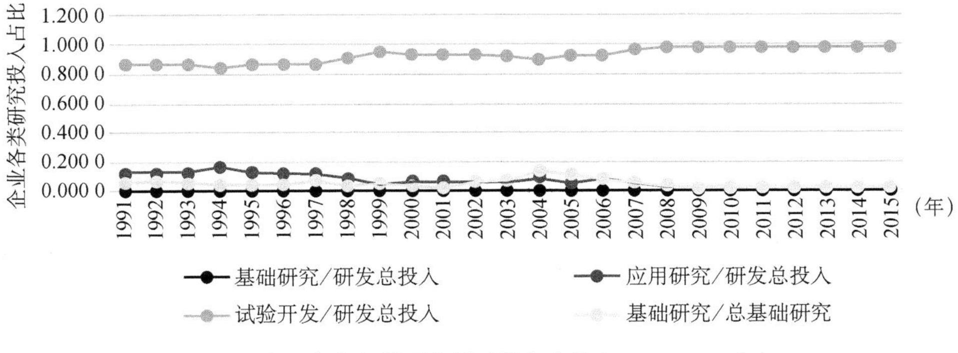

图 2　中国企业各类研究活动投入占比(1991—2015 年)

资料来源:OECD 官方网站 http://stats.oecd.org/viewhtml.aspx?datasetcode=RD_ACTIVITY&lang=en

2007—2015 年，美国企业承担全国基础研究比重不断上升，截止 2015 年，美国企业在基础研究方面的支出占全国基础研究总支出的 17.15%(图 3)。

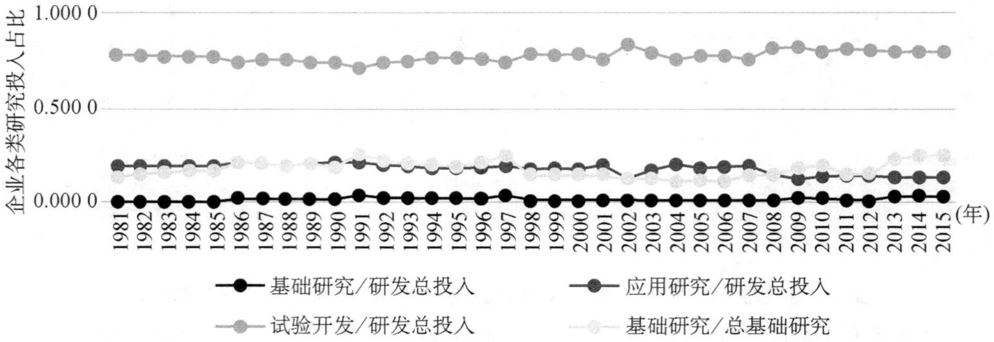

图 3　美国企业各类研究活动投入情况(1981—2015 年)

资料来源：OECD 官方网站 http://stats.oecd.org/viewhtml.aspx?datasetcode=RD_ACTIVITY&lang=en

三、龙头企业基础研究：我国优势企业较少

根据欧盟发布的全球企业研发 top2000 数据(如图 4)，我国开展研发活动最近几年发展较快，但总体上与发达国家差距仍然较大，尤其在高科技领域。

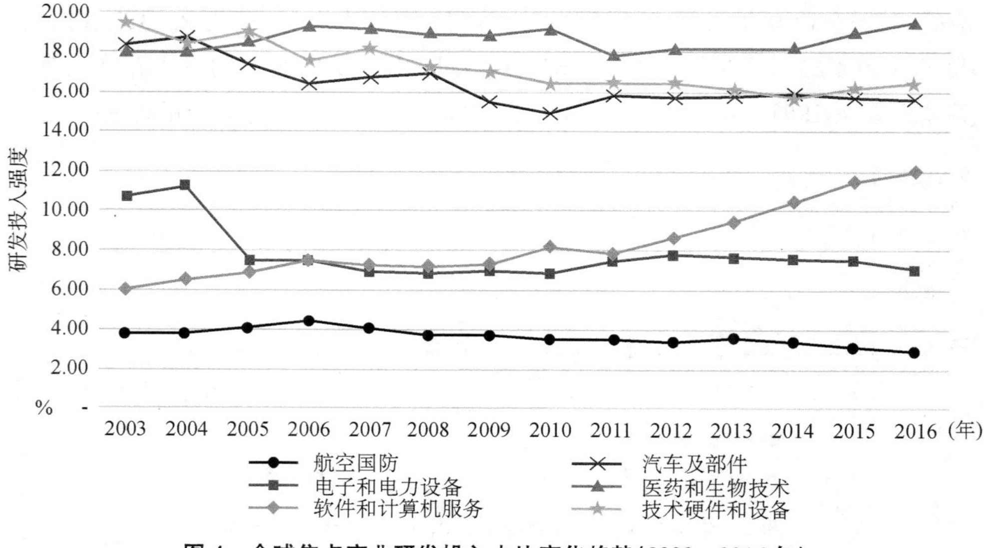

图 4　全球焦点产业研发投入占比变化趋势(2003—2016 年)

资料来源：2004—2017 年《欧盟产业研发投入记分牌报告》

一是从入选全球研发龙头企业数量来看(根据研发投入总量排序),我国入选企业数量虽然增多,但处于前列的企业数量仍然较少。2017 年,全球研发 500 强企业中有 44 家中国企业,1 000 强中有 100 家中国企业。然而,前 10 强中只有华为,前 100 强只有 7 家中国企业,分别为华为、阿里巴巴、中兴通讯、腾讯、中石油、中国建筑工程、中国铁路。

二是我国研发龙头企业的行业分布不够均衡,高科技领域仍然很少。除了在 IT 和通讯行业较为领先,前 200 强的 17 家中国企业中有华为、中兴通讯、阿里巴巴和腾讯、百度、联想、携程等,其他企业多为工程建设、石油石化、汽车、家电等传统行业企业,且以工程建设企业为主。

三是我国龙头企业研发投入强度偏低。根据 2003—2016 年数据,一是生物制药、技术硬件与设备、汽车及配件这三个产业长期以来研发投入占比一直处于领先地位,在 14%~20%的区间范围内波动;二是软件与计算机服务、电子电气设备产业研发投入占比居中,其中软件与计算机服务产业研发投入在 6%~12%的区间范围内呈逐年上升趋势,而电子电气设备产业从 2005 年开始在 6%~8%区间范围内小幅度波动;三是航空航天与国防产业研发投入占比最低,在 2%~4%的区间范围内呈下降趋势。

四是我国龙头企业基础研究表现较弱。2011—2015 年,全球研发 2 500 强企业论文发表数量的复合年增长率为 2.3%,大约 84%的龙头企业(即 2 088 家公司)在观察期内至少发表了一篇论文。全球龙头企业平均涉及 137 篇论文。中国企业只有华为和中兴通讯进入了行业前列。

总之,我国企业基础研究存在较大提升空间,这与我国国家创新体系和产业创新生态发展阶段高度相关。现阶段我国企业需要加强基础研究,这主要需要龙头企业及部分隐形冠军企业、新兴技术初创企业发挥主要作用。而企业开展基础研究需要有良好的企业创新体系,从而能够挖掘基础研究的长期价值,形成可持续发展的良性循环。

参考文献

[1] Arora Ashish, Belenzon Sharon, Patacconi, Andrea. The decline of science in corporate R&D[J]. Strategic Management Journal,2018,39:3-32.

管理理论发展应不忘初衷并超越当下

| 尤建新

有幸提前拜读盛昭瀚教授“问题导向:管理理论发展的推动力”(以下简称《问题导向》)一文,受益匪浅。窃以为这是一篇有助于提升认知水平、克服“知行间隙”并达成“知行合一”的好文章,并且《问题导向》一文自身就是问题导向,较好地回应了目前对于构建中国管理理论的热点话题。

《问题导向》认为,在人类管理理论时代性贡献与实践性关系上,主要的困难不是答案,而是问题。并且引用了习近平“问题是创新的起点,也是创新的原动力”、恩格斯“我们的理论是发展着的理论,而不是必须背得烂熟并机械地加以重复的教条”等观点来诠释问题导向与理论时代性的辩证关系,并以此构架问题导向的基本原则。《问题导向》对于这一辩证关系的陈述,以及罗列的基本原则,有助于管理学界的学者们深刻地理解问题导向的深刻含义。

一、管理理论发展应该超越当下

《问题导向》对于管理问题的复杂性认识,也是值得管理学界的学者们细细品味的。比如,《问题导向》指出:问题导向原则保证了管理是时代性的致用学问,保证了管理理论研究直面时代问题,回应时代问题呼唤的基本品格。一般地,理论研究的问题导向原则尽可能要求人们捕捉到理论价值高的问题,这一方面要求学者尽可能站在理论哲学思维的高度,提高看透问题本质属性的能力,或者给人以思想的力量;另一方面在面对管理复杂性或面临资源不足、经验不够的情况下,要求能够获得解决复杂问题能力的能力,并且能在解决问题过程中不断增强自适应能力。基于此,《问题导向》在陈述问题导向的关键要点分析中,基于系统的视角解析了管理问题的复杂性和不确定性,揭示了现实空间与数学空间的“间隙”。这一观点是很值得管理学界学者们深刻思考的,尤其对于规避一些

作者简介:尤建新,上海市产业创新生态系统研究中心总顾问,同济大学经济与管理学院教授。

“指挥棒”的瞎指挥有着积极的警示作用。但是,《问题导向》在强调必须关注问题情景时,虽然讨论了“过去”、“现在”与“未来”的关系,但如何前瞻性地科学“预见”管理问题,尚不解渴。研究管理理论,不仅是解释“过去”、明晰“现在”,更要能够而“预见”“未来”,这是对发展规律的研究,虽然具有挑战性,但理论的发展过程一定会非常精彩。

管理理论的发展,如果能够不局限于当下,能够经得起时间的检验,那便是“上乘”。比如,因为有任正非的哲学思想,并由此形成的战略“预见”,华为才会在多年前对于“可能永远不会发生的极限生存假设”而制订和实施了高难度“备胎”方案。对于“超越当下”的理解,这也许是一个极好的案例。

二、理论研究应坚持初衷并突破学科壁垒

《问题导向》在谈到管理问题数学化的“来龙去脉”时,陈述了管理问题数学化的历史逻辑、理论逻辑、现实逻辑,并在研讨管理问题数学化的认知中解析了数学空间与现实空间之间的关系,特别指出“所有的数学结论与计算结果的管理真理性都要映射回管理现实空间,验证其正确性、合理性。管理结论的可解释性与实际意义必须接受实践的检验”。对于这一观点,读来深受启发,作者深有同感。在作者阅读和评审的文章中,就有遇到过这种状况,一些文章所提出的研究问题虽然源于现实,但在抽象问题和构建数学模型时开始偏离问题,最后的模型应用就基本依赖于算例或模拟数据,似乎忘却了初衷。《问题导向》对于这方面问题的解析非常透彻,一语中的,值得从事管理理论研究的学者们认真检讨。

《问题导向》谈到研究模式和价值取向时做了“多学科协同和突破性成果”的思考。如果归纳的话,可以用“突破”两字来表达。这一论述挑战了现实中的学科认知和行政管理局限。以当前的高等院校为例,每个学科都被牢牢地把控在相应的学院或系科之中,界限明确,壁垒森严,既得利益者维权意识很重,井水不犯河水,决不让他人跨越雷池一步。除了直接的利益之争,以及对学科阵地的依赖和认知水平外,对于学科边界的认知局限和一系列“指挥棒”带来的不良“学术生态”也都是重要的影响因素。由此作者认为,首先,理论研究与学科建设不能混为一谈,必须解放思想,消除认知上的误区;其次,多学科协同需要“跨学科”人才为基础,而不是简单地把几个学科的人员召集在一起就能够协同的。“跨学科”人才培养和成长的最佳生态就是淡化学科边界,拓宽人才培养和成长的空间,这对于当今局限于单学科边界的认知而言,是革命性的挑战。另外,必须清

晰地认识到，真正的"突破性成果"是很难预设的，虽然学者们很期望自己能够通过努力"按计划"地获得"突破性成果"。

三、尚需继续研讨的问题

作者很赞同《问题导向》所提出的管理理论发展的动力源于管理问题的基本观点。但是，由于知识的局限性，是否会由于对管理问题认知的局限而阻碍了理论思想发展的活跃性呢？并且，对于问题导向的认知中是否也存在着一些"功利性"和"局限性"的思维倾向呢？并进而导致理论研究被"工具化"的结果呢？这是作者思考的问题之一。

其次，理论研究的重要倡导和追求就是取得突破性研究成果，即原创性成果。基于原创性的理论需要有助于"自由探索"的静心、专注和宽容的学术生态，它的重要的"敌人"就是"功利主义"，因为"功利"带来了浮躁，破坏了学术生态的宁静。作者认为，"自由探索"的自由空间似乎超越"管理问题导向"的局限。那么，这两者之间的微妙关系该如何解析呢？

第三，《问题导向》特别提出了构建中国特色管理学派的紧迫性和重要意义，并讨论了学派形成的要素，其中包括了代表性人物、团队和平台、影响力和话语权等等。读来的确有提振学术自信的感受。但是，纵观管理理论的发展历程，许许多多的代表人物并不是在提出理论思想时就成为一方学派的，都是后天在经历了理论与实践的敲打验证后被奠定的，包括钱学森的系统科学理论也不例外。并且，作者认为，只有当自己的理论成果走出国门也一样得到广泛认可并被用于发展理论研究和指导实践的时候，才有可能形成在国际舞台站得住脚，即真正意义上"学派"。如果前面所述的"自由探索"主张成立的话，由于大数据和互联网的支持，"苦行僧"式的研究也许也是今后产生伟大理论的重要源泉。那么，是否可以不拘一格、不设套路、不分国别、不分东西方阵营地给予理论研究的自由空间呢？

总之，虽学习感受颇多，但因作者的觉悟局限，本文仅交流了一些浅薄的体会，未能尽展《问题导向》一文之灿烂，恭请批评斧正。

美国研发经费投入的几个特点

王丹丹　陈　强

2017 年，美国研发经费投入为 5 422 亿美元，占 GDP 的 2.78%，稳居世界榜首。据美国国家科学委员会报告，2000 年以来，中国研发经费投入年均增速为 18%，美国只有 4%左右。一方面，我们应当为中国研发投入规模的迅速扩大感到欣喜，另一方面也要认真研究美国研发经费投入的特点，充分认识中美两国在研发投入结构、质量、效率等方面的现实差距。

一、多元化的投入结构

近 10 年来，我国持续加大研发投入力度，成效明显。但是，基础研究经费占研发投入的比例只有 5%，85%的研发投入用于试验与发展。反观美国，基础研

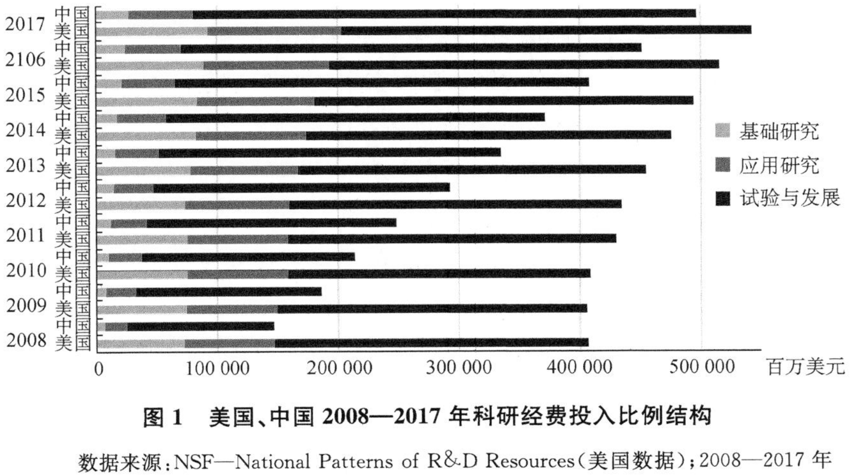

图 1　美国、中国 2008—2017 年科研经费投入比例结构

数据来源：NSF—National Patterns of R&D Resources（美国数据）；2008—2017 年全国科技经费投入统计公报（中国数据）

作者简介：王丹丹，同济大学经济与管理学院硕士研究生；陈强，上海市产业创新生态系统研究中心执行主任、同济大学经济与管理学院教授。

究投入占比为 17%，试验与发展经费占比为 63%。

从图 1 可以看出，美国在基础研究和应用研究的投入比例远高于我国。2017 年美国 922.31 亿美元的基础研究经费中，联邦政府的投入占比高达 41.8%，商业部门投入占比 29.66%，高等学校和非营利部门的投入占比分别为 13%和 12.7%，地方政府投入占比 2.8%。显然，美国已形成基础研究投入多元化的合理结构，在一定程度上避免了单一资金支撑的潜在风险。据全国财政科技支出数据与基础研究经费统计数据测算，我国基础研究投入中，约 98%的经费来自政府，企业投入仅占 2%左右。单一的投入结构在一定程度上，使得基础研究容易陷入“政府大力推动，社会无动于衷”的困境。在未来一个时期内，调动企业开展基础研究的积极性将是一项重要而艰巨的工作。

二、分工明确，合作共赢的执行结构

2017 年，美国基础研究投入 922.31 亿美元，其中高等教育机构执行比例为 47.5%。应用研究、试验与发展分别投入 1 103.5 亿美元、3 396.4 亿美元，商业部门是这两类研发的“主力军”，执行占比分别为 58.7%和 90.1%。显然，三类研究都有明确的执行主体，高校和商业部门都有各自专注的领域。但是这并没有影响其涉足其他研究类型，商业部门在基础研究领域的执行占比达到 28.4%，联邦政府资助的研发机构执行占比为 6.8%，非营利机构承担基础研究约为 117.65 亿美元，占基础研究经费总额的 12.8%，其中接近一半来自联邦政府的资金投入。

在应用研究部分，商业部门毫无疑问是占比最高者，但联邦政府资助的研发机构、高等教育机构也分别承担了 16%、18%的份额。试验与发展主要由企业承担，联邦政府资助的研发机构执行比例为 7%。

就总体而言，在美国，各类研发主体都有自身擅长并专注的研发类型，同时也能够跨类型涉足。

三、政府在重点领域的引导和强力推动

2019 年，美国白宫科技政策办公室公布《2020 财政年度行政研究与发展预算优先事项》，从中可以看出，政府在非国防研发经费缩减的形势下，依旧为特定领域提供强有力的支持。

1. 人工智能(AI)领域

白宫报告称，除了来自五角大楼的 9.27 亿美元的人工智能研究经费外，还

在美国能源部，美国国家卫生研究院，国家科学基金会及国家标准与技术研究院投入了 8.5 亿美元的人工智能研发经费。

2. 量子信息科学领域

在此前的努力基础上，白宫正在寻求 4.3 亿美元的量子科学计划。其中包括来自科学办公室的 1.68 亿美元，较上一年增加了6 350 万美元。NSF 将根据其要求投入 1.06 亿美元，其中约一半由数学和物理科学理事会资助。

3. 月球探测领域

行政当局继续优先为美国航空航天局的月球活动提供资金。核心计划—“Lunar Gateway”(有关于月球轨道上的未来空间站)预算将从 2019 财年的 4.5 亿美元增至 2020 财年的 8.21 亿美元。

4. 农业与食品领域

具有竞争力的农业和食品研究计划(AFRI)将获得 5 亿美元，较 2019 财年拨款增加 20.5%。

预算还制定了一项具有竞争力的 5 000 万美元计划，用于农业研究局现有建筑和设施的建设及现代化。

政府对于重点领域和热点领域的关注和投资，在很大程度上引发了社会对于这些领域的关注和投入，进而推动其发展速度和质量的提升。譬如，对于量子信息科学这样偏基础研究，见效较慢的学科领域，一开始很难赢得商业部门的青睐，政府的引导性投入在很大程度上会决定其发展。

美国的研发经费投入形成了多领域的多元化投入结构，政府在重点领域的重点投入在一定程度上起到社会引领的作用。高校充分发挥人才聚集的优势，在基础研究领域发挥了“中流砥柱”的作用。企业在作为应用研究、试验与发展执行主体的同时，能够兼顾基础研究的投入。显然，美国各类研发主体在基础研究、应用研究、试验与发展领域均形成了较为合理的投入和执行结构。

近20年全球人工智能技术专利态势（1999—2018年）

| 石心怡　邵鲁宁

人工智能领域已经成为世界各国的研发热点，正在迎来全面的技术进步。我们使用人工智能领域相关的关键词，同时限制专利分类号，在Innography专利检索分析系统中检索申请日期为1999年1月1日至2018年12月31的发明专利，对已公开的专利申请数据展开分析。

从全球范围内，AI专利申请量呈逐年上升趋势，近十年（2011—2018年）专利申请量增长速度明显加快。AI技术专利在全球的应用主要部署于中国、美国、日本等国家。AI专利技术在中国的申请数量远超美国，但是中国发明人专利在全球范围内应用并不广泛。中国发明人93.52％的专利都应用于本国，而美国专利发明人应用于本国的专利百分比是51.72％。

基于Innography中“专利强度”指标分析，全球AI领域专利中一般专利占比约80％，重要专利约占19％，核心专利占比约0.82％。中国AI领域一般专利占比91.57％，美国一般专利占比44.63％，核心专利中国与美国专利占比分别为0.02％、3.86％。对比来说，中国AI领域专利申请量绝对值大，但高质量核心技术产出效率相对较低，而美国申请专利数量上并没有中国多，但专利强度相对偏高，这也说明美国在AI领域掌握核心技术较多。

通过对全球AI领域专利进行IPC分类号分析，得到排名前二十的IPC分布，可以得出AI领域在机器学习、基础算法、智能搜索智能推荐、语音识别、自然语言处理、计算机视觉及图像识别等方面有广泛的应用。

对全球AI领域专利权人展开分析，美国的微软、IBM、韩国的三星公司的申请量位列前三，中国科学院位列第五位，国家电网及西安电子科技大学都进入TOP10行列。排名前30专利权人国家分布分别是中国14个、日本8个、美国5

作者简介：石心怡，同济大学图书馆学科与知识产权咨询馆员，工学博士；邵鲁宁，上海市产业创新生态系统研究中心副主任，同济大学经济与管理学院创新与战略系讲师。

个、韩国德国荷兰各 1 个。中国的专利权人主要是国内的知名互联网企业、高等院校及科研院所,中国申请量最多的企业专利权人为百度公司。

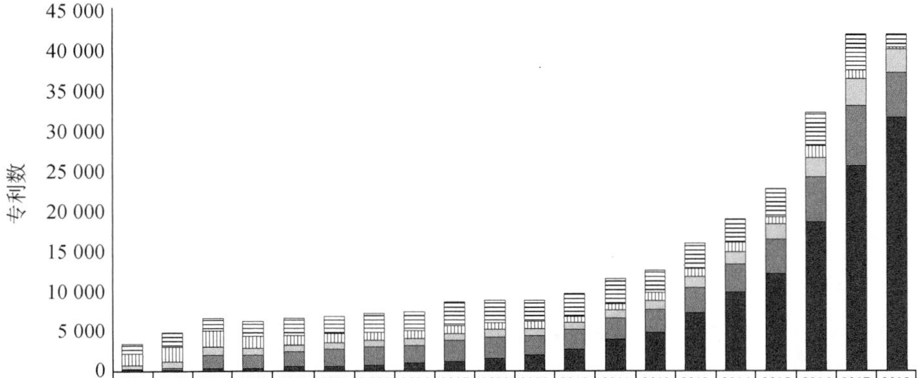

	1999	2000	2001	2002	2003	2004	2 005	2006	2007	2008	2009	2010	2011	2012	2013	2014	2015	2016	2017	2018
其他国家和地区申请	1 255	1 707	1 638	1 807	2 214	2 004	2 218	2 263	2 953	2 787	2 698	2 795	2 830	2 731	2 981	3 028	3 304	4 100	4 295	1 504
日本申请	1 544	1 963	2 037	1 514	1 267	1 241	1 194	1 106	1 027	983	901	834	877	941	992	1 054	1 068	1 338	1 039	193
世界知识产权组织申请	449	675	809	759	701	692	753	756	788	812	813	802	925	1 026	1 276	1 432	1 737	2 433	3 274	2 810
美国申请	58	213	1 803	1 705	1 883	2 115	2 226	2 188	2 672	2 723	2 532	2 566	2 789	2 931	3 113	3 424	4 221	5 489	7 531	5 531
中国大陆申请	230	302	413	472	693	782	899	1 127	1 292	1 718	2 098	2 821	4 120	5 051	7 547	10 176	12 462	18 843	25 732	31 862

■ 中国大陆申请 ■ 美国申请 □ 世界知识产权组织申请 ▥ 日本申请 ⊟ 其他国家和地区申请

图 1 1999—2018 年 AI 领域专利申请量趋势

一、AI 领域专利申请量趋势

AI 领域专利申请量为 284 136 件,图 1 展现了 1999—2018 年 AI 领域专利申请趋势。

全球范围内,AI 专利申请量呈逐年上升趋势,1999—2010 年该领域专利申请量稳定增长,均未超过在 10 000 件。近十年(2011—2018 年)专利申请量增长速度明显加快,近五年的增长率更是突出。

图 2 分别列出了中国、美国、日本及 PCT 申请专利数量趋势。中国专利申请近十年有较高的增长率,从 2010 年专利申请量的 2 821 件至 2018 年的 31 862 件,不到十年专利申请量超过了 10 倍,说明我国人工智能技术处在高速发展阶段。美国、日本及 PCT 专利申请量整体呈现稳定上升的趋势,2016—2018 年的增长速度有明显增加。

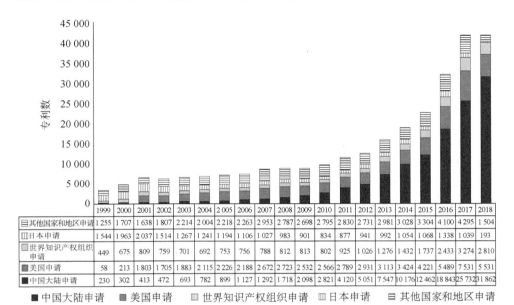

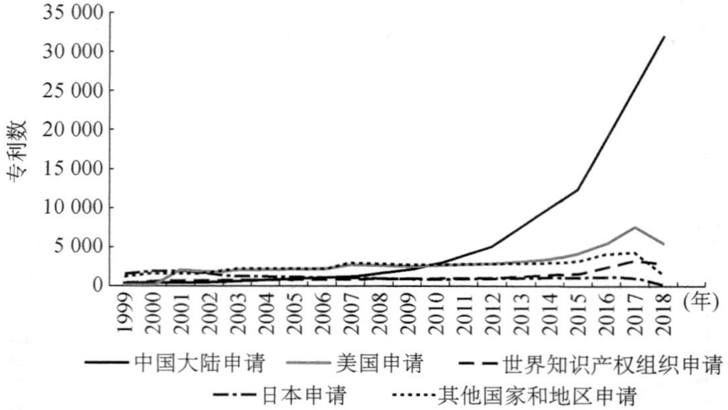

图 2　1999—2018 年 AI 领域主要国家专利申请量趋势

二、AI 领域专利技术应用国分布分析

专利申请国(Source Jurisdiction)体现专利权人在哪些国家及地区保护了技术,即专利应用的国家及地区。这一指标反映了技术未来可能的实施国家及地区,从一定程度上反映了专利在应用国及地区的市场前景。

AI 技术专利在全球的应用主要部署于中国(128 640 件)、美国(57 768 件)、日本(23 113 件)等国家,PCT 申请有 23 722 件。AI 专利技术在中国的申请数量远超美国,从发明人角度,通过专利技术应用国数量上和分布这两个指标可以看出,我国发明人专利在全球范围内应用并不广泛。我国发明人专利应用于 23 个国家,而美国这一指标是 36 个。我国发明人 93.52%的专利都应用于本国,而美国专利发明人应用于本国的专利百分比是 51.72%。说明美国专利发明人更加关注海外市场布局,美国专利发明人 PCT 申请占比 14.99%,另外在日本及中国都有一定比例的布局,相比来说,我国发明人只有不到 7%的专利布局海外。

三、AI 领域专利强度分析

"专利强度(Patent Strength)"是专利价值判断的综合指标。专利强度受权利要求数量、引用与被引用次数、是否涉案、专利时间跨度、同族专利数量等因素影响,其强度的高低综合反映出该专利的价值大小。Innography 按照"专利强度"值的不同对相关专利进行了分类:专利强度值为 0～30%、30%～80%、80%～100%的专利分别被称为相应技术领域的一般专利、重要专利、核心专利。

利用 Innography 的专利强度功能对全球 AI 领域专利强度进行分析，如图 3 及图 4 所示，53.76％的专利强度值在 0～10％这一区间，一般专利占比约 80％，重要专利约占 19％，核心专利占比约 0.82％。

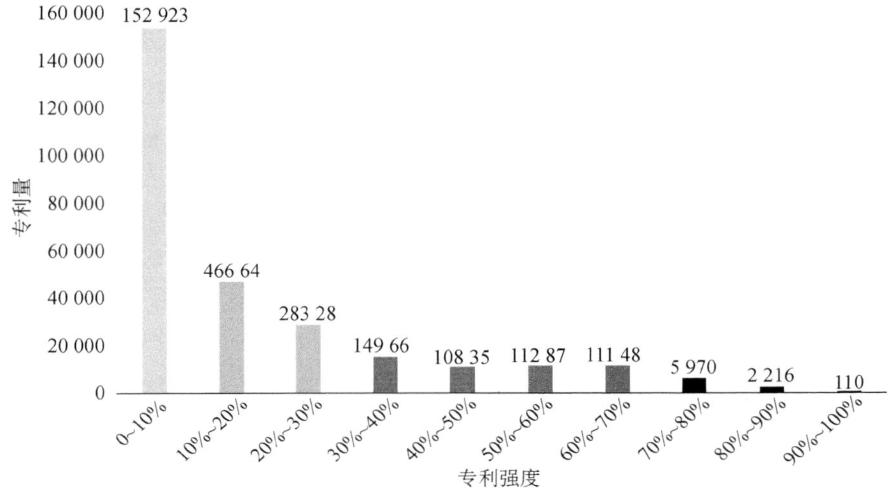

图 3　全球 AI 领域专利强度分布

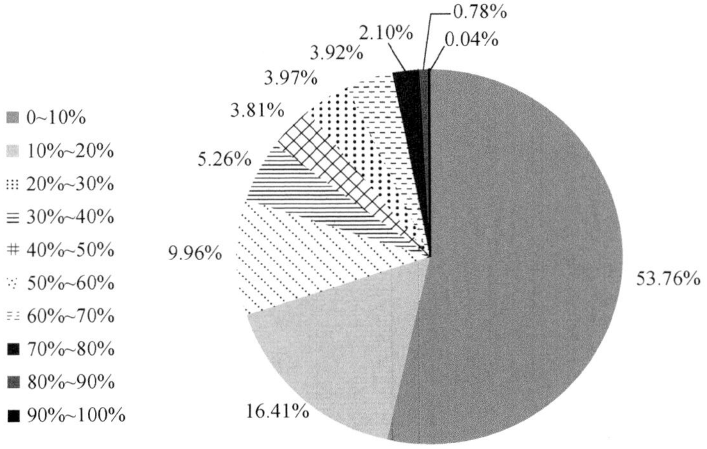

专利强度	一般专利(0~30%)	重要专利(30%~50%)	核心专利(80%~100%)
全球专利	80.13%	19.06%	0.82%

图 4　全球 AI 领域专利强度占比

中国与美国 AI 领域专利强度对比，如图 5、图 6、图 7 及表 3 所示。中国 AI 领域一般专利占比 91.57%，美国一般专利占比 44.63%，重要专利中国占比 8.41%，美国重要专利占比 51.51%，核心专利中国与美国占比分别为 0.02%、3.86%。对比来说，中国 AI 领域专利申请量绝对值大，但高质量核心技术产出效率相对较低，而美国申请专利数量上并没有中国多，但专利强度相对偏高，这也说明美国在 AI 领域掌握核心技术较多。

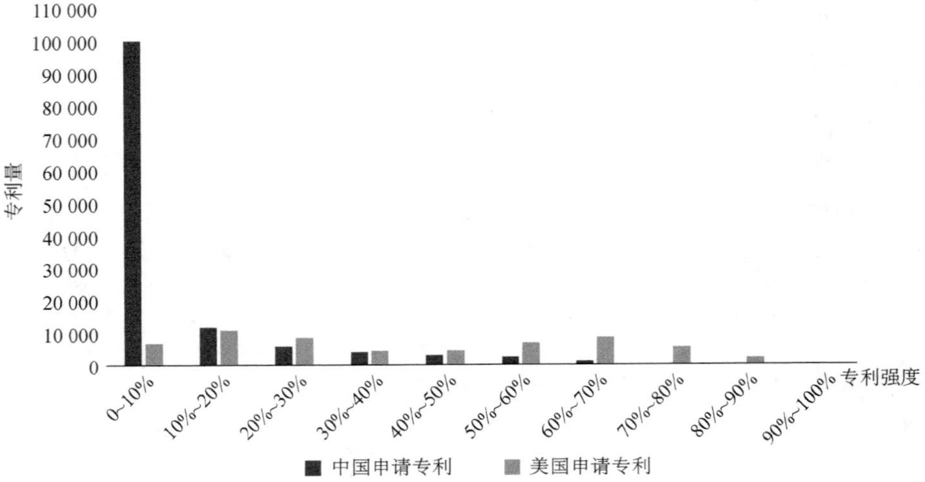

图 5　中国及美国 AI 领域专利强度占比

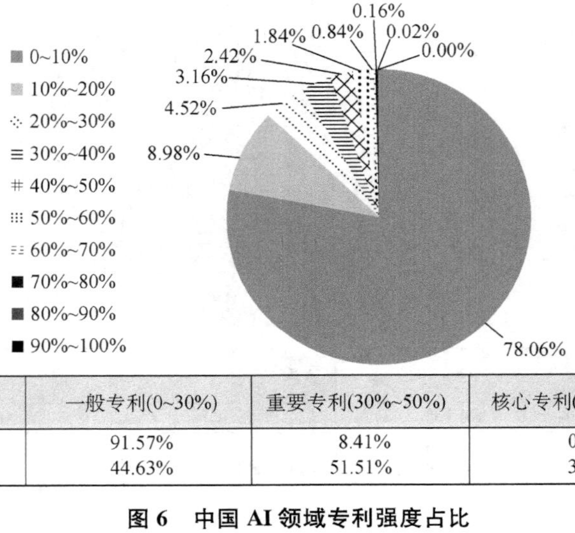

专利强度	一般专利(0~30%)	重要专利(30%~50%)	核心专利(80%~100%)
中国	91.57%	8.41%	0.02%
美国	44.63%	51.51%	3.86%

图 6　中国 AI 领域专利强度占比

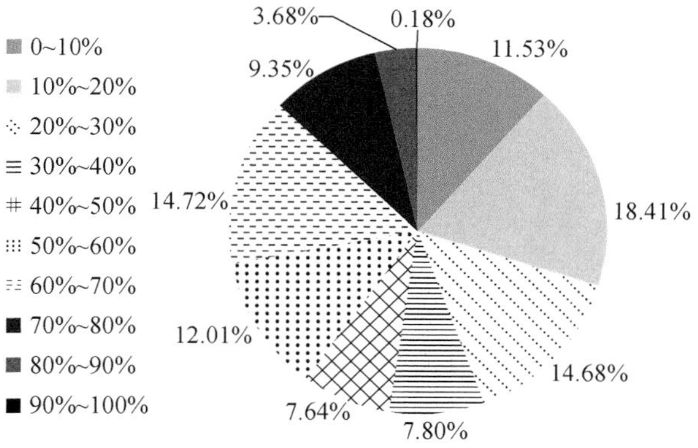

图 7　中国 AI 领域专利强度占比图

企业基础研究：上海该何去何从？

| 任声策

基础研究是我国高质量发展的核心动力，在新时代的创新引领中将发挥更大作用。李克强总理在 9 月 2 日主持召开的国家杰出青年科学基金工作座谈会上指出："基础研究决定一个国家科技创新的深度和广度，'卡脖子'问题根子在基础研究薄弱。"《国务院关于全面加强基础科学研究的若干意见》提出，要"构建基础研究多元化投入机制，引导鼓励地方、企业和社会力量增加基础研究投入"。企业基础研究是加强基础研究中不可忽视的力量，企业加强基础研究不仅能够增加创新产出，形成可持续竞争力，还有助于解决科技成果转化难题。

上海正在加快向具有全球影响力的科技创新中心进军，当前需要高度重视企业基础研究问题。虽然上海的基础研究总体上因高校和研究机构而在全国有领先优势，但是上海的企业基础研究却存在逐渐与上海的总体基础研究优势失去匹配的风险，无法高效发挥基础研究的总体优势，因此需要积极研究探索上海企业基础研究该何去何从。

一、上海企业基础研究：问题日趋明显

第一，从研发投入看，上海研发投入强度已落后于北京和深圳。虽然上海在研发投入方面不断加大力度，2000 年到 2017 年研发投入规模和强度均一直处于快速增长趋势。《2018 上海科技进步报告》显示，2018 年上海全社会研发经费投入 1 316 亿元，占全市 GDP 的比例为 3.98%，明显高于全国平均的 2.19%。但是，研发投入强度已明显低于北京的 5.64%（2017 年数据）以及深圳的 4.2%。另外，我国基础研究投入强调长期偏低（长年保持在 GDP 的 5%），上海也不例外，这个现象上海有责任带头改变。

作者简介：任声策，上海市产业创新生态系统研究中心研究员，同济大学上海国际知识产权学院教授。感谢上海海事大学博士研究生刘碧莹协助。

第二,从研发产出看,上海专利产出已明显落后于北京和深圳。2018 年上海市专利申请量为 150 233 件,同比 2017 年增长 14.03%,低于北京的(21.1 万件)和深圳(22.86 万件)。2018 年上海市 PCT 国际专利申请量为 2 500 件,虽然比 2017 年增长 19.05%,但明显少于北京的 6 500 件和深圳的 1.8 万件。《深圳市 2018 年知识产权发展状况白皮书》显示,2018 年,深圳国内专利申请量达 228 608件,同比增长 29.08%。2018 年深圳 PCT 国际专利申请量达 18 081 件,约占全国申请总量的 34.8%,连续 15 年居全国大中城市第一名。深圳大学 PCT 国际专利申请 201 件,位列全球教育机构第三名,中国高校第一名。华为技术有限公司 PCT 国际专利申请 5 405 件,居全球申请人第一位。

第三,从企业基础研究看,上海缺乏基础研究优势企业。根据 2017 年我国研发投入百强企业,上海研发投入全国排名靠前的是上海汽车(全国 11 位,全球 116 位,研发强度 1.3%)、携程(全国 15,全球 136,研发强度 40%)、上海建工(全国 21,全球 244,研发强度 2.9%)、宝钢(全国 22,全球 255,研发强度 2%)、上海电气(全国 31,全球 320,研发强度 3.4%)、中芯国际(全国 36,全球 385,研发强度 10.9%)、隧道股份(全国 71,全球 675,研发强度 3.8%)、环旭电子(全国 79,全球 797,研发强度 3.7%)、振华重工(全国 83,全球 874,研发强度 3.4%)、复星医药(全国 96,全球 945,研发强度 4.9%)。总体来看,一是上海没有企业研发投入进入全国前十,二是上海研发投入领先企业以传统行业龙头企业为主,三是上海重点产业如集成电路、医药产业虽有少数企业表现较好,但没有形成优势;四是龙头企业研发强度较低,大部分低于国际上行业平均水平,上海汽车领衔上海企业研发投入,但研发强度只有 1.3%,只有携程的研发强度较高。因此,上海企业基础研究,特别是在新兴科技领域,已难称优势。

二、上海企业基础研究:迫切需要加强

企业基础研究是一项长期工程,需要“坚持不懈,久久为功”的理念,上海需要意识到企业基础研究中存在的问题,尽快研究制定相关政策措施。

第一,需要加强基础研究部署。对于如何加强基础研究,特别是促进企业基础研究工作,政府部门应该加紧研究部署,从顶层设计角度做好长期安排,研究制定相关政策。

第二,需要以龙头企业基础研究为核心抓手。龙头企业依然是企业基础研究的主力军,需要以龙头企业为重点,形成具体抓手。企业基础研究需要企业自

身具备动力和能力、能够投入资金和人才，因此，政府部门应研究从这些角度。

第三，需要促进新生企业基础研究力量的持续发展。在重点产业、新兴技术等领域的企业中，存在少量基础研究的新生力量，这些企业有动力和专业能力做有深度的基础研究，因此，需要研究如何帮助这些企业将基础研究持续下去。

第四，需要引导企业在基础研究方面与其他研究机构加强合作。企业基础研究工作的开展，需要充分借助高校、研究机构的力量，需要研究通过多种途径加强企业与高校开展基础研究工作。

第五，需要加强基础研究投入。当前，政府以及企业研发投入的结构过于偏向试验开发已难以适应高质量发展的要求。政府应持续加强基础研究投入，并引导部分有实力、有潜力企业加强基础研究工作，研究如何丰富促进企业基础研究投入的途径，帮助、调动和维持企业基础研究。

总之，上海在基础研究方面总体具有优势，主要体现在高校和研究机构方面，企业基础研究优势则需要加强，从而实现企业基础研究与科研机构基础研究的有效协同。上海可以利用已有基础研究优势，加强投入，研究并运用多种政策措施，引导企业强化基础研究能力，为将上海建设成具有全球影响力的科技创新中心提供重要贡献。

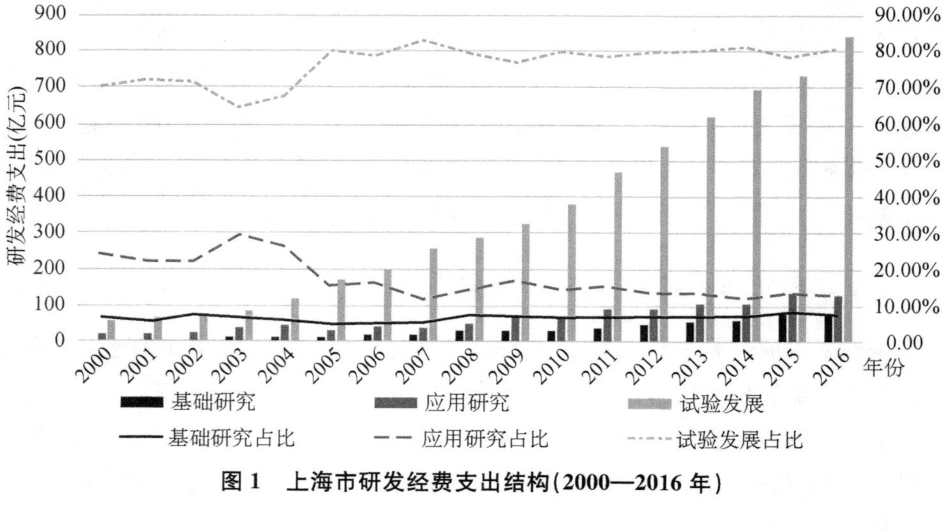

图 1　上海市研发经费支出结构(2000—2016 年)

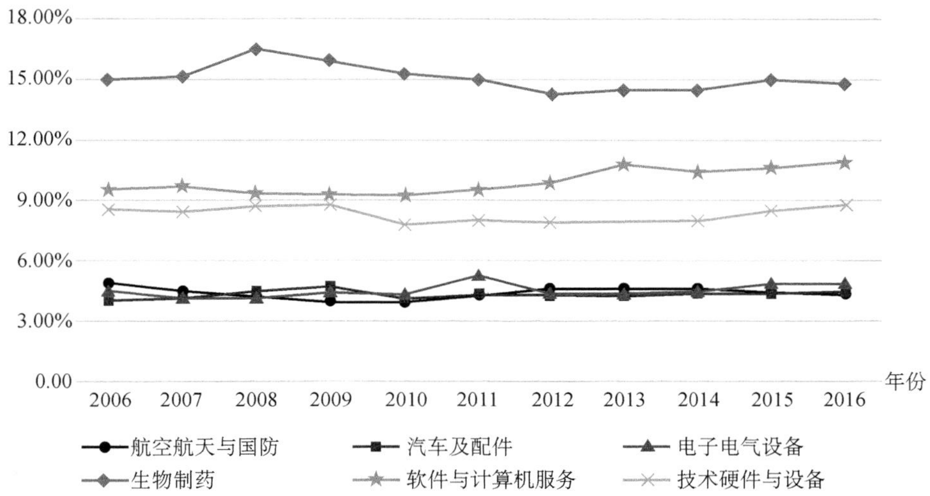

图 2　全球主要产业研发强度变化趋势(2006—2016 年)

数据来源:2014—2017 年《欧盟产业研发投入记分牌报告》

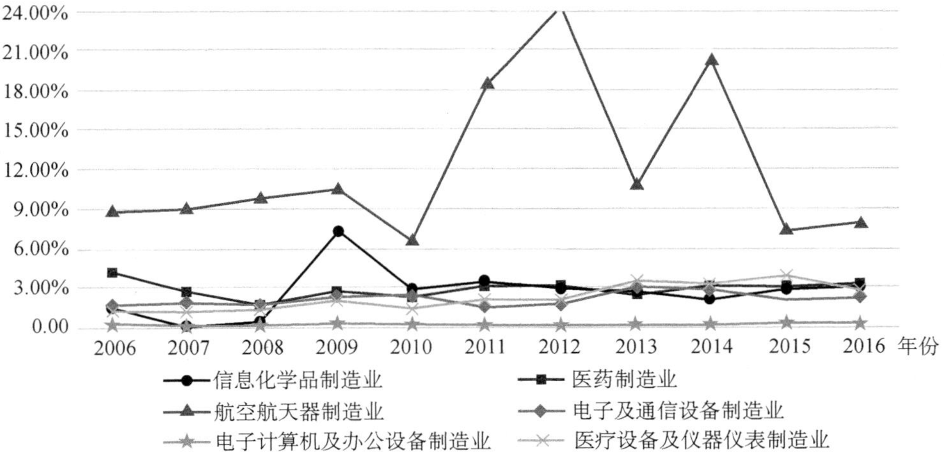

图 3　上海市高技术产业研发强度变化趋势(2006—2016 年)

资料来源:上海科技统计年鉴官网

加快构建上海人工智能产业创新生态系统

| 钱　宽　蔡三发

近年来，人工智能技术飞速发展，从语音识别到人脸识别，从自动驾驶汽车到智能机器人，短短几年，人工智能从一项神秘的科技，变成了社会共识。目前，发展人工智能已列为我国重大战略。

2019 世界人工智能大会于 8 月 29 日上午在上海世博中心开幕，会上聚集了人工智能各领域的顶级专家，使人工智能技术进一步受到社会的广泛关注。中共中央政治局委员、上海市委书记李强在开幕式上致辞时指出，面对充满无限可能的智能时代，上海将深入贯彻落实习近平总书记重要指示精神，积极顺应大趋势、抢抓大机遇，以更加开放的胸襟拥抱人工智能，以更富创新的探索激活人工智能，以更具包容的生态滋养人工智能，加快向具有全球影响力的人工智能创新策源、应用示范、制度供给、人才集聚高地进军，与海内外朋友携手共创人工智能发展的新篇章。

上海正全力建设全球有影响力的科技创新中心，重点发展集成电路、人工智能、生物科技等领域的科技与产业。上海在科教资源、信息数据、基础设施、应用场景等领域有着良好的基础优势，已具备打造人工智能创新策源、应用示范、制度供给和人才集聚“上海高地”的能力。然而《2018 年中国新一代人工智能发展战略研究院专题研究报告》显示，上海人工智能竞争力指数仅居全国第 4，落后于北京，广东和浙江。上海加快发展人工智能以及构建人工智能产业创新生态系统刻不容缓。

一、加强人才培育，打造人才集聚高地

人才是人工智能产业创新生态系统发展的关键因素，为了充分发挥创新人

作者简介：钱宽，同济大学经济与管理学院硕士研究生；蔡三发，上海市产业创新生态系统研究中心副主任、同济大学发展规划部部长、高等教育研究所所长、联合国环境署—同济大学环境与可持续发展学院跨学科双聘责任教授。

才的支撑作用,推动创新生态系统的发展,必须根据人工智能产业需求,紧抓“高精尖”人才,打造人才集聚高地。抓高端人才、领军人才、青年人才,优化人才培养体系。以高校为依托,加强高端创新型人才培养力度,政府通过资金支持、政策引导等手段,以产业需求为导向,有针对性地完善高端创新型人才的培养机制。

二、抓紧构建人工智能创新转化链

具体而言,首先要提升人工智能基础研究水平,支持人工智能基础科学问题的研究,加快谋划人工智能大科学平台建设,着力提升人工智能基础研究水平,实现基础理论与方法的突破;其次要加强人工智能应用技术的研发,推进人工智能各种应用技术的开放,探索人工智能应用技术推广的各种可能性;第三要深化产学研合作,鼓励高校主动融入先进人工智能创新生态系统,与各级政府、行业企业共建政产学研合作基地,支持高校和企业共建实验室、研发中心等研发平台,鼓励高校教师到企业转化科研成果或开展联合攻关,推动企业高层次管理人才和技术人才等到高校担任兼职教师,全面推进上海高校与企业的人才、技术合作;第四要建设研究成果转化体系,要遵循市场机制,支持上海高校和科研机构建设专业化的知识产权和成果转移转化服务中心,激励科研人员把成果转化作为职业发展的一个通道,提高科技成果转化绩效;第五要加强人工智能应用场景建设,在智慧城市、智慧交通、智能建造、智能制造、智慧医疗、智能农业等多个领域开放或者建设应用场景,实现人工智能的普及化应用。

三、促进产业合作,培植创新生态群落

要促进企业、政府和科研机构开展深度合作研究,从政府、科研机构和高校为主向企业主导、政府协同、院校协作方式的转变。支持上海市内的人工智能高新企业主动向创新生态系统发展良好的地区企业学习,优化发展模式,促进产业合作,培植创新生态群落,推动上海市人工智能产业创新生态系统的发展。

四、完善体制机制,厚植创新生态土壤

一方面,要打破管理机制僵化、创新群落间融合度不高的局面,创造有利于创新要素集群栖息的政策条件。加快构建以企业为主导的协同创新体系,在资源分配上向具有成长潜力的创新型企业倾斜,根据市场需求和创新需要,实施人

工智能技术研发和应用。以企业为主体建立各类研发平台，设置专项资金，重点解决技术难题，提高成果转化能力。另一方面，政府要继续简政放权，加大行政审批力度，清理或压缩行政审批环节等方式，营造促进创新的环境氛围，建立公平的市场竞争规则。完善知识产权运营和保护机制，建立知识产权交易服务中心，将知识产权的保护范围延伸到中小微企业，以立法手段加大侵权成本。

从项目形成机制入手，推动科技计划项目管理改革

| 常旭华

自2000年国家科技计划全面实施课题制管理制度以来，课题成为科技计划管理的基本单元；自2012年开始，国家开始新一轮的科技计划改革。随着科技计划本身的撤、并、合，中央和地方政府的科技计划管理体系也正逐步更新。2019年5月，上海市科委印发了《上海市科技计划项目管理办法(试行)》。实践中，科技计划管理是一项复杂的系统工程，包括选题制定、指南发布、项目立项、项目执行、项目评估环节，需要实施精细化的过程管理。其中，选题制定和指南发布是整个科技计划实施的关键，其关乎全局。因此，本文就项目形成机制展开中外比较分析，形成结论供讨论。

一、项目形成机制的国际比较：选题制定与指南发布

选题制定与指南发布是科技计划项目形成机制的核心环节，体现了一国的科技战略布局。

选题制定方面，美国国家科学基金会(以下简称NSF)采取了“自上而下”与“自下而上”相结合的选题方式，对上依据白宫科技政策办公室的全局规划，对下充分吸收评审专家的意见，实现“政治过程和技术过程、国家意志和科学声音”的双结合；美国国立卫生研究院(以下简称NIH)则在下属27个研究中心设立计划办公室，每年在NIH全局规划的统领下新增或调整中心内部重点关注的科学问题，通过内外部结合的方式确定“科学问题”选题。此外，为保障选题的代表性，NIH和NSF制定了《专家咨询委员会工作办法》、《监督委员会章程》等，对选题阶段的专家来源、遴选机制、专家人数、任职期限、任务和权限、利益冲突机制、内设机构构成等做了详细规定(NIH，2017)。

作者简介：常旭华，上海市产业创新生态系统研究中心研究员，同济大学上海国际知识产权学院副教授。

"科学问题"形成后，NIH 和 NSF 均采取科学合理的指南发布机制。以 NIH 为例，其设置了五大资助类别，其中 R 系列按照研究周期、研究主题自主性、知识增长稳定性、创新风险等维度又细分为 7 个小类资助机制，具体如表 1 所示。

表 1 美国 NIH 的科研项目资助类别

项目资助	具体内容	
资助类别	• 研究资助(R 系列) • 职业生涯发展奖励(K 系列) • 研究培训与奖学金(T&F 系列)	• 项目资助(P 系列) • 资源资助(R 系列)
↓ 资助机制	• R01 研究计划资助 • R03 小型资助 • R13(支持会议和科技会议) • R15(学术研究提高奖励)	• R21(探索性研究项目计划) • R34(临床试验资助计划) • R35(杰出研究者奖励)

资料来源：美国 NIH 官方网站资料整理。https://grants.nih.gov/funding/searchguide/index.html

总结起来，NIH 和 NSF 在科技计划项目形成机制中，"科学问题"与"资助机制"是完全分离的。选题制定对应科学问题，资助机制对应资助程序。科研项目选题可根据科学问题增设或关闭，资助机制则充当资助"工具箱"角色，相对稳定。通过这一制度安排，NIH 针对特定科学问题，可从领军人才预研(R35)、基础研究(R01)、人才培养(K 系列)、博士科研奖学金(T&F 系列)等多个维度进行资助，确保成果产出、团队培育、博士生培养等工作同步并行。具体如图 1 所示。

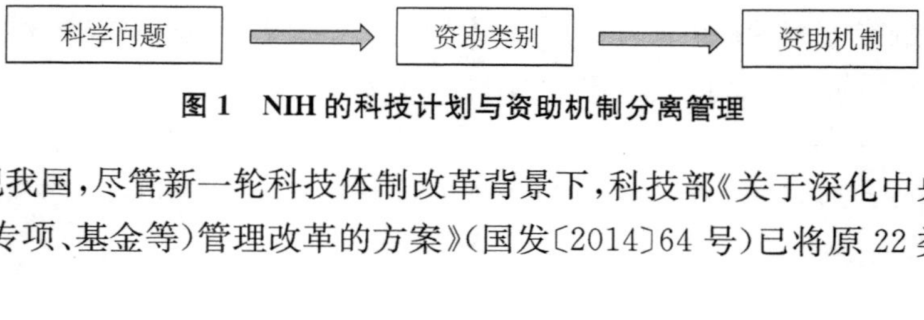

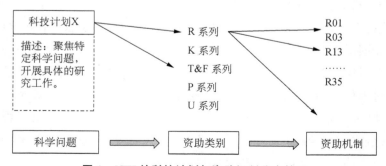

图 1 NIH 的科技计划与资助机制分离管理

反观我国，尽管新一轮科技体制改革背景下，科技部《关于深化中央财政科技计划(专项、基金等)管理改革的方案》(国发〔2014〕64 号)已将原 22 类科技计划整合成 5 类，各级地方政府也均做了匹配性调整；但我国仍缺乏对科学问题与资助机制的有效划分。这使得集中选题阶段预设了大量与科学问题选题无关的资助对象、资助期限、资助额度等信息，并导致三个后果：①这些信息本身就会限制选题自由度，甚至出现科研项目选题“对号入座”的现象；②科学问题和资助机制之间缺乏明确的交叉对应关系，后者在实践层面灵活性过强，管理刚性不够；③各资助部门缺乏统一的资助机制，且变动频繁，迫使科研人员花费过多精力研究资助机制。

二、关于科技计划项目形成机制的对策建议

伴随着新一轮科技革命浪潮的兴起，科学问题、科研生态正发生巨变；相应地，科研项目管理理念也应及时调整。本文提出矩阵式科研项目管理模型。首先，明确政府和学术共同体分工，秉承“科学问题”和“资助机制”分离管理的理念，由学术共同体提供契合政府科技战略的“科学问题”；政府部门围绕科学问题各个维度（如颠覆性研究、知识累积性研究、高端/博士后团队培育等）设计“资助机制”。其次，政府资助部门应将改革重点落脚在科研项目资助机制而非科学问题上，在科技系统内部构建统一的科研项目资助“工具箱”，确保特定科学问题采用特定资助机制。最后，在“工具箱”内部，明确“预算围绕项目”的服务思路，根据科研项目的风险性和知识创造属性，全局协调各类科研项目资助的开放窗口，并采取控制预算总额、实施滚动拨付及“定额资助＋弹性资助”的预算管理办法。具体如图 2 所示。

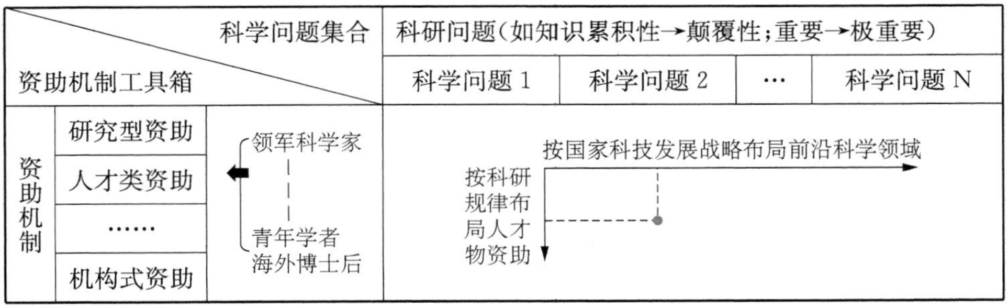

图 2　矩阵式科研项目管理模型

在矩阵式科研项目管理模型中，“科学问题”动态调整和更新，“资助机制”相对统一和固定，使得科研人员对各类资助机制有相对稳定的认识和预期，便于其将精力用于科学研究，而非钻研各类资助机制的难度；其次，由于资助机制稳定，

政府部门可运用科学的定量方法开展资助机制自评估工作；最后，科研项目可视为“科学问题集合”和“资助机制集合”的组合，通过编号系统易于识别和监督，且现有科研项目管理系统简单改造便可实现这一功能。

与现有模式相比，矩阵式科研项目管理模式具有以下优势：①实现对特定科学问题的全维度资助，最大限度地保证特定科学问题在探索性研究、技术预研与储备、团队培育与竞争、科研机构布局等方面同步进行；②与目前国家科技管理归口部门调整较契合，中央和省级科技管理部门聚焦科学问题和资助机制两大块工作，财政部门职能下沉，从科研项目资助领域、资助机制两个维度管理项目预决算工作。

参考文献

[1] National Institute of Health. Notice on Salary Limitation on Grants, Cooperative Agreements, and Contracts[EB/OL]. US Salary cap summary FY 2015, https://grants.nih.gov/grants/ guide/notice-files/NOT-OD-15-049.html, 2018-10-21.

[2] National Institute of Health. Research instructions for NIH and other PHD agencies: SF424 (R&R) application packages [R]. U.S. NIH, 2017.

[3] National Institute of Health. NIH conflict of interest rules: Information for reviewers of NIH applications and R&D contract proposals[EB/OL]. http://grants.nih.gov /grants/peer/coi_ information. pdf, 2018-10-21.

[4] 李祯祺，于建荣.上下结合弹性管理多方协调成果共享——国际人类基因组计划的运作模式分析[R].上海：科技发展研究，2017-4-10.

[5] 常旭华，陈强，刘笑.美国 NIH 和 NSF 的科研项目精细化过程管理及对我国启示[J].经济社会体制比较，2019(2)：134-143.

“正规军”VS“草根军”:“后补贴”时代,新能源汽车应何去何从?

| 卢　超　闫俊琳　李文丽

新能源汽车既是国家重点发展的战略性新兴产业,也是上海具有良好基础的优势产业。2019 年 3 月 26 日,财政部、工业和信息化部、科技部、发展改革委共同发布《关于进一步完善新能源汽车推广应用财政补贴政策的通知》,进一步提高技术指标、降低补贴标准,新能源汽车的“正规军”——高速电动汽车即将进入“后补贴”时代。在日渐低迷的汽车市场大潮中,高速电动汽车能否一直保持高速增长势头?或许,新能源汽车的“草根军”——低速电动汽车的发展模式能够带来一些启示。

一、“正规军”:“自上而下”布局,市场导向方可内生增长

一是高速电动汽车产业的快速发展依然离不开政府政策的大力支持。近年来,在国家和地方政府的大力支持下,我国已成为全球推广应用新能源汽车数量最多的国家,上海市更是在我国各省、市、自治区中名列前茅。据统计,上海市 2018 年新能源汽车新车注册登记 73 724 辆,同比增长 20.2%,截至 2018 年底新能源汽车保有量达到 239 784 辆,推广总量继续保持国内乃至全球领先。然而,现阶段新能源汽车产业快速发展过分依赖免费牌照、免征车辆购置税、财政补贴的现状并没有根本改变,推广应用结构中纯电动和燃料电池汽车占比、私人购买纯电动汽车的占比依然不高,说明上海乃至全国的新能源汽车产业并没有真正形成内生增长的健康动能。

二是高速电动车走出了一条强政策支持下的技术驱动型发展道路。我国政府为使新能源汽车产业得到健康、稳定、快速发展,推出了大量的优惠政策,各省

作者简介:卢超,上海市产业创新生态系统研究中心研究员,上海大学管理学院副教授,上海高水平地方高校创新团队“创新创业与战略管理”骨干成员;闫俊琳、李文丽,上海大学管理学院硕士研究生。

市地方政府在牌照、道路通行、停车、充电设施建设等方面积极配套。高速电动车致力于成为传统车企转型升级的关键载体，对于电池、驱动电动机和电控系统等关键技术的研发要求高，并降低高速电动汽车的成本、提升整车质量、降低汽车行驶能耗，从而逐渐提高市场占有率，取代传统燃油汽车。高速电动车企业更加注重与高校、院所互动，新能源汽车整车、关键零部件、能源供应等企业通过与高校及科研院所间的合作，成立产业联盟汇集优势资源，促进新能源汽车技术进步。

三是高速电动车产业政策由鼓励先进向制约落后转变。新能源汽车产业扶持政策到如今已历经二十多个年头，从时间脉络和扶持重点的演变，可以大致将政策分为研发布局阶段、产业化转化阶段、推广力度增强阶段、推广调整完善阶段。其中，环境面政策工具运用最多，其次是供给面，需求面最少，政策工具创新由政府主导转向了政府和市场并重的格局。当前，随着补贴政策的"退坡"和"双积分"政策的施行，我国将逐渐结束全面化补贴，转为走差异化补贴路线；同时，对于技术落后、节能效率低的车企和车型采取严格的约束措施。

二、"草根军"："自下而上"涌现，规范升级才能长远发展

一是低速电动汽车产业的蓬勃发展得益于产品的精准定位和巨大的市场需求。低速电动车在性能上讲究"够用"就好，不追求高端的车机配置和完美的驾驶体验，定位于三、四线城市、城乡接合部、乡村的中老年客户群体，主要满足日常代步需求，可以遮风挡雨，对于行驶里程和最高车速均没有过高的需求，但却为人口老龄化、空间紧张、能源消耗、环境保护及"最后一公里"出行困难等城市问题，提供了良好的解决方案。尽管低速电动车并没有得到国家政府部门的大力支持，甚至由于官方主流媒体的报道还遭到了一定程度的打压，但依然不能阻挡需求导向、自发生长带来的火爆市场。

二是低速电动车走出了一条弱政策支持下的市场导向型发展道路。尽管中央政府对低速电动车产业并没有持明确的鼓励态度，但以山东为代表的地方政府顶住压力、敢冒风险，通过申请低速电动车管理试点、政府采购等方式，坚持从实际出发，尊重市场规律，支持、引导和规范低速电动汽车企业成长，在低速电动车产业发展上坚持由低到高，先易后难，循序渐进的基础路线。事实证明，产品定位于三、四线城市以及广大农村地区经济能力有限或者年龄偏大的消费者，通过产品差异化来满足处于金字塔底端的不同细分层次消费者需求，得益于地方

政府创设的良好的生态环境,低速电动车取得了显著成绩。

三是低速电动车产业政策由引导支持向规范升级转变。通过完善交通法规,明确登记、监管、上牌等标准,加强车辆管理;通过对电动车生产企业及产品生产进行备案管理,规范生产企业,淘汰不合格的小作坊,增强合法性;通过界定低速电动汽车的术语和定义,明确技术的一般要求、基本性要求、安全与环保要求、可靠性要求,确立行业发展标准;通过调查摸底、督促整改、清理整顿三个步骤,明确责任主体,规范行业发展环境;通过主动出击、提前布局,先行开展低速电动车生产企业提质升级引导工作,提升优质企业竞争力。

三、相关启示建议

一是适当放宽政策空间,让企业跟着市场嗅觉走。在中国,经常出现政府"一管就死"的情况,当前经济发展一日千里,不同模式、不同形态的各类公司雨后春笋般发展起来,不少模式是之前从未出现过的,对于这类企业,政府应当在开始阶段适当放宽政策要求,鼓励企业更多探索。存在即合理,低速电动车既然能够在山东、河南、河北等地蓬勃发展,关键是找准了产品定位、找对了市场空间,政府不应一棒子打死,引导、规范、升级才是正道。

二是不唯技术,追求技术标准和市场需求的匹配。高速电动车对于技术研发、技术标准的要求非常高,定位于替代现行的传统燃油汽车,承载着振兴中国汽车工业的使命,具有战略意义,但短时间内难以突破大的市场空间;低速电动车定位于金字塔底端的平民百姓,技术性能"够用"即可,市场需求大,能够切实便利老百姓生活。二者综合,我们要重视技术,但也不能唯技术,惠及民生的创新成果要更多地追求技术标准和市场需求的匹配,让大众享受的起,得到实惠。

三是不唯数量,提高纯电出行比率是关注的重点。上海是我国乃至全球电动汽车推广量最多的城市,但从电动汽车的车型结构来看,插电式混合动力汽车、公共交通用车仍是主流,真正的居民私家消费并没有大量依赖纯电动汽车,"挂着绿牌,用油来跑"比比皆是,反映出车辆技术性能、充电便捷性、消费者心态等系统性问题。电动汽车的推广和应用,要时刻注意对照绿色出行、低碳环保的初衷,能否提高纯电出行的比率才是重要的考量。

人工智能在汽车行业的应用*

| 陈志鑫

当前，汽车工业正处在一个十字路口，全球汽车行业正经历一场百年未有的大变革。除了新能源汽车，还有很重要的一大变革是人工智能跟汽车行业的结合。

一、人工智能进入发展新阶段

人工智能发展并不是一帆风顺，从 20 世纪 50 年代开始人工智能经历了几次跌宕起伏，2010 年以来，在互联网和大数据驱动和量子计算逐步实现下，基于认知智能、知识工程的人工智能快速发展，最有代表的是 Alpha-Go 在围棋领域打败人类(如图 1)。为了抢占整个人工智能重大发展战略机遇，构筑我国人工智能发展的先发优势，2017 年 7 月 8 日国务院也印发了《新一代人工智能规划》。随着智联网络的加速构建，人工智能将在跨界融合、开放融通中，创造新的强大引擎，推动社会生产力再次整体跃升。

二、汽车行业面临的深刻变革

第一个深刻变化是环境。交通拥堵、能源制约、排放污染等因素，正让传统汽车产业发展面临瓶颈；

第二是用户在变。中国有将近 4 亿的 80 后、90 后新生代消费者，并已经成为汽车市场的消费主力。他们作为互联网的原住民，伴随着中国互联网经济的蓬勃爆发和智能手机的快速普及，对汽车产品的需求已不再满足于操控、油耗等等传统的性能。新能源、智能网联等新型需求应运而生，并且已经改变或正在改变他们对汽车产品的评价标准，特别是汽车的电动化，通过重新定义电气架构以

---

* 本文根据作者在同济大学上海市产业创新生态系统研究中心主办的“长三角数字经济创新发展”研讨会上主题发言整理而成。

作者简介：陈志鑫，同济大学兼职教授、上汽集团原总裁。

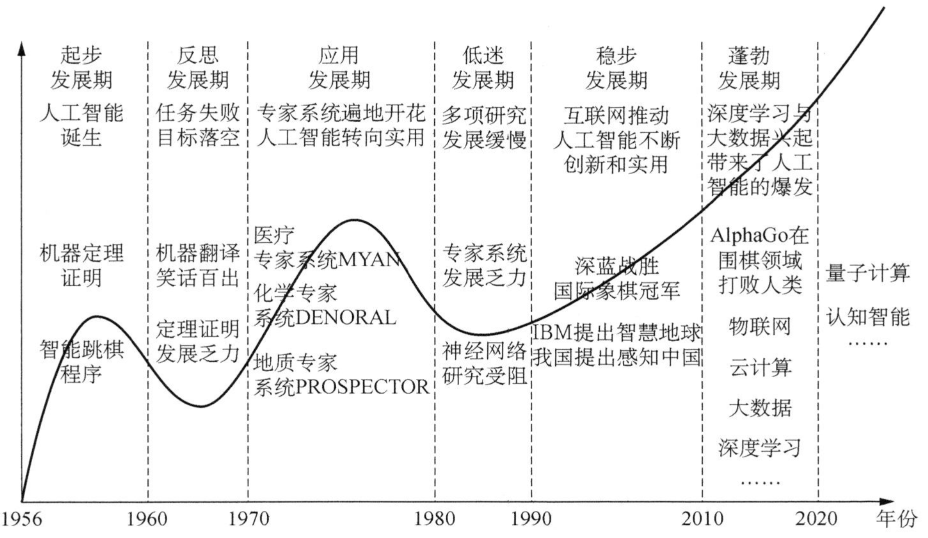

图 1　世界人工智能发展历程(作者整理)

及软件架构，让汽车也能够实现快速的迭代升级，并让软件成为决定产品竞争力的关键因素。

第三是技术在变。电动化正在改变汽车的制造，汽车零部件将减少 1/3，更容易实现模块化、定制化的生产，为基于 C2B 的智能制造提供便利。电动化还在深刻改变汽车的价值链，通过与智能化的融合，为实现智慧交通创造条件，让汽车从单纯依靠化石能源驱动的单一的交通工具，逐渐转变为清洁的移动智能终端，并为发展共享出行等移动出行服务提供了重要的机遇。

第四是模式在变。通过汽车的网联化，让用户的驾驶习惯、出行等使用过程中的数据，通过人工智能的深度学习算法，不仅为产品设计提供更加精准的用户画像，而且通过线上线下的数据贯通打穿，为各种线下服务提供了更高效的服务引流，提升了用户服务的黏性，加快构建基于数据驱动的全新业务生态和盈利模式。

这四个变化是很大的，汽车工业正面临百年未有之的大变革。由于发展环境的改变，消费者的用户体验要求在改变，还有产品技术、商业模式的深刻变化，让汽车正在被重新发明和重新定义，全球汽车工业正在经历一场深刻的变革。令我们感到激动和自豪的是，在这场汽车变革的风暴中心就在中国。人工智能作为电动化、网联化、智能化、共享化“新四化”的核心，将成为百年汽车工业变革的重要驱动力。

三、智能化对汽车行业赋能

人工智能技术的发展将对汽车行业产生重大颠覆性影响。“智能+X”将成为汽车行业创新的源动力，X 是新四化里的各种场景，将成为汽车行业创新的原动力。人工智能将在汽车研发、供应链、制造、销售和售后服务等领域取得广泛应用，催生新的业态和商业模式，从而引发汽车产业结构的深刻变革。这里的深刻变革，包括产品智能和业务智能，产品方面有智能网联汽车、智能驾驶汽车、智能座舱。业务智能方面，在模式上比如智能出行、共享、分时租赁、网约车等都需要平台化人工智能。

为什么需要智能网联汽车？传统汽车在效率、便利性上已经有很大进步。但是还有三个问题没有解决，第一是安全问题。根据世界卫生组织统计，2018 年全球大概有 125 万人死于交通事故，超过 1 000 万以上因为交通事故导致人员受伤。第二是环保问题。环保在中国也是国家战略，汽车要烧汽油或者柴油，对环境有污染。第三舒适性问题。只要人在驾驶就有疲劳的时候，疲劳驾驶不仅会影响到驾驶员的出行体验，而且会制约汽车使用，会发生安全事故。汽车需要再发明，要被重新定义，一定要解决人类出行痛点，解决安全、舒适、环保这些新的问题，让舒适和便利性进一步提升。今天我们之所以需要智能网联汽车，就是要解决这些痛点，增加人的有效的生命时间，这就是为什么需要智能网联汽车。

如何定义智能网联汽车？汽车是构建一个闭环，人、车、路，整个系统的闭环。人是最具有不确定性因素，人驾驶汽车，要把不可控的驾驶员从闭环中分离出来，大大提高整个交通效率和安全。智能网联汽车定义，从功能上讲，通过智能化技术来逐步辅助或者最终替代人类驾驶，并通过网联化技术实现人、车、路合一，协调发展。把人去掉以后，就是车路合一，协调规划，成为整个智能交通系统的重要组成部分。

图 2 是一台通常意义的智能网联汽车的基本配置，主要功能是包括整车自动控制、感知和定位、智能驾驶控制、车联网、主动安全几个模块。人工智能在智能网联汽车中处于核心地位，通过人工智能深度学习，所有信号和数据进来要深度学习人工智能，能够自动分析汽车行驶是处于安全还是危险状态，按照用户的意志到达目的地，最终实现替代人的操作。在整个系统里，无论在信息终端包括感知、中央决策都需要大量人工智能来计算。智能汽车的类别主要分为两类：第一单车智能。现在的智能汽车都是单车智能，主要通过感知系统、定位，进行智

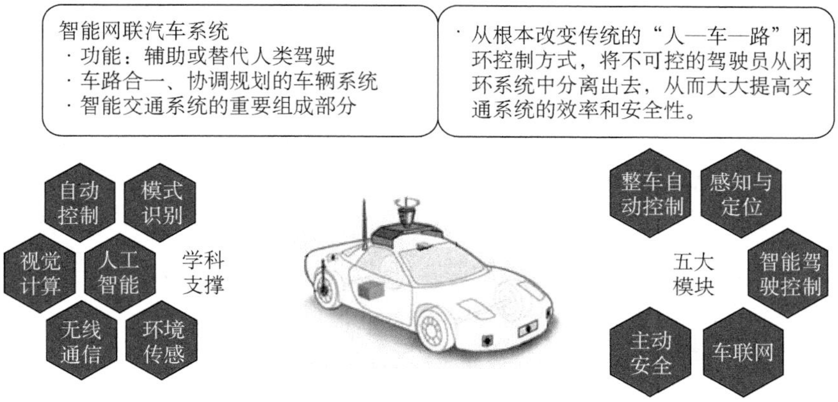

图 2　智能网联汽车系统示意图

能规划、决策和融合，进行智能驾驶；第二是网联式。通过云，在云里计算，大数据协同规划实现路径规划等，理论上说，最终智能汽车都是网联式。

智能网联汽车是新一代人工智能技术的典型应用。如图 3 所示，从横坐标来说，包括新一代人工智能一个非常重要的内容，自主和混合智能、数据和云端智能。从纵坐标来说，融合的感知，包括行为理解、驾驶决策、协同控制。人工智能技术和互联网智能驾驶一个非常大的融合和集成。单车智能是点，群体智能是线，最后的数据云端是面。

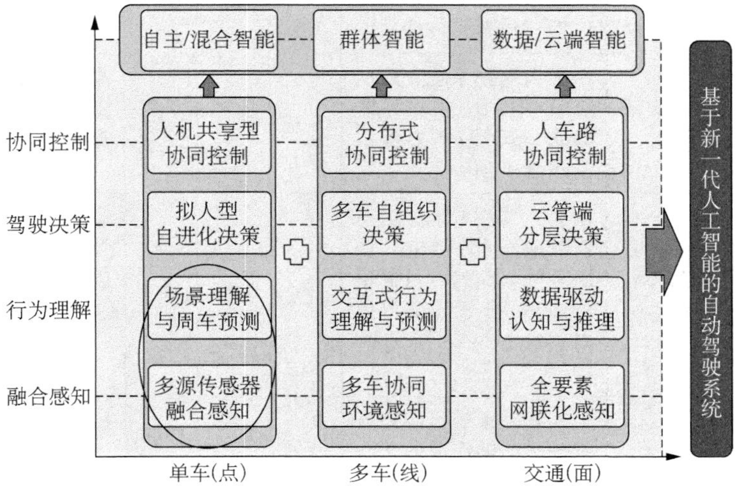

图 3　自动驾驶系统示意图

智能网联汽车是一个超级复杂超级大型的系统过程。从消费者出行、服务、数据分析、商业的价值、数据的价值、汽车和交通安全、能效、绿色环保、以及汽车和交通运输生态的优化是层层推进。5G 技术是第一视野，5G 刚刚开始，5G 时代到来并意味着这整车都可以无人驾驶，更重要的是，从现在的互联网逐步进入到信息物理系统，整个社会发生巨大改变。关于智能驾驶等级，美国 SAE、NHTSA、德国 VDA 等组织已经给出了各自的分级方案，一般以较权威的美国 SAE 分级定义为准。完全无人驾驶要实现大规模商业化，估计需要 20 年时间，需要一个过程，国家会颁布一些法规和标准。

表 1　智能驾驶等级比较

智能化等级	等级名称	等级定义	控制	监视	失效应对	典型工况
人监控驾驶环境						
1 (DA)	驾驶辅助	通过环境信息对方向和加减速中的一项操作提供支援，其他驾驶操作都由人操作	人与系统	人	人	车道内正常行驶，高速公路无车道干涉路段，泊车工况
2 (PA)	部分自动驾驶	通过环境信息对方向和加减速中的多项操作提供支援，其他驾驶操作都由人操作	人与系统	人	人	高速公路及市区无车道干涉路段，换道、环岛绕行拥堵跟车等工况
自动驾驶系统（“系统”）监控驾驶环境						
3 (CA)	有条件自动驾驶	由无人驾驶系统完成所有驾驶操作，根据系统请求，驾驶员需要提供适当的干预	系统	系统	人	高速公路正常行驶工况，市区无车道干涉路段
4 (HA)	高度自动驾驶	由无人驾驶系统完成所有驾驶操作，特定环境下系统会向驾驶员提出响应请求，驾驶员可以对系统请求不进行响应。	系统	系统	系统	高速公路全部工况及市区有车道干涉路段
5 (FA)	完全自动驾驶	无人驾驶系统可以完成驾驶员能够完成的所有道路环境下的操作，不需要驾驶员介入	系统	系统	系统	所有行驶工况

智能座舱在无人驾驶出来之前，会首先成为智能网联汽车一个技术落地的重要途径。智能座舱主要分为5大部分：车载信息娱乐系统、流媒体中央后视镜、抬头显示系统HUD、全液晶仪表、车联网模块，主要通过多屏融合实现语音控制、手势操作等更智能化的人机交互方式。智能座舱通过对数据的采集，上传到云端进行处理和计算，从而对资源进行最有效的适配，增加座舱内的安全性、娱乐性和实用性。智能座舱的未来形态是"智能移动空间"。在5G和车联网高度普及的前提下，汽车座舱将摆脱"驾驶"这一单一场景，逐渐进化成集"家居、娱乐、工作、社交"为一体的智能空间(图4)。在人类历史上将会诞生一个全新的产品品类——智能移动空间。这个智能移动空间，将会由智能驾驶底盘和智能座舱组成，它将成为未来人类"衣、食、住、行"的新形态。

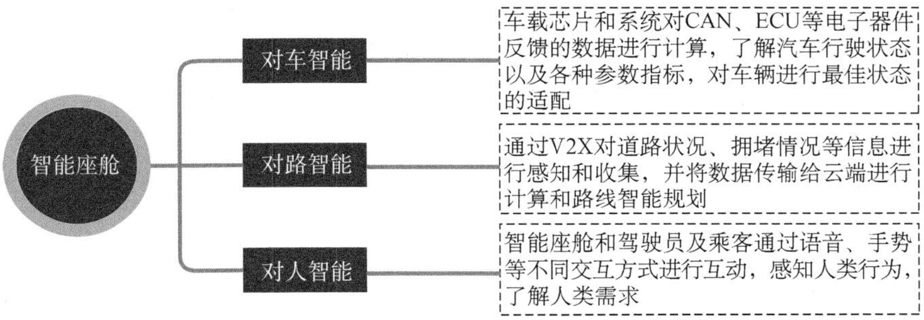

图4　智能座舱的功能图

智能让共享出行成为未来重要的出行方式。由于有了智能、新能源、网联化，所以汽车一定会产生共享。汽车共享是通过一段时间共享他人的车辆方式，比如拼车、顺风车、快车、网约、出租、分时租赁、公共交通、长租短租，智能网联、无人驾驶会让共享出行成为可能。我们预计共享会经历行业的积累，从2018年到2025年。从2025年会进入一个快速发展期，因为5G技术到来，L4以上的自动驾驶到来，整个的技术、智能网联、互联网、5G促成共享大规模进入市场。2040年会进入到一个比较稳定的发展成熟期。这是共享的模式。

四、汽车行业的未来发展趋势

(一) 前端与后端融合，探索"新制造"

随着互联网和人工智能技术的融合发展，让用户与厂商直连成为可能，研发制造前端和使用服务后端可以实现供需对接、相互融合。用户从产品设计开发之初，就全面参与到汽车的定义、开发、验证、选配、定价和改进的全流程，用户可以根据自身需求在智能平台上“私人定制”各种配置，并提出改进意见。通过运用数字化和智能化技术，推动制造系统和供应链体系的全新变革，实现用户驱动、订单生产，让用户全面参与到产品“从造到用”的全过程，让智能网联技术为“新制造”赋能。

（二）传统与跨界融合，打造“新物种”

电动化是“新四化”的重要基础，在电动车的平台上我们结合智能网联技术，打造移动出行的“新物种”。操作系统和芯片在汽车中的作用和价值占比也越来越大，软件能力、数据算法成为影响汽车智能化水平的重要因素，未来汽车会像手机一样，成为一个开源的“移动生态平台”。随着电动化、智能化技术的融入，推动电驱动、智能制动、线控转向等智能化的线控底盘技术应运而生，汽车底盘执行系统技术会出现重大变革，汽车产品的整体科技含量大大增加。

（三）产品与服务融合，建立“新生态”

产品与服务融合，建立“新生态”，以智慧出行服务提升用户移动出行体验。让服务丰富产品的属性，让产品提升服务的黏性，围绕“人的移动出行”，构建起一个产品与服务紧密融合的“新生态”，为用户打造“一站式”的服务解决方案和高效便捷的服务体验。

观四海风云，谋突破大局——上海智能汽车发展之思考

| 薛奕曦

2015年，我国政府发布了《中国制造2025》，把智能网联汽车列入了未来十年国家智能制造发展的重点领域。智能汽车产业是未来汽车产业转型升级的重要方向和趋势，美国、欧洲、日本等国政府纷纷抢先布局智能汽车产业，积极推动该产业的发展，整体来看其发展已取得较为明显的成果。基于此，有效了解并借鉴国外汽车强国对智能汽车产业的管理模式及创新激励措施，对于我国及上海加快布局智能汽车产业具有重要意义。

一、国外培育智能汽车的管理模式

1. 政府主导推动

美国、欧洲、日本智能汽车的发展在很大程度上体现了政府推动的特点，政府在推动智能汽车发展过程中，更多地是从智能交通系统这一更大的交通环境构建的角度进行考虑。1999年，国会批准美国《国家ITS五年项目计划》(National ITS Program Plan Five Year Horizon，1999—2003)，提出了以发展智能交通设施与智能汽车两大重点方向，并且提出从交通系统的角度，通过道路交通与智能车辆的无缝连接，提供最优的交通信息与交通控制，以提高交通运行的安全性以及移动性。2005年，日本提出Smartway项目，该项目由政府、企业共同参加的联合体作为开发联盟，提供一个开放共用的基础平台，强调基础设施的共用和车载装置的一元化。

2. 制定发展愿景

欧盟在推动智能汽车发展过程中，整体采取制定愿景目标的方法来进行顶层设计，引导整个发展进程和技术方向。欧盟委员会在2006年推出了一项智能

作者简介：薛奕曦，上海市产业创新生态系统研究中心研究员、上海大学管理学院讲师。

汽车行动计划，该项计划把智能汽车的主要功能定义为防止交通事故和减少交通拥堵。2011 年，欧盟委员会发布《欧盟一体化交通白皮书》，提出 2050 年比 1990 年相比减少温室气体排放 60%，2020 年交通事故数量减少一半，2050 年实现“零死亡”，从建设高效集成化交通系统、推动未来交通技术创新、推动新型智能化交通设施三个方面推进具体工作。主要技术方向：重点发展车辆智能安全、信息化以及交通安全管理；重点研究信息安全与可靠性，大规模示范应用于验证。

3. 注重法律法规的调整和完善

在推动智能汽车发展过程中，面临着原有法规与产业发展的冲突以及政策的确实。在此背景下，国外政府普遍注重对原有法律法规的调整和完善，以便能够更好地推动智能汽车产业的发展。如，日本原有的《道路运送车辆法》的安全标准不允许无人驾驶（驾车时驾驶员的手离开方向盘等）；另外日本国土交通省发布的先进安全汽车指南也没有考虑完全自动驾驶。随着智能汽车的发展，日本开始修订相关法规，2015 年，日本政府宣布将放宽无人驾驶汽车与无人机的相关法律法规，在 2017 年允许纯自动驾驶汽车进行路试。2013 年，美国高速公路安全管理局（NHTSA）发布了第一个关于自动驾驶汽车的政策 *Preliminary Statement of Policy Concerning Automated Vehicles*，提出了以下三方面的内容：①给出了 NHTSA 对自动驾驶等级的定义（如前所述）；②制定了 NHTSA 在自动驾驶领域主要支持的研究方向；③提出了各州在推动无人驾驶汽车测试应用方面的建议。2016 年 9 月 20 日，美国交通部正式颁布《自动驾驶汽车联邦政策》，以及针对从事自动驾驶技术厂商的首份指导意见书，为自动驾驶技术的安全检测和运用提供指导性的监管框架。

4. 加强项目研发资助

在培育智能汽车产业发展中，国外政府的一个重要措施就是开展项目资助。2011—2013 年，美国政府在汽车领域优先资助了 53 项，其中关于先进辅助驾驶的就有 13 项，包括车—路联网、驾驶人分神、视觉辅助、碰撞回避及防护、稳定性控制、车道保持、行人监测等。2010 年，美国交通运输部提出 ITS（Intelligent Transport System）战略计划 2010—2014，（ITS Strategic Research Plan, 2010—2014），美国第一次从国家战略层面，提出大力发展网联（V2X）技术及汽车应用，该研究计划从联网汽车应用，联网汽车技术，联网汽车政策与制度，基于特定模型的 ITS 研究，ITS 探索性研究，ITS 交叉行业支持等角度，制定了相应的研究计划。2014 年，美国交通运输部与美国智能交通系统联合项目办公室共同提出“智能交通系统计划”（ITS 战略计划）2015—2019，这是 2010—2014ITS 战略计划的升级版，这为美国未来 5 年的在智能交通领域的发展明确了方向，汽车的智能化、网联化成为该战略计划的核心，成为美国解决交通系统问题的关键技术手段。欧盟也通过开展不同的项目来支持智能汽车的发展，包括 InteractIVe 项目、EcoMove 项目、EasyWay 项目、C-VIS 项目、C-ITS 项目、地平线 2020 计划等。

二、上海布局智能汽车的路径建议

1. 坚持智能汽车产业链的高端化

上海在智能汽车产业链方面具有较为丰富的产业基础，在发展过程中，坚持产业链的高端化，掌握关键零部件及整车集成等关键核心技术。另外，随着工业 4.0 时代的到来，信息技术和互联网络在其中发挥着核心作用，上海在发展智能汽车过程中，应努力为不同类型的汽车智能制造企业主体提供全方位和全过程的创新服务从而在智能制造和工业 4.0 的发展中抢占先机。

2. 紧抓智能停车场经营等汽车后市场服务环节

智能汽车的发展将带动汽车后市场服务的快速发展，目前互联网已完成对汽车后市场的初重构，智能汽车带动下的物联网将会进一步推动汽车后市场服务的发展，上海应紧紧抓住车联网的产业基础优势，充分利用智能电动网联汽车实时产生的用户信息和车辆数据，推动维修保养、汽车保险、共享经济、智能停车场经营、二手车市场等领域的全面发展。

3. 以关键零部件为突破，推动零部件厂商向一级供应商升级

在传统汽车领域，我国大部分汽车零部件厂商处于二、三级供应商层级，多为提供较低技术含量的散装零部件。智能汽车包含大量子功能模块且不断更新，即使博世等国际零部件企业巨头的产品线也难以完全涵盖所有产品类型。在智能汽车产业链环节，上海在定位导航领域发展迅速，在国内甚至国际上都有一席之地，物联网等技术开发和软件平台发展迅速。在此背景下，上海需要主动抓取智能汽车产业发展的这一重要契机，在传统零部件供应商洗牌之际，加快提升自主创新能力，围绕核心产品形成系统性解决方案，突出自身独有、难以模仿的竞争优势。

4. 以智能制造培育上海汽车产业集群

智能制造日益成为未来制造业发展的重大趋势和核心内容，也是加快发展

方式转变，促进工业向中高端迈进、建设制造强国的重要举措，也是新常态下打造新的国际竞争优势的必然选择。上海可依托智能汽车产业，构建多元智能制造跨界合作体系，推动完善智能制造跨界资源配置，构建智能制造智力聚集交流平台。

从众筹咖啡馆的兴衰反思创业创新的形与质

李　龑

从2011年第一家众筹咖啡馆开业开始，众筹模式开咖啡馆吸引了众多媒体的目光、社会的关注和创业者的加入。短短几年时间，全国出现了上千家众筹咖啡馆，风光热闹。可短的1年、长的3、4年后，却迎来了大批倒闭潮。是什么原因导致了一度广受追捧的众筹模式出现了滑铁卢呢？我们一起来看看众筹咖啡馆的前世今生。

一、3W咖啡馆的风光

2012年央视报道了一家名为3W的咖啡馆，之所以报道，是因为其采用了众筹模式，汇聚了一批名人股东，既有投资大咖、又有企业高管，还有创业新贵，一大批知名人士名列其中。

3W咖啡馆是中国第一家采用众筹模式运营的咖啡馆，其股东招募规则，一是每人六万元，获得10股股份，少了不行，多了不要；二是股东身份要甄别，不是所有人的钱都要。最终共甄选出180位股东，于2011年8月在北京中关村轰轰烈烈的开幕了，其后又在深圳等地开出了几家分店。

3W咖啡馆建立之初的想法就是以咖啡馆为载体，链接人脉资源，从事创业投融资服务。于是很快几年内，3W从一间创业咖啡馆起步，后来发展成为集3W空间、3W鹰学院、3W基金、3W传播、3W猎头、拉勾网为一体的创业生态服务平台。

2015年5月，3W咖啡馆迎来了高光时刻，总理专门来到3W咖啡馆中关村店，花了30元喝了一杯咖啡。从此人们慕名而去，都会坐坐总理坐过的位子，喝一杯总理咖啡。3W咖啡馆也因此更加网红，一时风光无两。

作者简介：李龑，同济大学管理学博士，上海湛泸管理咨询有限公司合伙人。

二、众筹模式咖啡馆昙花一现

在 3W 咖啡馆风光的同时，大批众筹咖啡馆如雨后春笋般的出现。据有报道显示，2016 年有 1 000 多家以创业为主题的咖啡馆，其中七成是 2015、2016 年新开业。

这其中有一家叫 Her Coffee 的咖啡馆值得一提，因为它是中国第一家全女性众筹的咖啡馆。2013 年，来自世界各地的 66 位女性精英，分别从事金融、传媒、时尚、公关、航空等行业，收入高、有情调、有梦想。有一天在发起人的畅想下，为着“我们不以营利为目的，我们想要搭建一个实现梦想的平台”的共同理念，每人投资 2 万元，共同筹集 132 万元，打造出了中国第一家女性众筹咖啡馆 Her Coffee，吸引了媒体和社会的关注。但是仅仅相隔一年，2014 年 8 月，这家以众筹方式运作，以女性创业引人注目的 Her Coffee，就面临资金链断裂，闭门关店的窘境。

第三个例子是拥有三家店的“魅咖”众筹咖啡馆。创始人在众筹模式的吸引下，仅凭借他都认为有些粗糙的 PPT，以每份为 2 万元、享有 1%分红权的方式，很快聚集了 100 位股东众筹了 200 万，于是第一家店开业了。协议里规定，股东可享受每年可在咖啡厅享用 80 杯免费咖啡，并拥有咖啡厅公共区单独座位的无限使用权，用于会客或接待亲友的权益。很快“魅咖咖啡”的第一家店就遭遇了资金链危机，为了补充资金，不得以发起了第二家、第三家店的众筹，以拆东墙补西墙的方式，勉强维持了一段时间。但如此岂能长久，2017 年再也无法维持，试图关店，但众多股东意见很大，难以统一。创始人疲于应付各种股东诉讼，身心煎熬。

再说回 3W 在咖啡馆，在成名后开了几家分店，但很快又关了。后面拓展了一系列业务，开了一系列公司，其中包括拉勾网和 3W 空间等，似乎多元化发展很快，并组建了集团生态。但据创始人许单单在一次采访中自己讲道：“如果当初我们懂咖啡、懂咖啡馆的运营，就不会变成今天的状态。”正是在 3W 咖啡馆面临倒闭的情况下，创始团队被逼无奈才做出的多元突围。拉勾网开始发展的也确实很迅猛，但后期可能也是因为不够专注聚焦的原因，形势急转直下，但这已是另外一个故事。

还有众多的知名和不知名的众筹咖啡馆，在短暂的开业后，走向了倒闭潮，众筹咖啡馆在中国昙花一现。

三、创业创新“形”与“质”的反思

创业与创新是一个艰苦的过程和小概率成功事件。纵观这些年创业公司的起起落落，我们不难发现，一些创业公司纵然靠一时的舆论宣传、概念吸睛获得了流量关注和投资青睐，但最终还是要靠符合商业规律才能站得住走得远。这些年极端浮躁的投资市场和创业大潮，在市场和时间面前已经渐趋冷静，投资机构和创业者开始反思创业创新的“形”与“质”的问题。通过众筹咖啡馆的开业潮与倒闭潮，我们可以有一些反思和体会。

一是任何违背商业本质的做法，经历过时间的洗礼后，都会付出沉痛的代价。纵观这些倒闭的咖啡馆，一个共同的原因是资金链断裂。Her Coffee 只众筹了 132 万元，魅咖咖啡众筹了 200 万，所筹措资金用于项目启动可以，但无法维持长期运营。3W 咖啡馆众筹的资金最多，也是维持的时间更长一点而已。那么这种情况下，咖啡馆就必须有自给自足的造血能力，才能维持运营。但可惜运营中无一不是入不敷出，亏损连连。创始团队没有咖啡馆的经营经验，位置都选在租金奇高的繁华地段，没有详细计算过运营成本、投资收益，仅凭情怀和梦想，亏损是必然的事。

二是“形”与“质”的问题，重“形”而不重“质”，注定是无言的结局。所谓众筹模式，对于经营咖啡馆来说，只不过是在资金募集上有了不同的做法，但在经营方法、商业模式上没有任何改变，最根本的还是要靠销售产品赚取差价。有一些创业者是被新概念、新名词、新模式所裹挟，被媒体宣传、大咖站台所影响，依靠政策风口和舆论风口，在未经独立思考情况下跟风创业。如果没有在咖啡馆实际经营中动脑筋，仅靠名词和风口，注定充满了血和泪。

三是“皮”与“毛”，“0”与“1”的问题，如果没有 1，一切归零。众筹咖啡馆模式之所以在起初被追捧，是因为很多人看中了咖啡馆后面的资源聚集、人脉链接，从而认为咖啡馆是“辅”，后面创业辅导、投融资业务、圈子人脉是“主”。但实践证明，咖啡馆正常运营这个一切存在的“皮”和“1”至关重要，很多创业者一味追求更厚的“毛”和更多的“0”，而忽略了“皮”，皮之不存，毛将焉附？

四是反思众筹模式，股权结构的天然弊端使得其充满隐患、难以持续。众筹咖啡馆，属于股权众筹，是典型的平均分散股权，这种股权结构弊端是显而易见的：一是人人有份、人人无责；二是久议不绝、无法拍板；三是内耗不断、无心发展。这种天然充满问题的股权结构，导致众筹咖啡馆一旦遇到问题，就矛盾重重，难以为继。

短短几年时间，众多的众筹咖啡馆经历了风光无限到大幅倒闭。这其中既有股权众筹模式存在的天然股权结构问题，也有创业之路有太多的浮躁，为了迎合舆论风口、政策风口、投资风口，而忽略了经营本质、商业模式本质的问题。创业创新路上，失败难免，沉下心来反思总结，是为了提升下一次的成功概率。创业路上，“求生存”仍是第一要务，一切名词概念只是“形”，回归到商业规律才是“质”。

共享汽车"江湖告急",如何在寒冬中突围?

| 薛奕曦

共享经济本质在于其改变了传统的个人消费者对产品的"所有"模式,转而实行"共享"模式,从而实现闲置资源利用的最大化,因此被认为是实现可持续发展的重要途径之一。2017—2019 年,共享经济连续三年写入政府工作报告。根据国家信息中心发布的《中国共享经济发展年度报告(2019)》,2018 年我国共享经济交易规模 29 420 亿元,比 2017 年增长 41.6%。在所有的共享领域中,交通出行领域是一个重要的存在。目前,我国交通出行领域的共享规模在所有共享领域中位居前三。然而,被大众寄予厚望的共享电动汽车,特别是 B2C 共享模式却在实际运营中面临着"难以言说的痛苦"。特别是 2017 年以来,随着共享经济热潮的降温,共享汽车也出现大面积的行业洗牌,许多共享汽车公司破产、退市。即使从全球范围看,目前能够实现盈利的 B2C 共享汽车企业也屈指可数,全球头号共享电动汽车 Autolib 也遗憾梦断巴黎。

共享电动汽车缘何举步维艰?从狭义角度看,原因在于其商业模式要素中的成本结构与盈利模式。B2C 共享汽车模式虽然改变了汽车的所有权模变,但却并非闲置资源的利用。共享汽车企业投入大量的资本用于车辆购买、平台开发等,且在日常运营中,庞大的调度成本进一步增加了总成本结构。从广义角度看,原因则在于围绕共享模式的健康生态尚未建立,主体网络之间的可持续分配机制尚未建立(图 1)。基于此,提出以下几点思考。

一、基于长远视角,采用倒推机制,对汽车共享的发展制定顶层战略

共享汽车的本意是推动可持续发展,减少由于私人汽车拥有量大量增加所带来的环境、交通等负面影响。然而,从另一方面看,共享汽车的便利性也可能会使得本来选择步行或公共交通方式的消费者,转而选择汽车出行,反而会在一

作者简介:薛奕曦,上海市产业创新生态系统研究中心研究员,上海大学管理学院讲师。

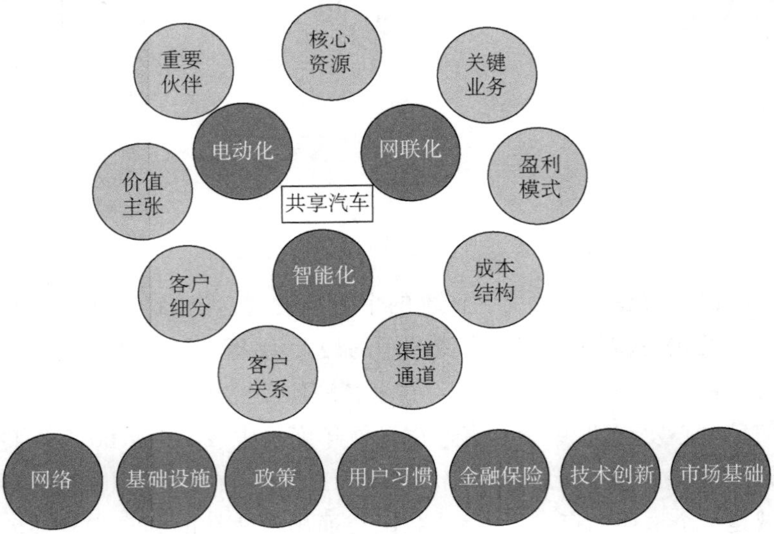

图 1　共享汽车产业生态系统因素

定程度上增加环境的负担。同时,在“共享”概念的刺激下所引致的大量的资本和新进入者的涌入,在城市特别是市中心的布局,是否在一定程度上反而增加了城市中心的拥堵?

因此,政府需要采取长远性视角,基于共享汽车产业发展的社会目标,采用倒推机制,制定共享电动汽车产业发展的战略规划。例如政府应将电动汽车共享纳入市交通发展规划,结合现有市内公交系统和线路站点,使汽车停车网点均匀覆盖,充分调动和衔接两个交通系统,使消费者在使用共享服务时更加便利;后续公共停车位的获取、运营补贴、用户征信体系引入等环节也才能更好地发挥效力。新加坡陆路交通局在制定城市陆路交通综合规划过程中,将共享汽车作为城市交通出行的重要方式之一,并根据规划目标陆续制定相应的措施,产生了较好的实施效果。

从上层建筑的视角做好产业良性、健康发展的引导,这是共享电动汽车能够“跑得远”的基础。

二、整合不同领域的创新与技术,强化价值主张创新

共享汽车本质上是一种商业模式创新,因此价值主张创新应是其可持续发展的逻辑起点,应从设计、品牌/档次、价格、降低成本、降低风险、便利性、可用

性、易用性等商业模式创新效果的不同维度提高其对终端消费者的吸引力。在此过程中，要以更开放的跨界思维，甚至“拿来主义”，兼容并蓄不同领域、行业的创新和先进技术，创新商业模式（比如动态定价机制），丰富共享汽车的应用场景，为共享运营拓展虚拟临时动态网点，从而实现自身的可持续发展。

三、创新主体网络构建与盈利机制

作为可持续的商业模式创新，在为消费者创造和传递价值的同时，必须能够实现企业自身及其合作伙伴自身的价值。共享汽车作为重资产经营项目，运营维护管理难，对运营企业的价值实现提出了很高的要求。Autolib 项目的失败很大程度上也是源于运营商缺乏强大的自身协调与控制能力，导致在运营过程中面临一系列高额的人力维护、车辆使用、技术研发等费用，使企业长期处于亏损状态。

因此，B2C 共享汽车模式由于其本身已非局限于原有的闲置资源概念，因此在商业模式也需要突破传统的、单一的共享模式，寻求新的盈利机制，并以此构建新的主体网络。例如深圳联程共享汽车目前正在探索的运营主体多样化，打破单一运营主体的局限，通过构建统一的运营平台将不同主体纳入该平台中，扩大资金来源，从而减少单个企业的成本负担。加强车辆保障，及损坏赔偿监控，明细赔偿标准，提升共享汽车保额。对于还车进行严格审查，对于毁坏车辆及造成车内损坏进行处罚，可以使用 AI 等高科技技术；且目前共享汽车有个普遍问题就是保额较低，而且造成事故后赔偿问题比较混乱，这一点应该增强。

四、构建共享汽车的健康创新生态环境

汽车共享的未来发展需要紧密结合智能化＋、电动化与网联化，因此必须构建以“四化”为核心的创新生态环境，而不仅仅是“一化（共享化）”。创新生态的构建应坚持开放共享原则，从技术创新、平台建设、人才培养、政策支持、行业标准等不同维度打造好健康的环境。构建健康的创新生态环境还意味着如何更好地对共享汽车进行监督和管理。共享汽车需要大量牌照、停车场地等公共资源，共享汽车迅速扩张与资源日趋紧张之间必然出现越来越尖锐的矛盾。公共配套资源如何及时跟上、合理配置，考验政府部门的智慧和能力。面对共享汽车爆发的迹象，政府部门应未雨绸缪，优化牌照、停车位、充电桩等公共资源的管理、调配、建设。汽车占用城市空间和道路资源较多，城市管理者要研究规模控制、市场准入、车辆定义、安全规范、保险等问题。

卡住脖子更要做好高端产品开发

| 邵鲁宁

2019年5月16日，美国商务部表示将把中国公司华为及其70家附属公司列入“实体名单”。此举将禁止这家电信巨头在未经美国政府的批准下从美国公司购买零件，由于华为对美国供应商的依赖，这一决定将令其销售部分产品变得困难，甚至不可能。这是继2018年4月美国一纸芯片禁令给中兴通讯“卡了脖子”之后给我们泼来又一盆冷水。

“在关键领域、卡脖子的地方下大功夫!”这是习总书记在2018年两院院士大会的指示，也是中国产业界和科技界刻不容缓的任务。

一、究竟应该怎么破?

有专家说，要加大基础研究。从数据上看，自2006年《国家中长期科学和技术发展规划纲要(2006—2020年)》中提出“自主创新”战略和“建设创新型国家”的目标以来，中国的研发经费逐年上涨，年平均增长率达到了19.59%，但是投入的结构还存在很大问题。《中国研发经费报告(2018)》指出，1995—2016年间，中国基础研究经费占全社会研发经费比例基本上维持在5%。，但是应用研究经费从26%下降到了10%，应用研究比例偏低没有引起应有的关注。仅2015年，英国的应用研究经费投入占比已经达到了43%，法国为38%，我们差距巨大。其分析认为，很多原本从事应用研究的科研院所改制后出于自负盈亏的考虑，转做试验发展，应用研究的项目大幅减少。

另外，加大基础研究和应用研究，也就是我们统称的科学研究就可以突破吗？英国剑桥科创圈著名人物 Hermann Hauser 曾指出尽管英国拥有仅次于美国的排名全球第二位的基础科学研究实力，比如拥有四所世界排名前十的知名

作者简介：邵鲁宁，上海市产业创新生态系统研究中心副主任，同济大学经济与管理学院创新与战略系教师。

大学和发表了全球 14%高引用论文，但英国并没有把基础研究成就很好地转化为以高科技产业为主的经济成就。因为从基础研究到产业转化存在着一条巨大的鸿沟(Critical Gap)，而这一鸿沟又很容易被忽视——人们往往认为只要有了科研成果，经济效应也就会随之而来。

有专家说，要加强科技成果转化的力度。据有关数据统计，我国科技成果的转化率仅有 10%，比美国 80%转化率低 70 个百分点。那么如何提高科技陈果转化率？我们的科技服务机构不专业？我们给科研人员让利不够？为什么 90%的科研成果打水漂了呢？国务院原参事任玉岭曾撰文指出，科技成果转化率低的根本问题在于很多成果不是成果，这些所谓成果没有达到可以向生产转化的成熟度。还有另外一方面，就是企业技术能力相对落后，企业不具备有效吸收能力，企业绝不甘于用自己的真金白银去买无法服务于企业生产实际需求的所谓高技术。麻省理工学院创新经济生产委员会通过大量实地调研发现，在研究实验室、大学、公立实验室、工业科研机构把科研成果市场化方面，制造业发挥巨大推动作用，因为制造业一方面把重要专利开发成产品商业化，另一方面也需要在生产过程中不断改良。

二、到底如何破？

众所周知的 C919 大飞机项目，作为飞机最为核心的航电、飞控和发动机，由于核心部件或技术还不能完全掌握，还依赖于国外少数供应商；即使是起落架、辅助动力、液压系统、电源系统等方面，也需要与和国外合作伙伴合力完成。但是这不妨碍中国商飞通过总体设计和总装过程来建立技术创新能力！正如北京大学路风教授在 2015 年接受《21 世纪经济报道》采访时指出“一旦中国开始建立大飞机的开发平台，问题就不再是中国产品刚出现时的水平是低还是高，而是中国的技术能力一定会通过这一平台成长起来”。

我们应该积极探索并发挥“新型举国体制”的优势，以市场化机制来创新资源组织方式，鼓励一批行业领先企业真正发挥创新主体作用，勇敢走向高端制造领域，以具备出口竞争力的产品(也包括服务和软件)为目标，以新型高端产品研发平台作为能力积累途径，通过开放式的公共基础设施和研发设备资源共享，倾斜性的政府采购和补贴方式，灵活的人才引进和交叉聘用方式将杰出技术人才向领先企业输送，打造符合新国际形势下的高端制造产业生态。

打造共益企业：企业承担社会责任新范式

| 牛　童　邵鲁宁

作为世界上最大的跨国食品饮料公司之一，达能集团在2018年公布2030年之前将实现的九大发展目标，其中一个目标是旗下所有公司都要全面认证成为共益企业。其中，达能北美分公司已经于2015年率先通过了共益企业认证。截至2019年6月底，已经有来自64个国家和地区、分布在150种不同行业的2 788家公司通过了共益企业认证。

共益企业认证是由“共益实验室”(B Lab)开发的共益影响力测评(B Impact Assessment)框架，包括治理、社区、员工、环境、客户五个测试维度的量化评估，具体评估内容以及最终的影响力评估报告会随着企业规模、商业模式、行业等方面的不同而进行智能的匹配和变化，分值范围为0～200分，具体如表1所列。除了可为企业所用以外，共益影响力测评也广泛地应用于引导全球的影响力投资者来决定其投资决策行为。

表1　共益影响力测评的五个维度以及内涵

公司治理	员工	社区	环境	客户
使命和参与度	员工指标	创造就业机会	空气与气候	客户忠诚度
公司责任感	员工福利	多元化与包容性	水资源	服务于有需求的群体
道德伦理	培训与教育	本地参与度	土地资源	……
透明度	员工参与度	供应链管理	环境管理	
治理度量标准	人权与劳动政策	经济影响	投入与产出	
……	……	……	……	

作者简介：牛童，美国罗切斯特大学西蒙商学院硕士研究生；邵鲁宁，上海市产业创新生态系统研究中心副主任，同济大学经济与管理学院创新与战略系教师。

共益企业不意味着企业不再注重营利与自身的经营,而是利用企业的营利性架构,通过商业的力量解决社会与环境问题,重新定义商业成功,推动社会的持久繁荣。这些先行者为市场带来了思维方式的转变,挖掘社会创新的潜力,创造更多的经济价值,这对于企业履行社会责任的意识与能力也提出了新的要求。能够成为“认证共益企业(Certified B Corporation)”的公司,不只把股东利益最大化当作目标,而是追求所有利益相关方利益最大化的使命驱动型公司。

进入 21 世纪,在企业社会责任领域出现了琳琅满目的新名词:三重底线、混合价值、公益创投、影响力投资等等。“社会企业(Social Enterprise)”就是一种常见的形态。在中国法律规定之下,我国目前的企业登记注册有两种方式,一种是注册在民政部门的民办非企业单位,特征为民间性、非营利性、社会性;一种是在工商行政部门注册的企业,特征为营利性,追求利润最大化。“是否以营利为目的”是对二者进行二分法划分时十分重要的依据。根据社会企业在我国目前的发展情况来看,社会企业具有极强的解决社会问题的目的性,但区别于传统的非营利组织的是,社会企业仍需要依靠企业的组织架构进行营利活动,为自身发展不断造血。在中国,目前还没有官方的通行定义以及法律条文对社会企业做出约束。许多组织都声称为“社会企业”,但这样的说法缺乏一致的检验标准。

共益企业的范围远远大于社会企业和传统商业企业的总和,具有社会影响力的社会企业以及传统的商业企业都符合成为共益企业的条件。任何国家、任何类型的公司都可以向共益实验室申请成为认证共益企业。共益企业的目标不仅仅局限于解决社会弱势群体的需求,而是希望能利用商业的力量,获得更大范围的影响力,这样的影响力可以波及所有的行业、领域。笔者绘制出“共益企业光谱”,如图 1 所示,结合共益实验室对于共益企业的定义阐释以及已有的共益企业实践,更直观地展示出共益企业这一组织形态适用的范围。

另一个常常和共益企业(B Corporation)混淆的概念是“共益性公司”(Benefit Corporation),这其实也是在英语翻译成中文导致的歧义。共益性公司是一种法人实体,它们考虑各利益相关方的利益而非仅仅股东的利益,并由法律为它们这种做法予以保护和许可。目前美国已经有 30 多个州通过了共益性公司法,意大利、波多黎各等国家也已经确立了共益性公司法案。实际上,这一股立法风潮也是由共益实验室(B Lab)所推动的,共益性公司也可以向共益实验室申请,认证成为共益性公司。也就是说,共益企业不一定是共益性公司,共益性公司也不一定是共益企业,二者只有一部分是交叉的。成为共益性公司,可以将

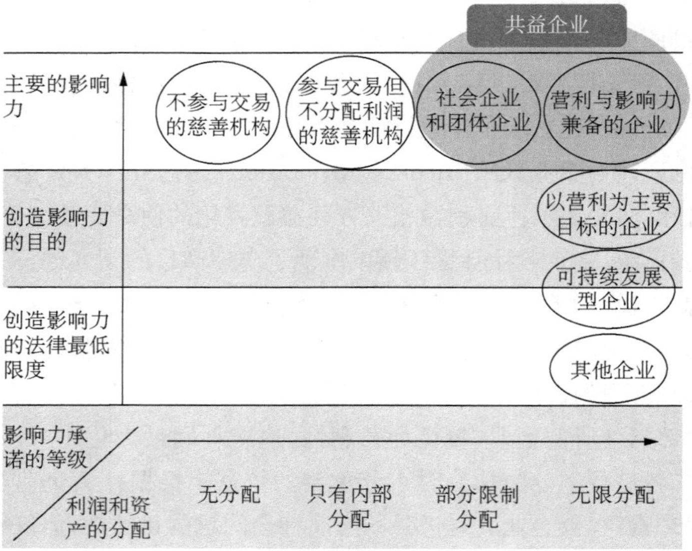

图 1　共益企业光谱

企业的社会和环境价值观提升到法律层次，但不会影响企业的纳税地位，仍然按照 C 型公司或 S 型公司征税（美国的两种公司类型），但对公司的目标、责信和透明有更高要求。共益企业和共益性公司的主要异同见表 2。

表 2　共益企业和共益性公司的区别

	共益企业	共益性公司
透明	企业必须公开发布报告，根据第三方标准，评估企业影响力	
绩效	共益实验室认可	企业自行发布
持续有效性	每三年必须认证一次	除了满足透明度的要求，不需要其他的持续性证明
支持	得到共益实验室的支持	没有共益实验室的支持
可获得性	全球任何一家商业企业均可	仅有一些国家（或美国的一些州）通过了共益性公司法

从法律的层面上看，共益企业制度目前在美国已经推动了立法。共益企业已经在美国一些州的公司法框架中成为了为社会企业专门设立的新型法律实体。由于我国目前还尚未出现围绕共益企业展开的法律条目，共益企业的定义目前还是一个外在识别性符号。一个企业成为共益企业后，其组织本身所具有

的法律地位在我国不会因此出现改变。

通过与其他两个企业社会责任领域易混淆的概念进行区分,现在可以对共益企业产生更明确的定位,也很容易得出一个结论:共益企业相较于其他二者,范围更广、适用于更多的组织,也具有更完整、明确的理论定义。共益企业由于具有强大的适应性,为更多的企业提供了作为参考的组织形态,支持企业创造更多的社会价值。

从具体的企业实践的角度上看,中国第一家共益企业“第一反应”(一家提供急救培训和赛事生命保障救援的机构)是于 2016 年通过认证的;目前中国大陆已有 12 家企业通过了共益企业认证,遍布北京、上海、成都、深圳等 5 个城市的教育、信息通讯、养老、传媒等 8 个不同行业,数量仅占全球共益企业总数的 0.43%,国际影响力尚不可和欧美企业的传播量级相媲美。但是,需要强调的是企业在寻求共益企业认证的整个过程中容易追求品牌曝光率的虚荣,为了适应当前企业社会责任风潮,而伪装成对社会、环境和员工负责,追求表面上“共益企业”这个称号。如果无法做到真正“共益”的企业,内部组织结构、与外界的沟通协调能力都还未曾成长到可以支撑企业运作从而为所有利益相关方争取最大利润的程度,可能导致失可持续运营的能力甚至无法对股东的利益负责。

我们希望在中国,共益企业模式可以成为一些企业开展社会创业或者以承担社会责任为重要使命的新实验组织形态,在它的影响之下,追求社会进步与创新的企业家逐步建立共益社区,形成志同道合者的人汇聚新生态,通过不断集聚的力量未来改变中国商业价值的取向。

创业企业如何避免知识产权那些“坑”？

| 任声策

红点奖得主、设计师沈文蛟曾在2017年因获奖作品“NUDE衣帽架”饱受侵权困扰而发出“原创已死”的网文，广受关注，2019年11月9日，他更是不幸离世，再次让人重提那篇文章，感叹创业企业知识产权保护不易，呼吁社会尊重知识产权。巧合的是，两周后，中共中央办公厅、国务院办公厅印发了《关于强化知识产权保护的意见》，针对当前权利人维权“举证难、周期长、成本高、赔偿低”现象，围绕执法更严、赔偿更高、维权更快，旨在实现‘严’保护、‘大’保护、‘快’保护、‘同’保护。这是进一步完善我国营商环境、创新环境、促进经济高质量发展、建设现代化经济体系的制度保障。这也向广大创业企业发出两个重要信号：第一，创新能给创业企业带来更明显竞争优势；第二，不创新、依赖不良竞争生态发展的创业企业将越来越难以生存、壮大。这两个信号直接提醒创业企业必须重视知识产权管理。近年来，虽然我国创业企业的创新性在不断加强，但是创业企业的知识产权管理仍然十分滞后，遭遇了形形色色知识产权之“坑”，诸如摩拜、美团、抖音等大批企业在创业之初均在知识产权上遇到“挖坑”、“避坑”等问题，这些问题常常导致创业企业精力分散、运营受阻，甚至发展受困。我们在呼吁全社会尊重知识产权的同时，也呼吁创业企业等广大创新主体提升知识产权管理能力，有效应对知识产权中的各种“坑”。

一、遇“坑”的原因：创业企业知识产权管理能力滞后

当前，创业企业遇到许多知识产权之“坑”，凸显知识产权管理能力的滞后，这有内外部双重原因。外部原因重点是营商环境需要不断优化，知识产权保护体系需要完善；内部原因主要在于创业企业认知不足和能力欠缺。

作者简介：任声策，上海市产业创新生态系统研究中心研究员、同济大学上海国际知识产权学院教授。

首先，许多创业团队对知识产权的认知不足。一是对创业公司相关的知识产权了解不全面，对相关的知识产权管理认识更是不足，即不了解哪些知识产权问题可能造成公司业务无法运转，造成致命影响，也不了解如何妥善布局知识产权能给公司带来更大收益，更不了解如何开展全面的知识产权管理。二是对知识产权问题重视不够，未能分配一以贯之的注意力，这造成创业团队无法提升知识产权认知水平，难以发展创业企业知识产权能力。

其次，许多创业团队知识产权管理能力存在欠缺。一是在组织结构安排上，许多创业企业缺乏知识产权的职责安排，团队分工中往往缺乏专人系统思考知识产权问题，从战略层面到业务层面，对知识产权工作的安排较少。二是在决策机制和业务流程设置上，创业企业往往缺乏适当的决策机制，也常常在业务流程中忽略知识产权环节。三是员工培训上存在不足，许多创业企业的知识产权管理培训较弱，员工整体知识产权水平较低。最后，创业企业知识产权工作资源投入、对外部知识产权服务机构的运用能力也较为有限。主要是由于创业企业面临资源能力的约束。

二、避“坑”的必要：创业企业需要加强知识产权管理能力

多种创业基础理论显示知识产权能力对创业有明显促进作用。首先，蒂蒙斯创业过程模型认为，创业过程是商业机会、团队和资源三个要素匹配和平衡的结果，知识产权是资源的重要组成部分，也是团队信心的主要来源。其次，创业企业成长理论认为资源和能力是企业成长的关键驱动因素，知识产权是其中的关键，知识产权因为具备资源基础理论强调的稀缺、有价值、不可替代、不可模仿等特征，能够给公司成长带来持续竞争优势。第三，传统计划式创业模式可通过知识产权快速建立优势、扩大规模，当前的精益创业模式中无论是开发—测量—认知循环还是商业模式画布，知识产权均能增加成功率。Gans 等(2018)提出的创业企业战略罗盘更是直接将通过知识产权控制创新程度作为划分可选战略类型的一个维度(另一个维度：与在位企业竞争还是合作)，知识产权直接成为创业企业的一类战略。

制度理论认为创业企业成长需要构建合法性，知识产权有利于产业企业构建合法性。合法性是在由社会构建的规范、价值观、信仰和定义框架体系内，人们对实体活动的适当性、恰当性和合意性的一般感知或设想。创业企业需要获取合法性才能突破约束快速发展，即将创业企业的价值观、规范、活动逐渐与公

众的价值观融合，与社会的期望相符。合法性的来源包括社会、媒体、合作伙伴等，创业企业拥有知识产权、知识产权管理妥当，更符合我国创新驱动发展、高质量发展要求，会更容易获得社会认可、媒体关注、优质合作伙伴，将有利于构建合法性。

三、避“坑”的途径：创业企业加强知识产权管理能力的建议

创业企业有效避开知识产权之“坑”的途径是提升知识产权管理能力，这首先需要把握三个前提，即创业企业特征、知识产权体系和管理的职能构成。创业企业的一个显著特征是团队、产品、市场和用户处于快速变化之中，存在较多不确定的关系、灵活的模式，知识产权在其中容易被忽视因此，而每一个直接、间接的外部联系，都可能是知识产权问题的源头。对我国创业企业而言，在资源能力约束下依然可以大幅度提升知识产权管理能力，当前有两个重点：一要提升知识产权认知水平，二是加强知识产权管理能力建设。

（一）提升知识产权认知水平

首先，要有全局的视野和格局看待知识产权管理。一是知识产权内容广，如《与贸易有关的知识产权协定》定义的知识产权包括：①版权与邻接权；②商标权；③地理标志权；④工业品外观设计权；⑤专利权；⑥集成电路布图设计权；⑦未披露过的信息专有权；⑧对许可合同中限制竞争行为的控制。知识产权还有时效性、地域性特征，对于开展国际业务的企业，更需要在全球视野思考知识产权问题。二是将知识产权管理从事务层次提高到战略层次，在战略决策层面引起重视，进入战略决策议题。三是要从基于过程链看待知识产权，从创权、确权、用权、授权到维权，需要全生命周期的管理。不仅需要考虑申请知识产权保护，在产品开发、研发项目开展之前要进行知识产权检索分析，还需要考虑知识产权商业化、维权监控，开展或应对诉讼、建立风险防范机制等。另外，需要认识到创业企业在知识产权维权中受到资源和能力约束，需要尽可能提前做好知识产权工作安排，降低被侵权事件发生的概率。

其次，要以从创新中获益的视角系统看待技术创新的知识产权管理问题。①技术创新的专有机制包括存在正式、非正式机制两类。正式机制主要指相关法律制度，非正式机制则包括领先进入市场、互补资产等。②技术创新申请专利是一个选择结果而非必然结果。申请专利的原因包括防止拷贝、防止竞争者发明等，不申请专利原因包括信息披露、对手绕过等。③给技术创新申请专利并非

万事大吉，还应考虑围绕专利进行专利布局，形成专利组合提升保护强度。④不专有、主动对外披露有时候也是一种选择。创新成果免费对外披露有时候可以促进产业发展、构建相容标准等。

第三，要从自我保护和避免侵权两个方面考虑知识产权管理。自我保护的知识产权管理包括申请专利、商标、著作权、商业机密等，需开展专有技术保护、预防他人侵权等。避免侵权需要在产品或服务开展前期做好检索分析，避免在产品设计、商标等方面产生侵权。

第四，要根据创业过程的需求开展知识产权管理。创业企业从初创到逐渐成长，需要不断调整发展方向、运营模式，需要提高估值、融资、开拓市场、建立品牌，合适的知识产权能够帮助创业企业实现这些目标，避免一些可能的障碍。

（二）加强知识产权管理能力建设

对于创业企业而言，《企业知识产权管理规范》不一定符合其快速变化、快速调整的特征，但其精神值得吸取贯彻。具体而言，创业企业可以通过下述方式逐步提升知识产权能力。

首先，要形成知识产权管理的组织能力，在组织架构和岗位设置上至少能形成从高层到基层的知识产权岗位职责链条，应能组织处理知识产权的全系列事务。鉴于创业团队精力和资源有限，在组织能力上可以考虑内部和外部兼顾模式，形成善于运用外部知识产权服务的能力。

其次，要形成知识产权决策机制和业务流程。创业企业应将知识产权问题纳入战略或业务讨论议程，并针对决策机制和业务流程构建知识产权制度体系，要尽力克服创业企业工作中的随机性，通过简化流程兼顾创业团队分工变化的客观事实。

再次，不断培训加强相关员工知识产权水平。对于研发、产品开发、商务人员等骨干人员加强知识产权培训，提升知识产权认知，预防知识产权风险，提升整体知识产权水平。

最后，创业企业可根据自身状况，运用麦肯锡7S模型框架构建、检视知识产权管理能力。7S模型检视知识产权管理的具体内容包括：共同价值观中（Shared values）的知识产权理念，战略（Strategy）中的知识产权定位和角色，组织结构（Structure）中的知识产权责权和流程，制度（Systems）中的知识产权管理制度，风格（Style）中知识产权管理风格，人员（Staff）中知识产权人员和员工知识产权水平，技能（Skills）中的知识产权技能。

深度数字创新驱动产业与区域跨越发展*

| 余　江

新一轮信息科技革命蓄势待发，以人工智能、云计算、大数据、区块链和万物互联为代表的创新活跃、应用广泛、辐射带动作用巨大，从微观到宏观各个尺度向纵深演进，学科多点突破、交叉融合趋势日益明显，成为重塑经济竞争格局的一个重要推动力量。

一、数字创新的变革

以过去30年到50年时间轴来看，处理器技术、数据存储技术、宽带网络技术、电源管理技术的飞速发展使得我们今天的“互联网＋”成为可能。以数据处理为例，NASA为了在1969年实施阿波罗登月计划，完成从登月到返回大型计算模拟全过程，需要一个G的存储，据此需要向美国联邦政府追加投资购买的存储设备有一个集装箱那么大，最后被存放在NASA中央计算室内。正是由于信息技术、材料技术、光技术发展实现了将几百个G资料放在口袋里，才使我们今天的大数据成为可能性。

转型升级的模式正在发生改变。面向“十四五”，无论是产业还是区域，它的转型发展会面临很多新的发展模式变革。竞争基础、需要的独特能力和资源发生改变，使得我们需要采取新的战略意图和新的战略行动来进行卡脖子的关键核心技术研究。在分析大量数据之后发现，在很大程度上需要决策者做一些战略的决策，来形成一些不可逆转的战略行动，才能在关键战术领域改变我们严重受制于人的被动局面，所以战略意图和战略行动对于升级转型发展模式也是非常重要。

---

* 本文根据作者在同济大学上海市产业创新生态系统研究中心主办的“长三角数字经济创新发展”研讨会上主题发言整理而成。

作者简介：余江，中国科学院科技战略咨询研究院研究员、中国科学院大学网络创新与发展研究中心研究员。

产业在数字化冲击下，由于平台、渠道、业务、运营等的变化，实际上影响是不同的。越是靠近海量消费者群的行业，它被冲击和颠覆的程度就越深，相对更传统的流程制造业受到冲击很大。但是它主要还是在企业管理流程上，在核心业务流程上冲击要小一些，相关产业需要有针对性的分析。国家信息化战略，通过"十二五"和"十三五"规划实施，已经建设了服务于十多亿人口规模的一流的信息基础设施，信息基础设施的支撑也包括BAT平台在内提供的海量用户服务（图1）。

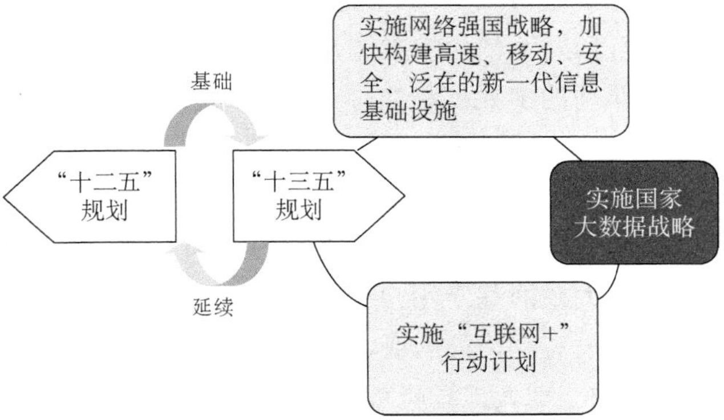

图1 国家信息化战略：从"十二五"到"十三五"

流量高地、数据高地已经成为商业价值高地。深度数字化时代下大洲级市场拥有海量用户的价值。以渤海湾、长三角、珠三角为代表的东部城市群，占中国国土面积不到10%，整个中国的数据流量，移动数据流量90%以上在东部沿海城市带，从北到南，这些数据代表巨大价值。

我们在数据消费侧有很多成功的案例，也培养一些大型企业，但是我们在供给侧，核心源头技术供给和原创技术供给有很多短板。消费级互联网，中国还在上半场，我们独角兽企业仅次于美国，大多数为数字平台创新企业。包括金融科技、智能电源，以及建立世界级硬件产业，PC、家电、电信产业。但是我们互联网的下半场，聚焦的产业级互联网应用、潜力差距比较大，我们不到美国的一半，大中型企业、规模以上企业在核心业务的数据化应用也只有美国一半不到。

相关技术数字化的冲击在不断地冲击市场的重构、产业生态的分化，这个在区域视角也是非常明显。我们看到创新生态、创新体系能不能进一步针对性有回应调整也是非常重要。中国拥有世界上最庞大的制造体系，为了未来能够可持续发展。正在和不得不进行数字转型和升级。新一代信息技术大数据密集型在海量用户面前有重大场景推动我们创新突破和产业转型，医疗、政务、电商、交通，包括制造领域，从全面“互联网＋”到“全面机器人＋”，这里“全面机器人＋”是指广义的机器人，它不光改变制造，它在改变整个社会，包括养老等。

数字创新近年来成为学术界重点，正是由于把产品和服务数字物理构建在数字化底下进行重组，产生新产品、新服务创造新价值，非数字化要素关联向数字化要素关联，数字化使得产品时间和空间发生延展和变化。跟传统创新理论相比，深度数字化永远在线情况下，数字创新范式在发生变化，它的边界、组织模式、创新过程、创新速度，乃至创新的主体，更多不是偏建制化、结构化，以平台为中心，为以海量技术驱动的多元创新主体，开源开放。深度数字化时代，我们面临两类重要创新：重量级 IT 创新和轻量级 IT 创新。重量级 IT 创新是指在建制化部署下，通过国家战略意图，启动大兵团建制化组织如高校、中科院、创新型企业，还有新型研发组织进行重大项目的研发，例如超级芯片、超级计算机等；还有一类深刻影响我们，大量的基于用户驱动应用和服务微创新，叫作轻量级 IT 创新，也是数字化时代没有围墙的创新，它形成快速部署，低成本和快速迭代。

按照麦肯锡发布的全球人工智能版图中，中国、欧美形成了两个人工智能创新高地。一个北京、一个深圳，上海也在快速的崛起，跟欧美的美国纽约，波士顿，伦敦，新技术新理念非常活跃的几个高地，中国智能化时代有自己的优势。

我们追赶巨头企业不断攻克核心关键技术，在路径依赖情况下这是必要的，但不是完全能够每次形成成功替代，因为对方也在快速地前进。比如我们在核心指标、集成电路、软件硬件核心部件突破，有时候我们有前进，但是差距并没有缩小。开源开放也许给我们另外一个思路、有可能破坏性、颠覆性创新进一步把握机会。

二、推动产业区域跨越发展

从城市化和信息化融合的角度来解决建设国家中心城市本身所面临的挑战。形成“人—环境—城市”三赢的结果，需要通过大量海量异构数据整合挖掘提取知识和技能，推动城市和区域深刻的变化。我们要在区域尺度上对高端产业资源进行布局，引导产业发展空间格局，把数字化、网络化、智能化、绿色化，推动区域产业由“智变”到“质变”，这样在长三角有很多中国数字创新与创业最佳实践的模式。

中国互联网的下半场正在开辟，产业互联网未来已来。由于经济转型不得不进行大量转型才能可持续发展、转换增长的动力，传统生产要素不能支撑深度数字化时代新动力增长，而我们需要通过数字转型推动质量变革、效率变革，把我们重量级创新和数字化时代开源开放微创新、万众创新有机地结合起来。

打造核心产业带高端优势，需要构建多元发展、多极支撑，切实增强区域产业核心竞争力，在国内外立于不败之地。区域内到区域外连接协同要有大的动作。我们深刻认识到每个创新单元只有进行内部协同和外部协同，双协同，形成一个跨学科大平台，这样原始创新才不会是一句空话。

中国数字创新实践正在走向世界的前列，在很多领域，更是走在了理论界前面。为基于伟大实践理论探索提供新的内涵、新的研究边界，是我们管理理论界责任，也是我们高质量发展的机遇。面向需求，重视原创，提供新的理念，新的机会。

在线交互平台:实现平台与用户的价值“共振”

| 王岑岚

互联网、大数据和人工智能的飞速发展,催生了一大批在线平台,并以交互特征迅猛扩张。平台作为一种典型的商业模式创新,在很多行业都开始作为变革性力量重塑产业格局。无论在生产性、生活性还是公共服务领域,均涌现出一大批新兴的服务型企业,例如美国苹果公司的 APPLE Store,中国的阿里巴巴,腾讯的微信平台,都是平台商业模式方面有着显著创新的成功代表。互联网环境下突破物理时空约束的在线学习成为学习平台商业化的典型模式,其中又以语言在线学习最为普及。以英孚英语和 VIPABC 等为代表的在线学习平台是在线交互平台的典型模式,不仅让英语学习在虚拟课堂中变得生动有趣,而且 24 小时真人在线互动让学习者感受到定制式服务的温馨和激励,特别是在新硬件集成的各类智能终端辅助下的学习平台改进和提升,带来了超出预期的进步效果。这类革命性变革涉及的领域非常广,在线学习平台仅仅是冰山一角。

传统的在线学习是以在线网站播放教学视频为主,可以被认为是 WEB 1.0。在线交互平台拥有超越网站的新可能性,具有用户交互功能,被定义为可以生成用户内容的 WEB 2.0,从而为用户创造独特的价值和更好的体验。以 WEB 2.0 为标志的在线交互学习平台的出现是传统的在线学习的一个升级版本,表 1 列出了基于 WEB 1.0 和 WEB 2.0 的在线学习的对比。

表 1　基于 WEB 1.0 和 WEB 2.0 的在线学习的对比

	基于 WEB 1.0	基于 WEB 2.0
教学模式	在线播放视频、音频等	以交互性为代表的实时互动教学
教学目的	知识传播	教学互动,实时提问
评估重点	课程质量	学习者体验

作者简介:王岑岚,上海大学管理学院博士研究生。

（续表）

	基于 WEB 1.0	基于 WEB 2.0
学习者角色	单向交流，被动接受	双向交流，主动参与
代表情景	电视大学、在线慕课	VIPABC 英语学习平台

由表1可以看出，学习者体验对于基于 WEB 2.0 的在线交互学习平台的重要性，因此对于在线交互平台的评估不单单是课程的质量以及学业成绩的进步，更重要的是学习者的用户体验，特别是各种商业 App 平台的普及更加凸显出学习者的用户体验是形成持续使用平台的决定因素。因为用户体验界定了企业和竞争对手的差异，成功的产品绝对不是由“功能”所决定的，而是由“用户自身的心理感受和行为”来决定的，因此用户体验对于所有的产品和服务来说都是至关重要的。这种情景下如何评价在线交互平台带来的价值呢？无论是资本市场还是创新创业人士，都未能深入研究，评估方法仍然停留在基于传统技术的视角，未能充分认知到用户在在线交互中的角色转换所带来的溢出价值。这种静态和被动的价值评估思维和方法已经严重滞后于今天的实践发展，在线交互平台开发中的用户价值激励被局限，严重阻碍了在线交互平台的价值提升。基于此，必须重构在线交互平台的价值评估思维和方法，以支持平台开发的价值提升和可持续商业发展。

一、用户价值决定了在线交互平台的生存和发展

传统的价值评估视角将用户价值分为收益和成本两部分，其中收益部分由产品价值、服务价值、人员价值和形象价值四部分组成。互联网进步促进了在线平台的交互功能，并由此升华形成平台与用户的价值共创生态。基于价值共创视角，用户价值的体现决定了在线交互平台的价值水平，成为平台核心竞争力的立足点。显然，只有更好地为用户创造价值，才能有助于提升平台价值和运营绩效，这是互联网、大数据和人工智能等技术进步为在线交互平台构建的“双赢”发展空间。由价值共创出发，实现平台与用户的价值“共振”是用户价值的最佳体现，也是在线交互平台成功的标志。由此可见，用户价值决定了在线交互平台的生存和发展空间，是价值共创的核心要素。

二、必须重新审视通识下价值共创的评估维度

在线交互平台上用户价值是基于用户和平台间的互动增值。在塑造价值共

创过程中，平台用户会兼顾功能价值、情感价值和社交价值，Mostafa 和 Walsh 等将此归纳为平台价值评估的三个价值维度。具体而言，功能价值指的是平台用户获得的实际或技术上的收益；情感价值是指平台用户的心理需求获得的满足程度；社交价值是指用户之间的交互所带来的收获。但是，用户在交互中存在着明显的差异性特征，这正是交互中感受“定制服务”的魅力所在。并且，这种差异将导致的平台价值提升也是明显不同的。因此，对于在线交互平台价值评估进行重新审视可以发现，评价维度缺少了对用户个性化的考量。

三、必须补充和丰富个性化价值维度的评价

在线交互的一个重要价值是增强用户黏性，因而优先关注积极的、独特的用户体验（即个性化定制服务），是体现用户价值的关键要素，有助于塑造用户的持续意愿。互联网、大数据和人工智能等技术进步促进了在线交互平台个性化服务的发展和实践，为满足用户特定需求创造了可能性。因此，对于在线交互平台进行价值评估，除了功能价值、情感价值和社交价值这三个维度之外，“个性化价值”维度不可或缺。如果归纳一下，所谓的“个性化价值”，是指平台用户的个性喜好和真正需求很好地被在线交互平台匹配，从而获得个性化服务的满足和增值。显然，个性化价值维度不仅存在，而且对交互平台与用户的价值共创互动具有重要影响，特别是增强用户黏性、持续提升在线交互平台价值具有关键作用。

在体验经济时代，管理者必须重视用户体验强调的个性化价值，研究和实践都在发展中，在线交互平台也在不断升级、进步，对于在线交互平台的价值评估也许不局限于这四个维度，但个性化价值维度一定是评估中不可或缺的关键维度。未来的 WEB 3.0 还在酝酿中，伴随 5G 和人工智能时代的到来，也许有一天平台会比用户更清楚用户的需求，综合用户各个维度的数据，推荐出此时此刻用户最最需要的内容和服务，平台商业模式的升级迭代中继续会出现不同领域的伟大的企业，还是会一家平台企业包揽所有的核心服务？我们拭目以待！

城市高成长科创企业培育生态指数报告(2019)

| 任声策

城市高成长科创企业培育生态指数,聚焦"高成长"科技创新型企业,旨在全面认识城市创新创业生态系统对培育高成长科技创新型企业的支撑作用。在"双创"大背景下,本指数以聚焦"高成长"区别于国内外已发布多个城市或区域创新创业指数。之所以要推出本指数,主要原因有二:

一是当下城市发展的现实需要回答:"高成长科创企业需要什么样的创新创业生态?"。因为高成长科技创新型企业在各个城市的分布呈现出新特征,所以需要回答"什么样的环境有利于高成长科技型企业产生和发展?"。

二是与已有的创新创业指数关注点不同。已发布的各类创新创业指数主要关注城市一般意义上的创业生态环境,因而对高成长科技创新型创业企业的创业生态环境的特殊性难以兼顾。

《城市高成长科创企业培育生态指数(2019)》报告发现,长三角城市群有更多数量的城市在高成长科创企业培育生态在全国处于优势地位。指数结果表明,长三角城市群是我国高成长科创企业培育沃土,是高成长科创企业最佳栖息区域。同时,长三角城市群城市相对更多,需要加强城市群之间的协同和互补,共同推动城市群高质量发展,从而保障高成长科创企业培育生态有效发挥作用。珠三角城市群内城市数量相对长三角较少,更容易协同,因此,更高质量的发展阻力相对较低,有利于高成长科创企业培育生态协同作用的发挥。

一、长三角、珠三角城市群高成长科创企业培育生态指数差异

城市群发展是区域经济发展的未来。中国工程院院士、同济大学副校长吴志强认为:未来单个城市间的竞争将被城市群落竞争所取代,21 世纪,"全球区

作者简介:任声策,上海市产业创新生态系统研究中心研究员,同济大学上海国际知识产权学院教授。

域”必将替代“全球城市”在世界发展中发挥统领地位。这足见城市群对于城市发展的意义。

长三角、珠三角是我国两大国际级城市群。2018年底，长三角一体化发展上升为国家战略，《长江三角洲区域一体化发展规划纲要》也即将发布，《粤港澳大湾区发展规划纲要》则在2019年初正式颁布。两大城市群高成长科创企业培育生态尤其值得关注。根据城市高成长科创企业培育生态指数发布的结果，可以发现两大城市群的不同：

1. 从领先城市分数来看，两大城市群均有全国领先的城市。长三角城市群中有上海（全国第二）、杭州（全国第五）、苏州（全国第六）三个领先城市，珠三角城市群（未包括香港和澳门）中有深圳（全国第三）和广州（全国第四）两大城市。

2. 从前三位城市平均水平看，长三角城市群（83.37分）的表现略好于珠三角城市群（81.23分）。

3. 从总体样本城市平均水平看，两大城市群中，长三角城市群（14个样本城市平均得分73.71）低于珠三角城市群（6个样本城市平均得分75.59）。主要原因在于，长三角有更多的城市，珠三角的城市数量相对较少，如果观察相同数量的情形，长三角前六样本城市平均得分为78.74，总体较珠三角表现更好。

4. 从排名全国前20位城市数量来看，长三角除上海（全国第二）、杭州（全国第五）、苏州（全国第六）之外，还有南京（全国第九）、宁波（全国第十）、无锡（全国第十一）、常州（全国十八），共有七座城市。珠三角除深圳（全国第三）和广州（全国第四）之外，则有佛山（全国十二）、东莞（全国十六）。

5. 综合可见，长三角城市群有更多数量的城市在高成长科创企业培育生态在全国处于优势地位。因此可以说，长三角城市群是我国高成长科创企业培育沃土，是高成长科创企业最佳栖息区域。同时，长三角城市群城市相对更多，需要加强城市群之间的协同和互补，共同推动城市群高质量发展，从而保障高成长科创企业培育生态有效发挥作用。珠三角城市群内城市数量相对长三角较少，更容易协同，因此，更高质量的发展阻力相对较低，有利于高成长科创企业培育生态协同作用的发挥。

二、《城市高成长科创企业培育生态指数(2019)》样本城市

本次指数评价的城市主要为我国省会城市和地级城市，鉴于数据的一致性和可得性，港、澳、台以及其他部分省会城市和地级城市未能被一并纳入。最终

评价了我国 54 个城市,具体城市清单如下:

北京、天津、石家庄、上海、杭州、苏州、扬州、无锡、宁波、南京、常州、南通、温州、合肥、嘉兴、镇江、徐州、台州、广州、深圳、珠海、惠州、佛山、东莞、海口、三亚、重庆、成都、济南、青岛、烟台、武汉、长沙、贵阳、郑州、西安、太原、福州、厦门、宁德、南昌、九江、昆明、南宁、北海、长春、沈阳、大连、哈尔滨、呼和浩特、包头、银川、兰州、西宁。

三、《城市高成长科创企业培育生态指数(2019)》指标体系

指标体系构建建立在大量的理论和实践研究基础之上。

理论与实践基础。在理论研究方面,参考了创新创业生态及企业成长理论,例如 Feld(2012)提出的创业生态系统九要素、世界经济论坛提出的创业生态系统八支柱、Stam(2015)分层考虑的创业生态系统关键元素、输出和结果以及 Spigel(2017)认为创业生态系统属性的三方面等等。在指数编制实践方面,参考了全球创业观察(GEM)、考夫曼创业活动指数(KIEA)、全球创业和发展指数(GEDI)、区域创业和发展指数(REDI)、中国城市创业指标体系、中国双创活跃程度评估指标体系、中国城市创新创业生态指数、2018 中国区域创新创业指数、上海城市区域创新创业生态体系指数等。在实践案例方面,我们剖析了北京、上海、深圳、杭州、武汉、长沙、沈阳、镇江、宁德等不同类型城市的创业生态系统。

指标选取原则。(1)全面原则。(2)精炼原则。(3)客观原则。(4)数据可得性原则。

指标构成。采用八个一级指标评价一个城市的高成长企业培育生态:人力资本、经济基础、制度环境、创业文化、市场基础、创新基础、金融资本、创业绩效。其中人力资本、经济基础、制度环境、创业文化、创新基础指标能够反映城市创新型企业的创设潜力;市场基础、制度、经济基础、创新基础、金融资本则能够表征城市创新型企业的快速成长潜力和成长空间;创业绩效则直接体现城市创新型企业的培育结果。这八个一级指标的二级指标及其数据来源,每个一级指标用 3～5 个二级指标进行评价,数据来源以统计年鉴为主。

人力资本一级指标包含五个二级指标,二级指标选择主要考虑到作为潜在高成长企业创业者的群体规模、比例和流入可能性等。

经济基础一级指标包含三个二级指标,主要反映经济发展水平和经济活力。

创业文化一级指标包含三个二级指标，福布斯富豪榜人数反应创业企业家的榜样力量，民营经济总量和比例能够反映创业的氛围。

市场基础一级指标包含三个二级指标，从服务业市场需求和工业市场需求两个方面评价。

创新基础一级指标包含三个二级指标，从创新投入和创新成果两个方面进行评价。

金融资本一级指标包含三个二级指标，通过已有上市公司和金融机构存款反映一个地区的金融资本充裕程度。

创业绩效一级指标包含四个二级指标，主要反映高成长创业结果，通过独角兽和创业板上市公司数量和市值进行评价。

制度环境一级指标用一个二级指标反映，即已被广泛采用的市场化指数。虽然营商环境指数是另一个值得参考的数据，但是当前尚无得到公认的城市或省级营商环境指数可以参考，故在本次评价中未纳入。

四、《城市高成长科创企业培育生态指数(2019)》评价方法

为了避免主观性，本指数采用客观评价方法，利用主成分分析方法，运用 Stata15.0 软件进行操作，同时用专家评价法进行了验证。基本步骤如下：

第一步，对数据进行无量纲化处理；

第二步，确定主成分；

第三步，计算各维度指标的评价得分；

第四步，计算城市高成长科创企业培育生态综合评价得分，转化为一定区间的百分制即指数结果。

五、《城市高成长科创企业培育生态指数(2019)》评价结果

如表 1 所列，从总体态势看，我国城市中高成长科创企业培育生态领先城市为：北京、上海、深圳（指数得分位于第一至第三名）。我国城市中高成长科创企业培育生态优良城市为：广州、杭州、苏州、重庆（指数得分位于第三至第七名），其中深圳、杭州和苏州为非直辖市。

总体而言，直辖市的高成长科创企业培育生态领先形势明显，东部沿海经济发达地区城市相对表现更好。

表 1　高成长科创企业培育生态指数及排名

城市	独角兽生态指数	排名	城市	独角兽生态指数	排名
北京	100.00	1	台州	69.36	28
上海	93.65	2	珠海	69.29	29
深圳	91.02	3	济南	68.61	30
广州	78.95	4	扬州	68.56	31
杭州	78.67	5	烟台	68.14	32
苏州	77.79	6	惠州	68.08	33
重庆	77.45	7	大连	67.95	34
天津	74.98	8	徐州	67.41	35
南京	74.27	9	南昌	67.25	36
宁波	74.10	10	长春	67.11	37
无锡	73.96	11	石家庄	65.79	38
佛山	73.72	12	沈阳	65.69	39
成都	73.48	13	哈尔滨	65.51	40
武汉	73.32	14	贵阳	65.06	41
长沙	73.24	15	呼和浩特	64.65	42
东莞	72.45	16	昆明	64.60	43
青岛	71.74	17	南宁	64.28	44
常州	71.14	18	九江	64.04	45
西安	70.93	19	包头	64.02	46
温州	70.80	20	海口	64.01	47
南通	70.09	21	宁德	63.57	48
厦门	70.06	22	银川	63.51	49
福州	70.03	23	北海	63.42	50
合肥	69.93	24	三亚	63.11	51
嘉兴	69.87	25	太原	62.75	52
镇江	69.82	26	兰州	62.16	53
郑州	69.80	27	西宁	60.00	54

《城市高成长科创企业培育生态指数(2019)》报告由同济大学上海市产业创新生态系统研究中心研究编制,并在 2019 年 6 月 6 日“高成长科创企业发展及生态培育”的学术研讨会发布,详细报告说明文件可关注上海市产业创新生态系统研究中心公众号“爱科创”查阅。

参考文献

[1] Feld, B. Startup communities: Building an entrepreneurial ecosystem in your city[M]. Hoboken, NY: John Wiley & Sons, 2012.

[2] Stam, E. Entrepreneurial ecosystems and regional policy: A sympathetic critique[J]. European Planning Studies, 2015, 23(9): 1759-1769.

[3] Spigel, B. The relational organization of entrepreneurial ecosystems[J]. Entrepreneurship Theory and Practice, 2017, 41(1): 49-72.